烟台树木图志

主　编：姜成平　孙　超　陈甘牛　吕洪岩

副主编：乔文国　曲　洋　胡胜云　刘邦伟　孙中元
崔海金　刘言龙　于晓明　宋　黎　杨云霞
殷有伟　孙晓慧

山东大学出版社
SHANDONG UNIVERSITY PRESS
·济南·

图书在版编目（CIP）数据

烟台树木图志 / 姜成平等主编 . -- 济南 : 山东大学出版社 , 2024.3

ISBN 978-7-5607-8006-1

Ⅰ . ①烟… Ⅱ . ①姜… Ⅲ . ①树木—植物志—烟台—图集 Ⅳ . ① S717.252.3-64

中国国家版本馆 CIP 数据核字 (2024) 第 053911 号

责任编辑　李　港
封面设计　张　荔

烟台树木图志
YANTAI SHUMU TUZHI

出版发行　山东大学出版社
社　　址　山东省济南市山大南路 20 号
邮　　编　250100
电　　话　(0531) 88363008
经　　销　新华书店
印　　刷　山东蓝海文化科技有限公司
规　　格　787 毫米 ×1092 毫米　1/16
　　　　　23 印张　345 千字
版　　次　2024 年 3 月第 1 版
印　　次　2024 年 3 月第 1 次印刷
定　　价　198.00 元

《烟台树木图志》
编委会

主　编： 姜成平　孙　超　陈甘牛　吕洪岩

副主编： 乔文国　曲　洋　胡胜云　刘邦伟　孙中元
崔海金　刘言龙　于晓明　宋　黎　杨云霞
殷有伟　孙晓慧

编　委：（按姓氏笔画排列）
于见丽　于跃东　马旭升　王玉春　王明竹
王晓萍　王益星　王淑惠　吕少杰　刘成杰
衣鹏程　孙　倩　孙传涛　牟进鹏　李海勇
李翔飞　杨铭松　冷跻峰　汪彦宏　宋巧娣
张　萍　张少丽　张会莲　张建梅　张莲芬
陈丽英　林永军　赵　莹　胡静宜　柳　林
姚明志　聂　磊　贾　伟　徐　昕　徐景萍
高鲁军　曹蓉芬　宿红艳　隋天全　焦绪娟
温　杰　薛　蕾

前 言

烟台市地处胶东半岛东北部，濒临渤海、黄海，与辽东半岛隔海相望，拥有1038 km的黄金海岸线，属典型的低山丘陵区，总体地势中间高、四周低。昆嵛山主峰泰礴顶为烟台地区最高峰，也是野生植物资源的宝库。烟台属暖温带大陆性季风气候，四季变化和季风进退都比较明显。由于南北环海，受海洋的调节，与山东省同纬度内陆地区相比，烟台具有雨量适中、空气湿润、气候温和的特点。烟台位于暖温带南北中线上，属中间过渡地带，是南北植物区系间的汇集区域，加之复杂的地形地貌，所以烟台境内的植物资源丰富。

2021年，国务院办公厅印发了《国务院办公厅关于科学绿化的指导意见》（国办发〔2021〕19号），明确要求积极采用乡土树种进行绿化，各地要制定乡土树种名录。同时，随着森林生态建设、造林绿化工作的不断深入以及科研工作的需求，全面梳理烟台市树木资源种类、生态习性、地理分布、物候规律、适应性以及经济价值，已经成为烟台市林业部门亟须解决的问题。基于政策、科研、工作需求，编制组依托烟台市林业局2011~2014年开展的烟台市林木种质资源调查成果，在已出版昆嵛山和招虎山有关图书的基础上，借鉴《山东木本植物志》《中国树木志》等，经过反复讨论、补充调查、专家咨询论证，最终编写了本书。本书收录了在烟台境内自然分布以及从国内外引种生长良好的乔木、灌木、半灌木及部分藤本植物。为便于查询识别，编制分科、属、种，裸子植物系统按照郑万钧系统排列，被子植物按照哈钦松系统排列。对每一种植物除有文字描述外，还有展示植物特征的彩色照片，图文并茂。

本书共收录了烟台地区的木本植物81科214属728种，11亚种，68变种，27变型，其中裸子植物8科24属79种，6变种；被子植物73科190属649种，11亚种，62变种，27变型。调查发现了紫椴、软枣猕猴桃、狗枣猕猴桃、葛枣猕猴桃、北五味子、野生玫瑰、东北茶藨子等33种珍稀濒危特有树种，其中国家Ⅱ级保护植物7种、中国珍稀树种2种、山东特有树种4种、山东珍稀树种21种。

烟台境内主要植被类型包括黑松林、刺槐林、麻栎林、赤松林等。其中，黑松于20世纪50年代到60年代初应用于沿海防护林体系建设，广泛分布于平原丘陵区域；刺槐多为乔木林，在低山、丘陵、海滩、沟谷、河套中广为分布，常与黑松、麻栎伴生；麻栎林广泛分布于低山丘陵，适应能力强，常伴生刺槐、胡枝子等；赤松林分布于低山区域，昆嵛山是我国重要的赤松天然林分布区。灌木林多为天然次生植被，主要有紫穗槐、麻栎、胡枝子、杜鹃等多个类型。

在本书编写过程中，我们得到了鲁东大学、山东省林草种质资源中心、烟台各区市林业主管部门和昆嵛山自然保护区、海阳市招虎山自然保护区、招远罗山省级自然保护区等单位的大力支持，在此向参与本书编写和出版工作的单位和个人表示衷心的感谢。

本书的出版将为烟台市科学绿化、木本植物种质资源生物多样性保护、优良乡土树种繁育、引种驯化、提升营造林水平提供实用的理论支撑和翔实可靠的资料，同时为农林、城市管理、医药、环保等专业的教学和科研提供参考资料和工具书。但由于时间仓促和水平有限，书中疏漏之处在所难免，恳请读者批评指正。

编　者

2023年12月

◎ 第一章 烟台自然条件概况

◎ 第二章 烟台木本植物

被子植物门 Angiospermae

第一章
烟台市自然条件概况
OVERVIEW OF NATURAL CONDITIONS IN YANTAI

一、地理位置

烟台地处山东半岛东部，位于东经 119° 34′ ~ 121° 57′ 、北纬 36° 16′ ~ 38° 23′ ，东连威海，西接潍坊，西南与青岛毗邻，北濒渤海、黄海，与辽东半岛隔海相望，其中距离最近的辽东半岛城市是大连。全市总面积为 13900 km^2，其中市区面积 3975.5 km^2，东西最宽处 214 km，南北最长距 130 km。烟台海岸线 1038 km，有近岸海岛 230 个，其中 500 m^2 以上的海岛 81 个、居民海岛 15 个。

二、 地形地貌

烟台属低山丘陵区，只有部分平原分布于滨海地带及河谷两岸。全市山地占总面积的 36.6%，丘陵占 39.7%，平原占 20.8%，洼地占 2.9%。全市山脉隶属长白山脉，由辽东半岛越海延伸而来，自西向东形成大泽山、罗山、艾山、牙山、昆嵛山，构成了全市地形的“脊背”。其中，昆嵛山主峰泰礴顶海拔 922.8 m，为烟台境内最高峰。丘陵区则分布于构成“脊背”的山系周围及其延伸部分，海拔 100~300 m，起伏和缓，连绵逶迤，山坡平缓，沟谷浅宽，沟谷内冲积物及洪积物经发育累积，土层较厚。

三、 土壤

烟台市土壤包含棕壤、褐土、潮土、盐土、砂姜黑土、山地草甸土、风沙土、水稻土、石质土和粗骨土 10 个土类。棕壤占绝对优势，面积 576160.8 hm^2，是山东省棕壤的集中分布区之一，褐土面积 37878.2 hm^2；潮土面积 94523.9 hm^2；盐土面积 5323.7 hm^2；砂姜黑土面积 4804 hm^2；山地草甸土面积 391 hm^2；风沙土面积 1540.2 hm^2；水稻土面积 612.6 hm^2；石质土面积 57260.3 hm^2；粗骨土面积 185303.7 hm^2。

四、河流水文

全市水系为半岛边缘水系，以半岛屋脊为分水岭，南北呈“非”字形分流。境内河流众多，长度在5~9 km的河流121条，10 km以上的河流85条。流域面积在100 km^2以上的河流46条，其中大沽夹河、五龙河、大沽河、小沽河、清洋河、黄水河、北胶莱河 7 条河流的流域面积在1000 km^2以上。主要河流以绵亘东西的昆嵛山、牙山、艾山、罗山、大泽山所形成的“胶东屋脊”为分水岭，南北分流入海。向南流入黄海的有五龙河、大沽河；向北流入黄海的有大沽夹河和辛安河；流入渤海的有黄水河、界河和王河。其特点是河床比降大，源短流急，暴涨暴落，属季风雨源型河流。其冲积形成的小平原沙土层厚而肥沃。

五、 气候条件

烟台属暖温带大陆性季风气候，四季变化和季风进退都比较明显。由于南北环海，受海洋的调节，与本省同纬度内陆地区相比，烟台具有雨量适中、空气湿润、气候温和的特点。烟台市的气候具有明显的季风性，冬半年偏北风多，夏半年偏南风频，冬暖夏凉温差小，降水变率大。灾害性天气时有发生，主要是干旱、大风、冰雹、低温、大雪等。全市 2021 年平均降水量 829.3 mm，平均气温 13.6 ℃，日照时数 2160 h。降水主要集中在 6、7、8 三个月，占全年降水总量的 60% 以上，东部地区多于西部地区。无霜期 210 天。

六、 植被特点

我国自北到南可以分为寒温带、温带、暖温带、亚热带和热带。根据《中国植被》（1980 年吴征镒版）中的划分，山东省属于暖温带落叶阔叶林区域，烟台则属于暖温带落叶阔叶林区的胶东丘陵栽培植被赤松麻栎林分区。地带性植被是落叶阔叶林，植被类型多样。因胶东地区位于暖温带南北中线上，属中间过渡地带，是南北植物区系间的汇集区域，因此植物种类丰富。根据最新的烟台市种质资源调查报告，烟台市木本植物包括 81 科 214 属 728 种（包含 11 亚种，68 变种，27 变型）。

烟台植被主要包括森林、灌丛、草灌丛、滨海草甸和砂生、盐生、沼生、水生植被7个类型。其中森林植被的主要类型有赤松林、黑松林、麻栎林、刺槐林、日本落叶松林、枫杨林、赤杨林、杨树林等。其中，赤松林分布于山丘海拔 50~800 m 处。黑松林于1914年从日本引进，20 世纪 50 年代开始推广种植，60 年代初用于营造海防林。麻栎林在境内的山丘地带广为分布，常伴生刺槐、胡枝子、花木兰等。日本落叶松林为 20 世纪 50 年代引种，开始在昆嵛山海拔 200~700 m 的阴坡和半阴坡处栽植，其他各大山系均有少量栽培。刺槐在境内广为分布，多为乔木林。在低山、沟谷、河套刺槐林中常见有赤松、黑松、栎类、杨类等树种伴生。枫杨林、赤杨林分布于低山沟谷和河流滩地，多为纯林。杨树林主要分布在海拔400 m以下谷地，有山杨、银白杨、毛白杨、杂交杨等树（品）种。灌丛植被多为次生植被，有栎类、胡枝子、杜鹃灌丛等9个类型。

根据森林资源管理一张图数据，按照林种划分统计，烟台全市经济林296500 hm^2，占比57.37%；防护林173200 hm^2，占比33.52%；用材林、特用林等占比9.11%。用材林以黑松、赤松、刺槐、毛白杨、杂交杨、泡桐、旱柳和日本落叶松等树种为主；经济林以苹果、梨、桃、杏、葡萄、樱桃、板栗、核桃、桑树等为主；观赏树种主要有雪松、龙柏、蜀桧、垂柳、紫薇等；灌木主要有紫穗槐、雪柳、黄荆、酸枣、胡枝子等；藤本主要有葛藤、紫藤等。

第 二 章

烟台木本植物

GYMNOSPERM PART

裸子植物门 Gymnospermae

一、苏铁科 Cycadaceae

苏铁属 *Cycas*

苏铁 铁树 *Cycas revoluta* Thunb.

苏铁

[形态特征] 常绿乔木。树干粗壮，圆柱形，干皮灰黑色，具宿存叶痕。一回羽状复叶，羽片达20对以上，羽片直或近镰刀状，革质，长10~20 cm，宽4~7 mm，基部微扭曲。羽片中央微凹，中脉两面绿色，上面微隆起或近平坦，下面显著隆起，横切面呈“V”字形。雄球花柱形，种子扁卵球形，成熟时红褐色或橘红色。花期6~7月，种子10月成熟。

[生态习性及分布] 喜暖热湿润的环境，不耐寒冷。产于福建、台湾、广东。华南、西南各地多露地栽植于庭院，长江流域和华北各地多盆栽，需在温室越冬。烟台芝罘区、福山区、龙口市等有室内栽培。

[用途] 园林观赏植物，北方地区一般用作盆景；种子有毒，可供药用。

二、银杏科 Ginkgoaceae

银杏属 *Ginkgo*

银杏 白果 公孙树 *Ginkgo biloba* Linn.

银杏

［形态特征］ 落叶大乔木。树冠广卵形或圆锥形；树皮灰褐色，纵裂；大枝近轮生，有长枝、短枝之分；叶扇形，上缘有浅或深的波状缺刻，有时中部缺裂较深，基部楔形，有长柄，在短枝上3~8叶簇生。雌雄异株，花期4~5月，种子核果状，9~10月成熟。

［生态习性及分布］ 阳性树种，对气候及土壤条件的适应性强，在pH为4.5~8.0的土壤中均可生长良好；耐寒，较耐旱，不耐积水。全国各地均有引种栽培，浙江天目山尚有野生状态的树木。烟台芝罘区、莱山区、牟平区、福山区、昆嵛山、蓬莱区、莱州市、招远市、栖霞市、莱阳市、海阳市、龙口市等有引种栽培。

［用途］ 树干通直，树形、叶形优美，秋叶金黄，适作庭荫树、行道树或孤植树，还宜作盆景；种仁可食用，也可药用。

三、南洋杉科 Araucariaceae

南洋杉属 *Araucaria*

异叶南洋杉 *Araucaria heterophylla* (Salisb.) Franco

异叶南洋杉

［形态特征］ 常绿大乔木。树冠塔形，树干通直，树皮暗灰色，裂成薄片状脱落；大枝平伸，侧枝常下垂。叶二型，幼树及侧生小枝的叶钻形，大树及花果枝上的叶宽卵形。雄球花单生枝顶，圆柱形。球果近圆球形或椭圆状球形，种子椭圆形，两侧具结合生长的宽翅。

［生态习性及分布］ 多为盆栽，需在温室内越冬。原产于大洋洲诺和克岛。我国福州、广州等地有引种栽培，作庭园树用。烟台福山区等有引种栽培。

［用途］ 一般作盆景观赏。

四、松科 Pinaceae

（一）冷杉属 *Abies*

1. 冷杉 *Abies fabri* (Mast.) Craib

冷杉

［形态特征］ 常绿大乔木。树皮灰或深灰色，裂成不规则的薄片固着树干上，内皮淡红色；一年生枝淡褐黄、淡灰黄或淡褐色，叶枕之间的凹槽内疏被短毛，稀无毛；叶长1.5~3 cm，宽2~2.5 mm，边缘微反卷，干后反卷，先端有凹缺或钝，横切面两端钝圆；球果卵状圆柱形或短圆柱形，长6~11 cm，径3~4.5 cm，熟时暗黑或淡蓝黑色，微被白粉。花期5月，球果10月成熟。

［生态习性及分布］ 我国特有树种，产于四川大渡河流域、青衣江流域、乌边河流域、金沙江下游等地的高山上部；在温凉、云雾多、空气湿度大的气候和排水良好、腐殖质丰富的酸性土壤条件下生长良好。烟台福山区等有分布。

［用途］ 可作行道树、庭园景观树；生长较快，可作为造林树种；材质较软，耐腐力弱，可作一般建筑、板材、家具及木纤维工业原料等用材。

2. 臭冷杉 *Abies nephrolepis* (Trautv. ex Maxim.) Maxim.

臭冷杉

［形态特征］ 常绿大乔木。幼树树皮通常平滑，或有浅裂纹，常具横列的疣状皮孔，灰色；老树树皮则裂成长条裂块、近长方形裂块，或裂成鳞片状；一年生枝淡黄褐或淡灰褐色，密被淡褐色短柔毛；叶长1.5~2.5 cm，宽约1.5 mm，营养枝之叶先端有凹缺或2裂，果枝之叶先端尖或有凹缺；果卵状圆柱形或圆柱形，长4.5~9.5 cm，径2~3 cm，熟时紫褐或紫黑色，无梗。花期4~5月，球果9~10月成熟。

［生态习性及分布］ 喜冷湿环境。产于东北小兴安岭、张广才岭、长白山区海拔1000~1800 m处，河北雾灵山、围场、小五台山及山西五台山海拔1700~2700 m地带。烟台福山区等有引种栽培。

［用途］ 可作行道树、庭园景观树；材质较软，耐腐力弱，可作一般建筑、板材、家具及木纤维工业原料等用材。

日本冷杉

3. **日本冷杉** *Abies firma* Sieb. et Zucc.

[形态特征] 常绿大乔木。树皮暗灰色或暗灰黑色，粗糙，成鳞片状开裂；大枝通常平展，树冠塔形；一年生枝淡灰黄色，凹槽中有细毛或无毛，二、三年生枝淡灰色或淡黄灰色；冬芽卵圆形，有少量树脂。叶条形，直或微弯，长 2~3.5 cm，近于辐射伸展，先端钝而微凹（幼树之叶在枝上裂成两列，先端 2 裂）；球果圆柱形，长 12~15 cm，基部较宽，成熟前绿色，熟时黄褐色或灰褐色。花期 4~5 月，球果 10 月成熟。

[生态习性及分布] 原产于日本。我国辽宁旅顺、山东青岛、江苏南京、浙江莫干山、江西庐山及台湾等地引种为庭园树。烟台芝罘区、莱山区、蓬莱区等有引种栽培。

[用途] 可作行道树、庭园景观树，也可选作造林树种；木材可作家具、建筑等用材。

4. **杉松** 辽宁冷杉 *Abies holophylla* Maxim.

杉松

[形态特征] 常绿大乔木。幼树树皮淡褐色、不开裂，老则浅纵裂，成条片状，灰褐色或暗褐色；枝条平展；一年生枝淡黄灰色或淡黄褐色，无毛，有光泽，二、三年生枝呈灰色、灰黄色或灰褐色；冬芽卵圆形，有树脂。叶深绿色，有光泽，在果枝下面列成两列，上面的叶斜上伸展，在营养枝上排成两列；条形，直伸或成弯镰状，长 2~4 cm，宽 1.5~2.5 mm，先端急尖或渐尖。球果圆柱形，长 6~14 cm，径 3.5~4 cm，近无梗，熟时淡黄褐色或淡褐色。花期 4~5 月，球果 10 月成熟。

[生态习性及分布] 产于我国东北牡丹江流域山区、长白山区及辽河东部山区，在海拔 500~1200 m、寒冷湿润气候和土层肥厚棕色土壤条件下生长良好。国内分布于黑龙江、吉林、辽宁等省份。烟台海阳市等有分布。

[用途] 可作行道树、庭园景观树；木材轻软，纹理直，耐腐力较强，是优良用材树种。

（二）云杉属 *Picea*

1. 青海云杉 *Picea crassifolia* Kom.

青海云杉

［形态特征］ 常绿大乔木。冬芽圆锥形，通常无树脂，基部芽鳞有隆起的纵脊；叶较粗，四棱状条形，近辐射伸展，或小枝上面之叶直上伸展，下面及两侧之叶向上弯伸，长 1.2~3.5 cm，宽 2~3 mm，先端钝，或具钝尖头，横切面四棱形；球果圆柱形或矩圆状圆柱形，长 7~11 cm，径 2~3.5 cm，成熟前种鳞背部露出部分绿色，上部边缘紫红色。花期 4~5 月，球果 9~10 月成熟。

［生态习性及分布］ 我国特有树种，抗旱性强，分布于青海（青海湖以东、祁连山南坡）、甘肃北部和宁夏等地，常在阴坡及山谷形成纯林。烟台福山区等有分布。

［用途］ 可作行道树、庭园景观树；材质优良，为青海东部、甘肃北部山区和祁连山区的优良造林树种。

红皮云杉

2. 红皮云杉 *Picea koraiensis* Nakai

［形态特征］ 常绿大乔木。树皮灰褐或淡红褐色、稀灰色，裂成不规则薄条片脱落，裂缝常为红褐色。冬芽圆锥形，微有树脂。叶四棱状条形，长 1.2~2.2 cm，宽 1~1.5 mm，先端急尖，横切面四菱形；球果卵状圆柱形或长卵状圆柱形，长 5~8 cm，径 2.5~3.5 cm，熟前绿色，熟时绿黄褐或褐色。花期 5~6 月，球果 9~10 月成熟。

［生态习性及分布］ 抗旱、抗污染力较强；阴性树种，喜冷凉湿润气候。国内分布于黑龙江、吉林、辽宁等省份。近年北京、青岛、济南、泰安等地有引种，长势良好。烟台昆嵛山、海阳市、莱州市等有引种栽培。

［用途］ 可作行道树、庭园景观树；木材较轻软，耐腐力较弱，可作建筑、造船、家具、木纤维工业原料。

3. **青扦** *Picea wilsonii* Mast.

［形态特征］ 常绿大乔木。树皮灰色或暗灰色，裂成不规则鳞状块片脱落；枝条近平展，树冠塔形；冬芽卵圆形，无树脂，芽鳞排列紧密，淡黄褐色或褐色，先端钝，背部无纵脊；叶排列较密，在小枝上部向前伸展，小枝下面之叶向两侧伸展，四棱状条形，直或微弯，较短，通常长0.8~1.3 cm，宽1.2~1.7 mm，先端尖，横切面四棱形或扁菱形；球果卵状圆柱形或圆柱状长卵圆形，成熟前绿色，熟时黄褐色或淡褐色，长5~8 cm，径2.5~4 cm。花期4月，球果10月成熟。

青扦

［生态习性及分布］ 我国特有树种，在气候温凉、土壤湿、深厚、排水良好的微酸性地带生长良好。国内分布于内蒙古、河北、山西、陕西、甘肃、青海、湖北、四川等省份。烟台福山区等有分布。

［用途］ 可作行道树、庭园景观树；木材可作建筑、木纤维工业原料。

4. **白扦** *Picea meyeri* Rehd. et Wils.

［形态特征］ 常绿乔木。树皮灰褐色，裂成不规则薄块片脱落；一年生枝淡黄色或黄褐色，有密生短毛或无毛或有疏毛，基部宿存芽鳞反曲；冬芽圆锥形，上部芽鳞微反曲。叶螺旋状着生；叶片条状四棱形，先端钝尖或微钝，长1.3~3.0 cm，宽约2 mm，四面有气孔线，横切面四棱形。雌雄同株；雄球花单生于叶腋，下垂。球果长圆柱形，长6~9 cm，径2.5~3.5 cm，成熟前绿色，熟时褐黄色；种鳞倒卵形，先端圆或钝三角形，背面露出部分有条纹。种子倒卵圆形，连翅长约1.3 cm。花期4~5月，球果9~10月成熟。

白扦

［生态习性及分布］ 我国特有树种，分布于内蒙古、河北、山西、陕西、甘肃等省份。烟台昆嵛山等有引种栽培。

［用途］ 可供绿化观赏；材质较轻软，可作建筑、桥梁、家具及木纤维工业用材。

5. **日本云杉** *Picea torano* (Sieb. ex Koch.) Koehne

[形态特征] 常绿大乔木。树皮粗糙，淡灰色，浅裂成不规则的小块片；冬芽长卵状或卵状圆锥形，深褐色，先端钝尖；叶深绿色，四棱状条形，微扁，粗硬，常弯曲，棱脊明显，长 1.5~2 cm。球果长卵圆形、卵圆形或柱状椭圆形，无梗，成熟前淡黄绿色，熟时淡红褐色，长 7.5~12.5 cm，径约 3.5 cm。

日本云杉

[生态习性及分布] 原产于日本，我国山东青岛、浙江杭州等地有引种栽培。烟台福山区、栖霞市、招远市等有引种栽培。

[用途] 可作行道树、庭园景观树。

欧洲云杉

6. **欧洲云杉** *Picea abies* (Linn.) Karst.

[形态特征] 常绿大乔木。幼树树皮薄，老树树皮厚，裂成小块薄片。大枝斜展，小枝通常下垂，幼枝淡红褐色或橘红色，无毛或有疏毛。冬芽圆锥形，先端尖，芽鳞淡红褐色，上部芽鳞反卷，基部芽鳞先端长尖，有纵脊，具短柔毛。叶四棱状条形，长 1.2~2.5 cm，横切面斜方形。球果圆柱形，长 10~15 cm，稀达 18.5 cm，成熟时褐色。

[生态习性及分布] 原产于欧洲北部及中部；我国江西庐山及山东青岛有引种，生长良好。烟台芝罘区、蓬莱区、龙口市等有引种栽培。

[用途] 可作行道树、庭园景观树。

（三）落叶松属 *Larix*

1. **华北落叶松**（变种）*Larix gmelinii* (Rupr.) Kuzen .var.*principis-rupprechtii* (Mayr) pilger

华北落叶松

[形态特征] 落叶大乔木。树皮暗灰褐色，不规则纵裂，成小块片脱落；枝平展，树冠圆锥形；冬芽圆球形或卵圆形，暗褐色或红褐色；叶窄条形，上部稍宽，长2~3 cm，宽约1 mm，先端尖或微钝，上面平。球果长卵圆形或卵圆形，熟时淡褐色或淡灰褐色，有光泽，长2~4 cm，径约2 cm。花期4~5月，球果10月成熟。

[生态习性及分布] 我国特有树种，为华北地区高山针叶林带中的主要森林树种，主要分布于河北、山西、河南等省份。烟台芝罘区、蓬莱区 、昆嵛山、龙口市等有分布。

[用途] 可作庭园景观树；木材坚韧，结构致密，纹理直，含树脂，并有保土、防风的效能。

2. **落叶松**（原变种）*Larix gmelinii* (Rupr.) Kuzen. var. *gmelinii*

落叶松

[形态特征] 落叶大乔木。幼树树皮深褐色，裂成鳞片状块片，老树树皮灰色、暗灰色或灰褐色，纵裂成鳞片状剥离，剥落后内皮紫红色；枝斜展或近平展，树冠卵状圆锥形；冬芽近圆球形，芽鳞暗褐色，边缘具睫毛，基部芽鳞的先端具长尖头。叶倒披针状条形，长1.5~3 cm，宽0.7~1 mm，先端尖或钝尖，上面中脉不隆起；球果幼时紫红色，成熟前卵圆形或椭圆形，成熟时黄褐色、褐色或紫褐色，长1.2~3 cm，径1~2 cm。花期5~6月，球果9月成熟。

[生态习性及分布] 喜光性强，在土层深厚、肥润、排水良好的北向缓坡及丘陵地带生长旺盛。国内分布于黑龙江、吉林、内蒙古等省份。烟台昆嵛山、牟平区、蓬莱区、招远市、栖霞市、海阳市等有分布。

[用途] 落叶松为大兴安岭针叶林的主要树种，也是该地区今后荒山造林和森林更新的主要树种；木材硬度中等，易裂，纹理直，结构细密，有树脂，耐久用。

3. **黄花落叶松** *Larix olgensis* Henry

[形态特征] 落叶大乔木。树皮灰色、暗灰色、灰褐色，纵裂成长鳞片状翅离，易剥落，剥落后呈酱紫红；枝平展或斜展，树冠塔形；冬芽淡紫褐色，顶芽卵圆形或微成圆锥状，芽鳞膜质，边缘具睫毛；叶倒披针状条形，长 1.5~2.5 cm，宽约 1 mm，先端钝或微尖，上面中脉平；球果成熟前淡红紫色或紫红色，熟时淡褐色，或稍带紫色，长卵圆形。花期 5 月，球果 9~10 月成熟。

黄花落叶松

[生态习性及分布] 在气候微寒、土壤湿润的灰棕色土壤上分布普遍。适应力强，能生于比较干燥瘠薄的山坡，也能生于沼泽地带，而以生于土层深厚、肥润、排水良好、pH 为 5 左右的砂质壤土上为最好。国内分布于吉林、辽宁、山东等省份。烟台蓬莱区、海阳市、招远市、栖霞市等有引种栽培。

[用途] 可作庭园景观树；木材、树脂、树皮可供工业、建筑业使用。

4. **日本落叶松** *Larix kaempferi* (Lamb.) Carr.

[形态特征] 大乔木。树皮暗褐色，纵裂粗糙，成鳞片状脱落；枝平展，树冠塔形；冬芽紫褐色，顶芽近球形，基部芽鳞三角形，先端具长尖头，边缘有睫毛。叶倒披针状条形，长 1.5~3.5 cm，宽 1~2 mm，先端微尖或钝，上面稍平，下面中脉隆起；球果卵圆形或圆柱状卵形，熟时黄褐色，长 2~3.5 cm，径 1.8~2.8 cm。花期 4~5 月，球果 10 月成熟。

[生态习性及分布] 原产于日本。国内分布于黑龙江、吉林、辽宁、山东等省份，用之造林，生长良好。烟台牟平区、蓬莱区、昆嵛山、招远市、栖霞市、龙口市等有分布。

[用途] 可作庭园景观树或造林树种。

日本落叶松

（四） 金钱松属 *Pseudolarix*

金钱松

金钱松 *Pseudolarix amabilis* (Nelson) Rehd.

［形态特征］ 常绿大乔木。树干通直，树皮粗糙，灰褐色，裂成不规则的鳞片状块片；枝平展，树冠宽塔形；叶条形，柔软，镰状或直，上部稍宽，长 2~5.5 cm，宽 1.5~4 mm（幼树及萌生枝之叶长达 7 cm，宽 5 mm），先端锐尖或尖，上面绿色，下面蓝绿色。雄球花黄色，圆柱状，下垂，长 5~8 mm，梗长 4~7 mm；雌球花紫红色，直立，椭圆形，长约 1.3 cm。有短梗。球果卵圆形或倒卵圆形，长 6~7.5 cm，径 4~5 cm，成熟前绿色或淡黄绿色，熟时淡红褐色，有短梗。花期 4 月，球果 10 月成熟。

［生态习性及分布］ 我国特有树种，生长较快，喜生于温暖、多雨、土层深厚、肥沃、排水良好的酸性土山区。国内分布于安徽、江苏、浙江、福建、江西、湖北、湖南、四川等省份。烟台昆嵛山、海阳市、招远市等有分布。

［用途］ 树姿优美，秋后叶呈金黄色，颇为美观，可作庭园景观树；木材、树脂、树皮、种子可供工业、建筑业使用。

（五） 雪松属 *Cedrus*

雪松 *Cedrus deodara* (Roxb.) G. Don

［形态特征］ 常绿大乔木。树冠圆锥形；树皮深灰色，裂成不规则的鳞状块片；大枝平展、不规则轮生，微斜展或微下垂，小枝常下垂；叶在长枝上螺旋状散生，在短枝上簇生。叶针形，坚硬，常成三棱形。雌雄异株，少数同株，雄球花长卵圆形或椭圆状卵圆形，雌球花卵圆形；球果卵圆形或宽椭圆形，长 7~12 cm，径 5~9 cm，顶端圆钝，有短梗，成熟前淡绿色，微有白粉，熟时红褐色。花期 10~11 月，球果次年 10 月下旬成熟。

雪松

［生态习性及分布］ 阳性树种，喜土层深厚、排水良好的中性、微酸性土壤，喜凉爽、空气湿润气候，有一定程度的耐阴能力。国内分布于西藏西南部。全国多数地区尤其是大城市广泛将其种植为公园绿化树。烟台芝罘区、莱山区、牟平区、昆嵛山、蓬莱区、福山区、莱州市、招远市、栖霞市、莱阳市、海阳市、龙口市等有引种栽培。

［用途］ 树体高大，树形优美，最适孤植于草坪中央、庭园中心或主要大建筑物的两旁及园门入口处，也可作行道树。

（六） 松属 *Pinus*

1. 白皮松 *Pinus bungeana* Zucc. ex Endl.

白皮松

[形态特征] 常绿大乔木。枝较细长，斜展，形成宽塔形至伞形树冠；幼树树皮光滑，灰绿色，长大后树皮成不规则的薄块片脱落，露出淡黄绿色的新皮；老树树皮呈淡褐灰色或灰白色，裂成不规则的鳞状块片脱落，脱落后近光滑，露出粉白色的内皮，白褐相间成斑鳞状；针叶 3 针一束，长 5~10 cm，端尖，边缘有细锯齿；雄球花卵圆形或椭圆形，长约 1 cm，多数聚生于新枝基部成穗状，长 5~10 cm。球果通常单生，卵圆形或圆锥状卵圆形，长 5~7 cm，径 4~6 cm，有短梗或几无梗；初直立，后下垂，次年成熟，成熟前淡绿色，熟时淡黄褐色。花期 4~5 月，球果次年 10~11 月成熟。

[生态习性及分布] 阳性树种，耐瘠薄，耐干旱；喜排水良好的深厚肥沃土壤，在钙质、酸性土壤上均生长良好；稍耐盐碱，在 pH 为 7.5~8.0 的土壤中仍能适应；对二氧化硫、烟尘的抗性较强；对病虫害抗性较强。我国特有树种。国内分布于山西、陕西、甘肃、湖北、四川等省份。烟台芝罘区、福山区、牟平区、龙口市、海阳市、莱阳市、栖霞市、招远市、蓬莱区、莱州市等有分布。

[用途] 我国特有树种，是珍贵的观赏树种，其枝、干、形、叶均美而奇，于庭园群植、列植、孤植均佳。

2. 日本五针松 *Pinus parviflora* Sieb. et Zucc.

[形态特征] 常绿乔木，幼树树皮淡灰色，平滑，大树树皮暗灰色，裂成鳞状块片脱落；枝平展，树冠圆锥形；一年生枝幼嫩时绿色，后呈黄褐色，密生淡黄色柔毛；冬芽卵圆形。针叶 5 针一束，微弯曲，长 3.5~5.5 cm，边缘具细锯齿，背面暗绿色。球果卵圆形或卵状椭圆形，几无梗，熟时种鳞张开，长 4~7.5 cm，径 3.5~4.5 cm。

日本五针松

[生态习性及分布] 原产于日本，国内分布于黑龙江、吉林、内蒙古等省份。烟台芝罘区、莱州市、招远市等有分布，人工栽培较多。

[用途] 作绿化景观树或作盆景用。

3. **华山松** *Pinus armandii* Franch.

[形态特征] 常绿大乔木。枝条平展，形成圆锥形或柱状塔形树冠；幼树树皮灰绿色或淡灰色，平滑，老树则呈灰色，龟甲状脱落；针叶 5 针一束，长 8~15 cm，边缘具细锯齿。雄球花黄色，卵状圆柱形，长约 1.4 cm。球果圆锥状长卵圆形，长 10~20 cm，径 5~8 cm，幼时绿色，次年成熟，成熟时黄色或褐黄色，种鳞张开，种子脱落，果梗长 2~3 cm。花期 4~5 月，球果次年 9~10 月成熟。

[生态习性及分布] 阳性树种，喜温凉、湿润气候；耐寒力强，可耐 –31 ℃低温，喜湿润、疏松的中性或微酸性土壤，生长速度中等偏快。对二氧化硫抗性较强。国内分布于山西、陕西、甘肃、河南、湖北、海南、四川、云南、贵州、西藏等省份。烟台莱山区、福山区、牟平区、昆嵛山、蓬莱区、龙口市、海阳市、莱阳市、栖霞市、招远市、莱州市等有分布。

华山松

[用途] 高大挺拔，针叶苍翠，冠形优美，生长较快，是优良的庭园绿化树种。

4. **乔松** *Pinus griffithii* McCl.

[形态特征] 常绿大乔木。树皮暗灰褐色，裂成小块片脱落；枝条广展，形成宽塔形树冠；冬芽圆柱状倒卵圆形或圆柱状圆锥形，顶端尖，微有树脂；针叶 5 针一束，细柔下垂，长 10~20 cm，径约 1 mm，先端渐尖，边缘具细锯齿；球果圆柱形，下垂，中下部稍宽，上部微窄，两端钝，具树脂，长 15~25 cm，果梗长 2.5~4 cm。花期 4~5 月，球果次年秋季成熟。

[生态习性及分布] 喜温暖湿润的气候，适生于片岩、沙页岩和变质岩发育的山地棕壤或黄棕壤土，耐干旱。国内分布于云南、西藏等省份。烟台莱州市等有分布。

[用途] 树干高大、挺直，材质优良、结构细、纹理直、较轻软，可作建筑、器具等用材，亦可提取松脂及松节油。

乔松

5. **油松** *Pinus tabuliformis* Carr.

油松

［形态特征］ 常绿乔木。树皮灰褐色，裂成不规则较厚的鳞状块片，裂缝及上部树皮红褐色；枝平展或向下斜展，老树树冠平顶，小枝较粗，褐黄色，无毛，幼时微被白粉；冬芽矩圆形，顶端尖，微具树脂，芽鳞红褐色，边缘有丝状缺裂。针叶2针一束，深绿色，粗硬，长10~15 cm，径约1.5 mm，边缘有细锯齿；球果卵形或圆卵形，长4~9 cm，有短梗，向下弯垂，次年成熟，成熟前绿色，熟时淡黄色或淡褐黄色，常宿存树上近数年之久。花期4~5月，球果次年10月成熟。

［生态习性及分布］ 我国特有树种，喜光，为深根性树种，耐旱、耐寒，在土层深厚、排水良好的酸性、中性或钙质黄土上均能生长良好。国内分布于吉林、辽宁、山西、陕西、甘肃、宁夏、青海、河南、四川等省份。烟台福山区、牟平区、蓬莱区、昆嵛山、龙口市、海阳市、莱阳市、栖霞市、招远市、莱州市等有分布，人工栽培较多。

［用途］ 北方山区重要的造林树种；木材较硬，可作建筑、造船、家具及木纤维工业等用材；富含松脂，树干可割取树脂，提取松节油；树皮可提取栲胶；松节、松针、花粉均可药用。

6. **赤松** *Pinus densiflora* Sieb. et Zucc.

［形态特征］ 树皮橘红色，裂成不规则的鳞片状脱落，树干上部树皮红褐色；枝平展形成伞状树冠；冬芽矩圆状卵圆形，暗红褐色，微具树脂；针叶2针一束，长5~12 cm，径约1 mm，先端微尖，边缘有细锯齿，横切面半圆形；球果成熟时暗黄褐色或淡褐黄色，种鳞张开，不久即脱落，卵圆形或卵状圆锥形，长3~5.5 cm，径2.5~4.5 cm，有短梗；花期4月，球果次年9~10月成熟。

赤松

［生态习性及分布］ 深根性喜光树种，抗风力强，不耐盐碱土；在通气不良的重黏土上生长不好。国内分布于黑龙江、吉林、辽宁、江苏等省份。烟台芝罘区、莱山区、牟平区、福山区、昆嵛山 、莱州市、蓬莱区、招远市、栖霞市、莱阳市、海阳市、龙口市等有分布，人工栽培较多。

［用途］ 可作庭园树；抗风力较强，可作辽东半岛、山东胶东地区及江苏云台山区等沿海山地的造林树种。

7. **黑松** *Pinus thunbergii* Parl.

［形态特征］ 常绿大乔木。幼树树皮暗灰色，老则灰黑色，粗厚，裂成块片脱落；枝条开展，树冠宽圆锥状或伞形；冬芽银白色，圆柱状椭圆形或圆柱形，顶端尖，芽鳞披针形或条状披针形，边缘白色丝状。针叶 2 针一束，深绿色有光泽，粗硬，长 6~12 cm，径 1.5~2 mm，边缘有细锯齿。球果圆锥状卵圆形或卵圆形，长 4~6 cm，径 3~4 cm，有短梗，向下弯垂，成熟前绿色，熟时褐色。花期 4~5 月，球果次年 10 月成熟。

［生态习性及分布］ 阳性树种，喜温暖湿润气候，极耐海风。根系发达，对土壤要求不严。抗病虫害能力强。原产于日本、朝鲜。现我国山东沿海、辽东半岛、江苏、浙江、安徽均有栽培。烟台芝罘区、莱山区、福山区、牟平区、昆嵛山、蓬莱区、龙口市、海阳市、莱阳市、栖霞市、招远市、莱州市等有引种栽培。

［用途］ 沿海绿化树种，宜作防风林；可丛植、列植、群植或林植。

黑松

8. **长白松** 美女松（变种）*Pinus sylvestris* L. var. *sylvestriformis* (Takenouchi) W. C. Cheng et C. D. Chu

［形态特征］ 常绿大乔木。树干通直平滑，基部稍粗糙，棕褐色带黄，龟裂，下中部以上树皮棕黄色至金黄色，裂成鳞状薄片剥落；冬芽卵圆形，芽鳞红褐色，有树脂；针叶 2 针一束，长 5~8 cm，较粗硬，径 1~1.5 mm，横切面扁半圆形；成熟的球果卵状圆锥形，种鳞张开后为椭圆状卵圆形或长卵圆形，长 4~5 cm，径 3~4.5 cm。

［生态习性及分布］ 产于吉林长白山北坡海拔 800~1600 m，在二道白河以上的林中组成小片纯林；在海拔 1600 m 的林中则与红松、长白鱼鳞云杉等混生。国内分布于吉林长白山。烟台福山区等有引种栽培。

［用途］ 可供绿化观赏。

长白松

9. **樟子松** 海拉尔松（变种）*Pinus sylvestris* Linn. var. *mongolica* Litv.

［形态特征］ 常绿大乔木。树干下部灰褐色或黑褐色，深裂成不规则的鳞状块片脱落，上部树皮及枝皮黄色至褐黄色，内侧金黄色，裂成薄片脱落；枝斜展或平展，幼树树冠尖塔形，老则呈圆顶或平顶，树冠稀疏；冬芽褐色或淡黄褐色，长卵圆形，有树脂。针叶 2 针一束，硬直，常扭曲，长 4~9 cm，径 1.5~2 mm，先端尖，边缘有细锯齿。当年生小球果长约 1 cm，下垂。球果卵圆形或长卵圆形，长 3~6 cm，径 2~3 cm，球果次年成熟，成熟前绿色，熟时淡褐灰色，熟后开始脱落。花期 5~6 月，球果次年 9~10 月成熟。

樟子松

［生态习性及分布］ 喜光性强，深根性树种，能适应土壤水分较少的山脊及向阳山坡，以及较干旱的砂地和石砾砂土地区。国内分布于黑龙江、内蒙古等省份。烟台福山区、海阳市、招远市等有分布，人工栽培较多。

［用途］ 可作庭园观赏及绿化树种；生长较快，是重要的建筑材料，可作东北大兴安岭山区及西部沙丘地区的造林树种。

10. **马尾松** *Pinus massoniana* Lamb.

［形态特征］ 常绿大乔木。树皮红褐色，下部灰褐色，裂成不规则的鳞状块片；枝平展或斜展，树冠宽塔形或伞形；冬芽卵状圆柱形或圆柱形，褐色；针叶 2 针一束，稀 3 针一束，长 12~20 cm，细柔，微扭曲，边缘有细锯齿；球果卵圆形或圆锥状卵圆形，长 4~7 cm，径 2.5~4 cm，有短梗，下垂，成熟前绿色，熟时栗褐色，陆续脱落。花期 4~5 月，球果次年 10~12 月成熟。

马尾松

［生态习性及分布］ 喜光、深根性树种，不耐阴，喜温暖湿润气候，能生于干旱、瘠薄的红壤、石砾土及沙质土，或生于岩石缝中。在肥润、深厚的砂质壤土上生长迅速，在钙质土上生长不良或不能生长，不耐盐碱。国内分布于陕西、河南、安徽、江苏、浙江、福建、台湾、江西、湖北、湖南、广东、广西、四川、云南、贵州等省份。烟台牟平区等有分布，人工栽培较多。

［用途］ 可作庭园观赏及绿化树种；木材、树脂、树皮可供工业、建筑业使用；树干及根部可培养茯苓、蕈类。为长江流域以南重要的荒山造林树种。

11. **火炬松**　火把松 *Pinus taeda* Linn.

［形态特征］ 常绿大乔木。树皮鳞片状开裂，近黑色、暗灰褐色或淡褐色；冬芽褐色，矩圆状卵圆形或短圆柱形，顶端尖，无树脂。针叶 3 针一束，稀 2 针一束，长 12~25 cm，径约 1.5 mm，硬直，蓝绿色，横切面三角形；球果卵状圆锥形或窄圆锥形，基部对称，长 6~15 cm，无梗或几无梗，熟时暗红褐色。花期 4 月，球果次年 10 月成熟。

［生态习性及分布］ 原产于美国东南沿海及亚热带地区。我国长江流域以南有引种造林，北至河南南部，南达广东、广西，通常生于海拔 500 m 以下低山丘陵。烟台昆嵛山、海阳市、莱阳市等有分布，人工栽培较多。

［用途］ 可作庭园观赏及绿化树种；木材可供建筑等使用并生产优良松脂。

火炬松

12. **北美短叶松**　班克松 *Pinus banksiana* Lamb.

［形态特征］ 常绿乔木。有时成灌木状；树皮暗褐色，裂成不规则的鳞状薄片脱落；枝近平展，树冠塔形；冬芽褐色，矩圆状卵圆形，被树脂。针叶 2 针一束，粗短，通常扭曲，长 2~4 cm，径约 2 mm，先端钝尖、边缘全缘，横切面扁半圆形；球果直立或向下弯垂，近无梗，窄圆锥状椭圆形，不对称，通常向内侧弯曲，长 3~5 cm，径 2~3 cm，成熟时淡绿黄色或淡褐黄色，宿存树上多年。

［生态习性及分布］ 原产于北美东北部。我国辽宁、北京、山东、江苏、江西、河南等省份均已引种为观赏树。烟台昆嵛山、海阳市等有引种栽培。

［用途］ 可作庭园观赏树。

北美短叶松

13. **刚松** 美国短三叶松 萌芽松 硬叶松 *Pinus rigida* Mill.

[形态特征] 常绿大乔木。幼树树皮灰色或暗灰色，大树树皮暗灰褐色或黑灰色，裂成鳞状块片，裂缝红褐色；树冠近球形；主干及枝通常有不定芽；冬芽红褐色，卵圆形或圆柱状长卵圆形，顶端尖，被较多的树脂。针叶 3 针一束，坚硬，长 7~18 cm，径 2 mm，先端尖，横切面三角形；球果常 3~5 个聚生于小枝基部，圆锥状卵圆形，长 5~8 cm 或更长，成熟前绿色，熟时栗褐色，常宿存树上达数年之久。花期 4~5 月，球果次年秋季成熟。

刚松

[生态习性及分布] 原产于美国东部。我国辽宁、山东、浙江、江苏等省份引种为庭园树。在东北地区生长较慢，在江浙等地区生长较快。烟台海阳市等有引种栽培。

[用途] 可作庭园观赏树。

14. **晚松** 刚松（变种）*Pinus rigida* Mill. var. *serotina* (Michx.) Loud. ex Hoopes

[形态特征] 乔木。树干通常具不定芽；树皮红棕色，不规则皱纹状到长圆形的鳞片状脱落；小枝橙黄色或棕色，通常有白霜，粗壮；冬芽红棕色，卵球形或狭卵球形，有树脂。针叶通常 3 针一束，稍扭曲，长 12~15 cm，径 0.3~2 mm；叶内维管束 2 条，树脂道 5~8，中生，稀 1~3 内生；叶鞘宿存，1~2 cm。球果轮生于小枝基部，宽卵形或球形，长 5~8 cm，无柄或有柄，浅的红棕色或淡棕色，迟开裂。种子鳞片边缘上部内面暗红棕色，鳞盾菱形微隆起，鳞脐微突起，有短细弱刺尖或无。种子淡褐色或斑驳的暗褐色或近黑色，稍压扁，长椭圆形，5~6 mm，种翅长约 2 cm。

晚松

[生态习性及分布] 原产于美国东南部。常生于平坦的低湿地带或泥炭沼泽地带。我国江苏、浙江等地有引种栽培，生长良好，比当地的马尾松生长快。可作长江以南、南岭以北低湿地带的造林树种。烟台海阳市等有引种栽培。

[用途] 可作庭园观赏树。

15. **海岸松** *Pinus pinaster* Ait.

［形态特征］常绿大乔木。树皮深纵裂，褐色；大枝有时下垂，形成尖塔形树冠；冬芽矩圆形，褐色，无树脂。针叶 2 针一束，长 10~20 cm，径 2 mm，粗硬，常扭曲，光绿色，横切面半圆形；球果较大，具短梗，常集生，圆锥状卵圆形或椭圆状卵圆形，长 9~18 cm，对称或近对称。

［生态习性及分布］原产于地中海沿岸。我国江苏有引种栽培，长势旺盛。烟台莱山区、蓬莱区、海阳市等有引种栽培。

［用途］可作庭园观赏树；为有发展前途的造林树种。

海岸松

16. **黑赤松** *Pinus thunbergii* × *P. densiflora*

［形态特征］黑松与赤松的天然杂交种。树干直，树皮灰褐色，皮较薄，块状剥落，老皮纵裂较厚。针叶 2 针一束，深绿或暗绿色，较黑松针叶细，较赤松针叶粗壮。顶芽灰白色，鳞片带赤褐色，不如黑松顶芽白。果实较少，且空粒者多，球果长度不一，具短柄，较黑松小，鳞脐有刺。

［生态习性及分布］与黑松、赤松相比，生长更快，对松毛虫和松干蚧抗性更强。国内辽宁等省份有分布。山东省内烟台市、威海市、青岛市、淄博市、临沂市、日照市等有分布。烟台芝罘区、莱山区、蓬莱区、昆嵛山、牟平区、海阳市、莱阳市、栖霞市等有分布，人工栽培较多。

［用途］护滩固沙和荒山绿化的重要树种。烟台市森林资源监测保护服务中心培育的“烟杂 4 号”“烟杂 5 号”黑赤松良种取得了良好示范成效。

黑赤松

五、杉科 Taxodiaceae

（一） 杉木属 *Cunninghamia*

杉木 *Cunninghamia lanceolata* (Lamb.) Hook.

[形态特征] 常绿大乔木。幼树树冠尖塔形，大树树冠圆锥形，树皮灰褐色，裂成长条片脱落，内皮淡红色，大枝平展；冬芽近圆形，有小型叶状的芽鳞，花芽圆球形、较大。叶在主枝上辐射伸展，侧枝之叶基部扭转成二列状，披针形或条状披针形，通常微弯，呈镰状，革质、坚硬，长 2~6 cm，宽 3~5 mm，边缘有细缺齿，先端渐尖，稀微钝，上面深绿色，有光泽，下面淡绿色；球果卵圆形，长 2.5~5 cm，径 3~4 cm。花期 4 月，球果 10 月下旬成熟。

杉木

[生态习性及分布] 亚热带树种，较喜光。喜温暖湿润、多雾静风的气候环境。适应年平均温度 15~23 ℃，年降水量 800~2000 mm 的气候条件。长江流域、秦岭以南地区广泛栽培。由于栽培广泛，原产地难以确定。烟台芝罘区、蓬莱区、昆嵛山、莱州市、招远市、栖霞市 、海阳市等有引种栽培。

[用途] 生长快，栽培地区广，木材优良、用途广，为长江以南温暖地区最重要的速生用材树种；球果、种子可入药。

（二） 柳杉属 *Cryptomeria*

1. **日本柳杉**（原变种） *Cryptomeria japonica* (Linn. f.) D. Don var. *japonica*

[形态特征] 常绿大乔木。树皮红褐色，纤维状，裂成条片状落脱；大枝常轮状着生，水平开展或微下垂，树冠尖塔形；小枝下垂，当年生枝绿色。叶钻形，直伸，先端通常不内曲，锐尖或尖，长 0.4~2 cm，基部背腹宽约 2 mm；球果近球形，径 1.5~2.5 cm。花期 4 月，球果 10 月成熟。

日本柳杉

[生态习性及分布] 原产于日本，为日本的重要造林树种。我国山东、江苏、浙江、湖南、江西、湖北等省份有引种栽培。烟台牟平区、昆嵛山、海阳市等有引种栽培。

[用途] 木材可作建筑、桥梁、家具等用材；可供绿化观赏。

2. **柳杉**（变种）*Cryptomeria japonica* (Linn. f.) D. Don var. *sinensis* Miq.

[形态特征] 常绿大乔木。树皮红棕色，纤维状，裂成长条片脱落；大枝近轮生，平展或斜展；小枝细长，常下垂，绿色，枝条中部的叶较长，常向两端逐渐变短；叶钻形略向内弯曲，先端内曲，长 1~1.5 cm，果枝的叶通常较短，有时长不及 1 cm，幼树及萌芽枝的叶长达 2.4 cm。球果圆球形或扁球形，径 1.2~2 cm，多为 1.5~1.8 cm。花期 4 月，球果 10~11 月成熟。

[生态习性及分布] 我国特有树种，中等喜光，喜欢温暖湿润、夏季较凉爽的山区气候；喜深厚肥沃的沙质壤土，忌积水；根系较浅，侧根发达，主根不明显，抗风力差。国内分布于浙江、福建、江西等省份。烟台芝罘区、昆嵛山、莱州市、招远市、海阳市等有分布。

柳杉

[用途] 可作庭园观赏及绿化树种；材质纹理直，耐腐力强，易加工，可作建筑、器具、家具及造纸原料等用材。

（三） 落羽杉属 *Taxodium*

1. **落羽杉** 落羽松（原变种）*Taxodium distichum* (Linn.) Rich. var. *distichum*

[形态特征] 落叶大乔木。树干尖削度大，干基通常膨大，常有屈膝状的呼吸根；树皮棕色，裂成长条片脱落；枝条水平开展，幼树树冠圆锥形，老则呈宽圆锥状；叶条形，扁平，基部扭转在小枝上列成二列，羽状，长 1~1.5 cm，宽约 1 mm，先端尖，凋落前变成暗红褐色。球果球形或卵圆形，有短梗，向下斜垂，熟时淡褐黄色，有白粉，径约 2.5 cm。花期春季，球果 10 月成熟。

[生态习性及分布] 原产于北美东南部，耐水湿，能生于排水不良的沼泽地上。我国广东、浙江、上海、江苏、湖北、河南等省份有引种栽培，生长良好。烟台牟平区、昆嵛山等有引种栽培。

[用途] 木材可作建筑、家具、造船等用材；可供绿化观赏。

落羽杉

2. **池杉** 池柏（变种）*Taxodium distichum* (Linn.) Rich. var. *imbricatum* (Nutt.) Croom

［形态特征］ 大乔木。树干基部膨大，通常有屈膝状的呼吸根（低湿地生长尤为显著）；树皮褐色，纵裂，成长条片脱落；枝条向上伸展，树冠较窄，呈尖塔形；叶钻形，微内曲，在枝上螺旋状伸展，长 4~10 mm，基部宽约 1 mm，向上渐窄，先端有渐尖的锐尖头，下面有棱脊，上面中脉微隆起；球果圆球形或矩圆状球形，有短梗，向下斜垂，熟时褐黄色，长 2~4 cm，径 1.8~3 cm。花期 3~4 月，球果 10 月成熟。

池杉

［生态习性及分布］ 原产于北美东南部，耐水湿，生于沼泽地区及水湿地上。国内分布于江苏、浙江、河南、湖北等省份。烟台昆嵛山、牟平区等有分布。

［用途］ 木材用途与落羽杉基本相同，可作为低湿地的造林树种或庭园树种。

（四） 水杉属 *Metasequoia*

水杉 *Metasequoia glyptostroboides* Hu et Cheng

［形态特征］ 落叶大乔木。树干基部常膨大；树皮灰色、灰褐色或暗灰色，幼树裂成薄片脱落，大树裂成长条状脱落，内皮淡紫褐色；枝斜展，小枝下垂，幼树树冠尖塔形，老树树冠广圆形，枝叶稀疏；侧生小枝排成羽状，长 4~15 cm，冬季凋落；主枝上的冬芽卵圆形或椭圆形，顶端钝，长约 4 mm，径 3 mm；叶在侧生小枝上列成二列，羽状，冬季与枝一同脱落。球果下垂，近四棱状球形或矩圆状球形，成熟前绿色，熟时深褐色，长 1.8~2.5 cm，径 1.6~2.5 cm，梗长 2~4 cm，其上有交互对生的条形叶。花期 2 月下旬，球果 11 月成熟。

［生态习性及分布］ 珍稀的孑遗植物，我国特有树种。水杉为喜光性强的速生树种，对环境条件的适应性较强。在气候温和、夏秋多雨、酸性黄壤土地区生长良好。国内分布于湖北、湖南、四川等省份。烟台芝罘区、莱山区、福山区、牟平区、蓬莱区、昆嵛山、龙口市、海阳市、莱阳市、栖霞市、招远市、莱州市等有分布。

水杉

［用途］ 树姿优美，季相变化明显，为著名的庭园观赏及绿化树种，也可作为造林、用材树种。

（五）水松属 *Glyptostrobus*

水松 *Glyptostrobus pensilis* (Staunt.) Koch

［形态特征］ 半常绿乔木。高 15~25 m，胸径可达 1.2 m，基部膨大成柱槽状，并伴有伸出地面的呼吸根；树皮褐色或灰白色而带褐色，裂成长而不规则的条状。主枝近平展，侧枝排成 2 行，较老的枝条通常非常密集并呈扫帚状；成熟小枝上的鳞片叶片贴伏，长 1.5~3 mm，宽 0.4~0.6 mm，具分散的白色气孔斑，正面突起，基部下延，先端弯曲；条形叶两侧扁平、薄，常呈 2 列；条状钻形叶两侧扁，背腹隆起；条形叶及条状钻形叶均连同短枝于冬季脱落。球果倒卵球形，长 1.4~2.5 cm，宽 0.9~1.5 cm；苞片和种鳞合生，仅先端分离，三角形向外弯曲；种鳞扁平，中间鳞片倒卵形，长 1~1.3 cm，宽 3~5.5 mm，基部楔形，顶部边缘具有 6~10 个三角形尖齿；种子棕色，椭圆形，稍扁平，长 5~7 mm，宽 3~4 mm。花期 1~2 月，果期 10~11 月。

水松

［生态习性及分布］ 多生于低海拔地区，喜温暖湿润气候；我国特有树种，国内分布于福建、江西、广东、广西、四川、云南等省份。烟台昆嵛山等有引种栽培。

［用途］ 材质轻软，耐水湿，可用作救生圈、瓶塞等；叶、枝及球果可药用；可供绿化观赏。

六、柏科 Cupressaceae

（一）罗汉柏属 *Thujopsis*

罗汉柏 *Thujopsis dolabrata* (Thunberg ex Linn. f.) Sieb. et Zucc

［形态特征］ 常绿乔木。树皮薄，灰色或红褐色，裂成长条片脱落；枝条斜伸，树冠尖塔形；生鳞叶的小枝扁平，排成一平面，鳞叶质地较厚，两侧之叶卵状披针形，长 4~7 mm，宽 1.5~2.2 mm，先端通常较钝，微内曲，中央之叶稍短于两侧之叶，露出部分呈倒卵状椭圆形，先端钝圆或近三角状；球果近圆球形，长 1.2~1.5 cm。

罗汉柏

［生态习性及分布］ 原产于日本；耐阴性强，喜土层深厚湿润的山地黄棕壤；我国江西、江苏、上海、浙江、福建、湖北等省份均有引种栽培。烟台莱州市等有引种栽培。

［用途］ 可作庭园观赏及绿化树种。

（二） 侧柏属 *Platycladus*

1. 侧柏 *Platycladus orientalis* (Linn.) Franco

侧柏

[形态特征] 常绿乔木。幼树树冠尖塔形，老树广圆形；树皮薄，浅褐色，呈薄片状剥离；生鳞叶的小枝细，向上直展或斜展，扁平，排成一平面。叶全为鳞片状，交互对生，两面均为淡绿色，密生枝上。球果近卵圆形，成熟前近肉质，蓝绿色，被白粉，成熟后木质，开裂，红褐色。花期 3~4 月，果期 10 月。

[生态习性及分布] 喜光，耐阴性较强；喜温暖气候，适应性强；抗盐碱；抗风沙能力强。几乎遍布全国。烟台各区市均有分布。

[用途] 常见绿化景观树种，北方地区多用作绿篱；同时也是柏科植物嫁接常用砧木；是石灰岩山地的重要造林树种。

金塔柏

2. 金塔柏 金枝侧柏（栽培变种）*Platycladus orientalis* ‘*Beverleyensis*’

[形态特征] 侧柏品种，乔木。树冠塔形，外层叶全为黄色，新叶出后老叶变绿。

[生态习性及分布] 烟台莱州市、龙口市等有分布。

3. 千头柏（栽培变种）*Platycladus orientalis* ‘*Sieboldii*’

[形态特征] 丛生灌木，无主干；枝密，上伸；树冠卵圆形或球形；叶绿色。

[生态习性及分布] 烟台牟平区、招远市、海阳市、莱州市等有分布。

千头柏

4. **金黄球柏**（栽培变种）*Platycladus orientalis* 'Semperaurescens'

［形态特征］ 矮型灌木，树冠球形，叶全年为金黄色。

［生态习性及分布］ 烟台福山区、蓬莱区、莱州市、龙口市等有分布。

金黄球柏

5. **洒金千头柏**（栽培变种）*Platycladus orientalis* 'Aurea'

［形态特征］ 形态与千头柏类似；叶淡黄绿色，顶端尤其色浅偏黄，入冬略转褐绿。

［生态习性及分布］ 烟台莱州市等有分布。

［用途］ 优良的彩色观叶树种，广泛应用于园林造景。

（三）崖柏属 *Thuja*

北美香柏 *Thuja occidentalis* Linn.

［形态特征］ 常绿乔木。树皮红褐色或橘红色，纵裂成条状块片脱落；枝条开展，树冠塔形；当年生小枝扁，2~3 年后逐渐变成圆柱形。叶鳞形，先端尖，长 1.5~3 mm，宽 1.2~2 mm；球果幼时直立，绿色，后呈黄绿色、淡黄色或黄褐色，成熟时淡红褐色，向下弯垂，长椭圆形。种子扁，两侧有翅。

［生态习性及分布］ 原产于美国，生于含石灰质的湿润地区。国内分布于山东、江苏、浙江等省份。烟台栖霞市等有分布。

［用途］ 可作绿化景观树种；材质坚韧，结构细致，有香气，耐腐性强，可作器具、家具等用材。

北美香柏

云片柏

（四） 扁柏属 *Chamaecyparis*

1. **云片柏**（日本扁柏 栽培变种）*Chamaecyparis obtusa* (Sieb. et Zucc.) Endl. *'Breviramea'*

[形态特征] 常绿乔木。小乔木，树冠窄塔形；枝短，生鳞叶的小枝薄片状，有规则地排列，侧生片状小枝盖住顶生片状小枝，如层云状；球果较小。

[生态习性及分布] 原产于日本。我国江西、江苏、上海、浙江等省份引种为观赏树。烟台莱州市、招远市等有引种栽培。

[用途] 可作庭园景观树。

2. **洒金云片柏**（日本扁柏 栽培变种）*Chamaecyparis obtusa* (Sieb. et Zucc.) Endl. *'Breviramea Aurea'*

[形态特征] 形状如云片柏，但小枝先端呈金黄色。

[生态习性及分布] 烟台芝罘区、福山区、牟平区、招远市、栖霞市等有分布。

洒金云片柏

日本花柏

3. **日本花柏** *Chamaecyparis pisifera* (Sieb. et Zucc.) Endl.

[形态特征] 常绿乔木。树皮红褐色，裂成薄皮脱落；树冠尖塔形；生鳞叶小枝条扁平，排成一平面。鳞叶先端锐尖，侧面之叶较中间之叶稍长，小枝上面中央之叶深绿色，下面之叶有明显的白粉。球果圆球形，径约 6 mm，熟时暗褐色。

[生态习性及分布] 原产于日本。我国山东、江西、江苏、上海、浙江等省份有引种栽培；作庭园树，生长较慢。烟台牟平区、昆嵛山、栖霞市等有引种栽培。

[用途] 可作庭园景观树。

4. **绒柏**（日本花柏 栽培变种）*Chamaecyparis pisifera* (Sieb. et Zucc.) Endl. *'Squarrosa'*

[形态特征] 灌木或小乔木。大枝斜展，枝叶浓密；叶条状刺形，柔软，长 6~8 mm，先端尖，小枝下面之叶的中脉两侧有白粉带。

[生态习性及分布] 烟台栖霞市等有分布。

[用途] 可作庭园景观树。

绒柏

5. **孔雀柏**（日本圆柏 栽培变种）*Chamaecyparis obtusa 'Tetragona'*

[形态特征] 灌木或小乔木。树皮浅红棕色薄片状剥落；树冠为狭窄的金字塔形，枝近直展，生鳞叶的小枝辐射状排列或微排成平面，末端鳞叶枝四棱形。鳞叶背部有纵脊，一般无腺点。雄球花椭圆形，长约 3 mm，雄蕊 6 对，花药黄色。球果圆球形，径 8~10 mm，熟时红褐色；种鳞 4 对，顶部五角形，平或中央稍凹，有小尖头；种子近圆形，长 2.6~3 mm，两侧有窄翅。花期 4 月，球果 10~11 月成熟。

[生态习性及分布] 烟台昆嵛山等有栽培。

[用途] 可供绿化观赏。

6. 线柏（日本花柏 栽培变种）*Chamaecyparis pisifera 'Filifera'*

[形态特征] 灌木或小乔木。树冠近球形，一般高小于宽；枝叶浓密，绿色或淡绿色；小枝细长下垂；鳞叶先端锐尖。

[生态习性及分布] 烟台昆嵛山等有引种栽培。

[用途] 多用于绿化观赏。

线柏

（五）柏木属 *Cupressus*

地中海柏木 意大利柏 *Cupressus sempervirens* Linn.

[形态特征] 树皮灰褐色，较薄，浅纵裂；大枝近直展或平展；生鳞叶的小枝不排成平面，末端鳞叶枝四棱形，径约 1 mm。鳞叶交叉对生呈四列状，排列紧密，菱形，先端钝或钝尖，背部有纵脊及腺槽，深绿色，无白粉。球果近球形或椭圆形，径 2~3 cm，生于下弯的短枝顶端，熟时光褐色或灰色。

[生态习性及分布] 原产于欧洲南部地中海地区至亚洲西部，主要分布在斜坡和峡谷的石灰岩上，气候夏季干燥炎热，冬季多雨，部分地区为半干旱。广为栽培，作庭园树用。我国江苏、江西等省份有引种栽培，生长良好。烟台莱州市等有引种栽培。

地中海柏木

[用途] 可作庭园景观树。

（六） 圆柏属 *Sabina*

1. **圆柏** 桧柏 桧 *Sabina chinensis*（Linn.）Ant.

［形态特征］常绿乔木。树皮深灰色，纵裂，成条片开裂；幼树的枝条通常斜上伸展，形成尖塔形树冠，老则下部大枝平展，形成广圆形的树冠；树皮灰褐色，纵裂，裂成不规则的薄片脱落。叶二型，即刺叶及鳞叶；刺叶生于幼树之上，老龄树则全为鳞叶，壮龄树兼有刺叶与鳞叶；生于一年生小枝的一回分枝的鳞叶三叶轮生，直伸而紧密，近披针形，先端微渐尖，长 2.5~5 mm，背面近中部有椭圆形微凹的腺体；刺叶三叶交互轮生，斜展，疏松，披针形，先端渐尖，长 6~12 mm，上面微凹，有两条白粉带。雌雄异株，稀同株。球果近圆球形，径 6~8 mm，次年成熟，熟时暗褐色，被白粉或白粉脱落。花期 3~4 月，球果次年 10~11 月成熟。

圆柏

［生态习性及分布］喜光树种，喜温凉、温暖气候及湿润土壤，适于中性土、钙质土及微酸性土，耐寒、耐热，对有害气体有抗性。国内分布于内蒙古、河北、陕西、山西、甘肃、河南、安徽、江苏、浙江、福建、江西、湖北、湖南、广东、广西、四川、云南、贵州等省份。烟台芝罘区、莱山区、福山区、蓬莱区、昆嵛山、莱州市、招远市、栖霞市、莱阳市、海阳市、龙口市等有分布。

［用途］应用广泛的庭园观赏及绿化用树。

2. **龙柏**（圆柏 栽培变种）*Sabina chinensis* (Linn.) Ant. cv. *'Kaizuca'*

［形态特征］常绿乔木。树冠圆柱状或柱状塔形；枝条向上直展，盘旋上升，形似盘龙，因此得名。小枝密，在枝端成几乎等长的密簇；叶排列紧密，全为鳞叶，幼嫩时淡黄绿色，后呈翠绿色；球果蓝色，微被白粉。

［生态习性及分布］烟台芝罘区、莱山区、牟平区、福山区、蓬莱区、昆嵛山、莱州市、招远市、栖霞市、莱阳市、海阳市、龙口市等有分布。

［用途］作为大乔木栽培，其树干扭曲缠抱，树枝盘旋升腾，可以营造古朴虬劲、生机勃发的景观意象；常见绿化树种。

龙柏

3. **鹿角桧**（圆柏 栽培变种）*Sabina chinensis* (Linn.) Ant. cv. *'Pfitzriana'*

［形态特征］常绿乔木或丛生灌木。干枝自地面向四周斜上伸展；叶鳞形，银绿色，极少数针形叶呈黄绿色。

［生态习性及分布］烟台招远市、栖霞市等有分布。

［用途］树形优美，叶色银灰，适于点缀在庭院之中。

鹿角桧

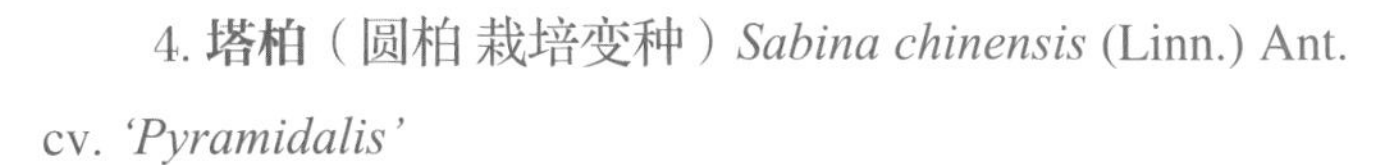

4. **塔柏**（圆柏 栽培变种）*Sabina chinensis* (Linn.) Ant. cv. *'Pyramidalis'*

［形态特征］常绿乔木。树冠塔状圆柱形；枝不平展，多贴主干向上斜生，小枝密集，二型叶，叶多为刺形，稀间有鳞叶。

［生态习性及分布］烟台芝罘区、牟平区、昆嵛山、莱州市、蓬莱区、栖霞市、莱阳市、海阳市、龙口市等有分布。

塔柏

5. **金球桧**（圆柏 栽培变种）*Sabina chinensis* (Linn.) Ant. cv. *'Aureoglobosa'*

［形态特征］丛生灌木，树冠近圆球形；枝密生，主要为鳞形叶，间有刺形叶，鳞叶初为深金黄色，后渐变为绿色；幼枝绿叶中有金黄色枝叶。

［生态习性及分布］烟台招远市等有分布。

［用途］常见绿化树种。可修剪成圆球形列植、丛植，或与其他球形灌木配植。

6. **球柏**（圆柏 栽培变种）*Sabina chinensis* (Linn.) Ant. cv. *'Globosa'*

［形态特征］矮型近球形丛生灌木，枝密生。

［生态习性及分布］烟台招远市等有分布。

［用途］常见绿化树种，无需修剪即可自成圆球形。

球柏

7. **匍地龙柏**（圆柏 栽培变种）*Sabina chinensis* (Linn.) Ant. cv. *'Kaizuca Procumbens'*

［形态特征］植株无直立主干，枝就地平展。

［生态习性及分布］烟台蓬莱区、莱州市、招远市、栖霞市、龙口市等有分布。

［用途］为优良绿篱树种，常作带状观赏。

匍地龙柏

8. **万峰桧** *Sabina chinensis* (Linn.) Ant. cv. *'Wangfenggui'*

[形态特征] 与球柏类似；壮龄树树形饱满，大枝多斜上伸展，如群峰耸立，故得名。

[生态习性及分布] 烟台招远市、栖霞市等有分布。

万峰桧

9. **金叶桧**（圆柏 栽培变种）*Sabina chinensis* (Linn.) Ant. cv. *'Aurea'*

[形态特征] 树形直立，鳞叶初为深金黄色，后渐变为绿色。

[生态习性及分布] 烟台莱州市等有分布。

[用途] 树形美丽，冬季叶色黄绿，对比尤其鲜明，是北方地区园林绿化不可多得的树种。

金叶桧

10. **垂枝圆柏**（圆柏 栽培变种）*Sabina chinensis* (Linn.) Ant. f. *pendula* (Franch.) Cheng et W. T. Wang

[形态特征] 形态同圆柏，但所有小枝均下垂。

[生态习性及分布] 烟台莱州市等有分布。

垂枝圆柏

铅笔柏

11. **铅笔柏** *Sabina virginiana* (Linn.) Ant.

[形态特征] 常绿乔木。树皮红褐色，裂成长条片脱落；枝条直立或向外伸展，形成柱状圆锥形或圆锥形树冠；生鳞叶的小枝细，四棱形，径约 0.8 mm。鳞叶排列较疏，菱状卵形，先端急尖或渐尖，长约 1.5 mm；刺叶出现在幼树或大树上，交互对生，斜展，长 5~6 mm，先端有角质尖头；雌雄球花常生于不同的植株之上；球果当年成熟，近圆球形或卵圆形，长 5~6 mm，蓝绿色，被白粉。

[生态习性及分布] 原产于北美；喜光，有时稍耐阴，喜凉爽湿润的气候；适合生长于肥沃湿润且排水良好的沙质壤土中，忌水湿。烟台莱州市、招远市、栖霞市等有分布。

[用途] 我国华东地区引种为庭园树。生长良好，较当地的圆柏生长迅速，可选作造林树种和园林树种。

12. **铺地柏** *Sabina procumbens* (Endl.) Iwata et Kusaka

［形态特征］ 匍匐灌木，高可高达 75 cm；枝条延地面扩展，褐色，密生小枝，枝梢及小枝向上斜展。刺形叶三叶交叉轮生，条状披针形，先端渐尖成角质锐尖头，长 6~8 mm；球果近球形，被白粉，成熟时黑色，径 8~9 mm，有 2~3 粒种子。

铺地柏

［生态习性及分布］ 我国黄河流域至长江流域有引种栽培；烟台芝罘区、莱山区、牟平区、福山区、蓬莱区、莱州市、招远市、栖霞市、莱阳市等有引种栽培。

［用途］ 优良绿篱树种，常作带状观赏，用以布置岩石园或护理斜坡，也可制作盆景。

13. **砂地柏** 叉子圆柏 *Sabina vulgaris* Ant.

［形态特征］ 匍匐灌木，高不及 1 m。枝密斜向伸展，鲜枝叶揉之有臭味，枝皮灰褐色，裂成薄片脱落。叶二型；刺叶常生于幼树上，常交互对生或三叶交叉轮生，排列较密，向上斜展，长 3~7 mm，先端刺尖，上面凹，下面拱圆，中部有长椭圆形或条形腺体；鳞叶交互对生，长 1~2.5 mm，背面中部有明显的椭圆形或卵形腺体；刺叶稀，在壮龄树上与鳞叶并存；雌雄异株，稀同株；球果生于向下弯曲的小枝顶端，熟前蓝绿色，熟时褐色至紫蓝色或黑色，多少有白粉。

砂地柏

［生态习性及分布］ 烟台蓬莱区、莱州市、栖霞市等有分布。

［用途］ 耐寒性强；可作为水土保持及固沙造林树种。

14. **粉柏**（高山柏 栽培变种）*Sabina squamata. 'Meyeri'*

［形态特征］ 常绿乔木或直立灌木，常成匍匐状；树皮褐灰色，枝条斜伸或平展，枝皮暗褐色或微带紫色或黄色，裂成不规则薄片脱落；小枝密，直或弧状弯曲，下垂或伸展。叶排列紧密，全为刺形，三叶交叉轮生，上下两面被白粉，条状披针形，长 6~10 mm。球果卵圆形，长约 6 mm。粉柏与高山柏的区别在于叶的上下两面均被白粉，高山柏仅叶上面被白粉。种子卵圆形，有棱。

粉柏

［生态习性及分布］ 喜温暖气候、较湿润的土壤和光，幼龄时耐阴。生长缓慢，寿命较长。天津、北京、上海、江苏、浙江、江西、山东、河南等省份有栽培。烟台芝罘区、莱山区、栖霞市、龙口市等有引种栽培。

［用途］ 作庭园树或盆栽；可按园林景观的中前景素材进行配置。

15. **塔枝圆柏** *Sabina komarovii* (Florin) Cheng et W. T. Wang

［形态特征］ 常绿小乔木。树皮褐灰色或灰色，纵裂成条片脱落；树冠密，蓝绿色；枝条下垂，枝皮灰褐色，裂成不规则薄片脱落；分枝形态颇为特殊，是国产圆柏属中其他各种所没有的，一年生枝的二回分枝排列较疏松，与一回分枝常成45° 角或成锐角向上伸展，三回分枝在二回分枝上也有由下向上逐渐变短的趋势。鳞形叶呈卵状三角形，少为宽披针形，交互对生，间或顶生小枝之叶 3 枚交互轮生，排列较紧密或较疏松，长 1.5~3.5 mm，微内曲，先端钝尖或微尖，腹面凹。雌雄同株，球果卵圆形或近圆球形，直立，长 6~9 mm，成熟前绿色，微被白粉，熟时黄褐色至紫蓝色，干时变成黑色，有光泽。

［生态习性及分布］ 我国特有树种，产于四川岷江流域上游及大渡河上游、大小金川及梭磨河流域海拔 3200~4000 m 高山地带；喜光，耐寒，生长快速，不耐水湿，对土壤的要求不严。烟台莱州市等有引种栽培。

［用途］ 常见绿化树种。

塔枝圆柏

（七）刺柏属 *Juniperus*

1. 欧洲刺柏 *Juniperus communis* Linn.

[形态特征] 常绿乔木或直立灌木，高 1~3 m；树皮灰褐色；枝条直展或斜展。叶三叶轮生，全为刺形，宿存树上约 3 年，通常与小枝成钝角开展，条状披针形，先端渐窄成锐尖头，长 8~16 mm，宽 1~1.2 mm，上面稍凹。球果球形或宽卵圆形，成熟时蓝黑色，径 5~6 mm，种子卵圆形，具三棱，顶端尖。

欧洲刺柏

[生态习性及分布] 阳性树种，喜冷凉、干燥、向阳之地，高冷地或中海拔山区生育良好；对土壤要求不高，耐瘠薄。原产于欧洲、中亚、西伯利亚、北非、北美等地。我国华北至长江流域一带栽培供庭院观赏。烟台莱阳市等有引种栽培。

[用途] 常见绿化树种；木材坚硬，纹理致密，耐腐力强；可作工艺品、雕刻品、家具、器具及农具等用材；果实可入药。

2. 刺柏 *Juniperus formosana* Hayata

[形态特征] 常绿乔木。树皮纵裂成长条薄片脱落；枝条斜展或直展，树冠塔形或圆柱形；小枝下垂，三棱形；叶三叶轮生，条状披针形或条状刺形，长 1.2~2 cm，宽 1.2~2 mm，先端渐尖具锐尖头，上面稍凹，中脉微隆起，叶背面有光泽，具纵钝脊，横切面新月形；球果近球形或宽卵圆形，长径 6~10 mm，熟时淡红褐色，被白粉或白粉脱落，间或顶部微张开；种子半月圆形，有 3~4 棱脊。

[生态习性及分布] 为我国特有树种，喜光，耐寒，耐旱，主侧根均发达，在酸性土、砂砾土以及岩石缝隙处均可生长。国内分布于陕西、甘肃、青海、安徽、江苏、浙江、福建、台湾、江西、湖北、湖南、四川、云南、贵州、西藏等省份。烟台福山区、昆嵛山、莱州市、招远市、栖霞市、莱阳市、海阳市、龙口市等有分布。

刺柏

[用途] 常见绿化景观树种，一般列植，作为景观屏障，也可作为盆景或石园点缀树种；可作水土保持的造林树种；木材可作造船、桥柱、工艺品及家具等用材。

3. **杜松** *Juniperus rigida* Sieb. et Zucc.

［形态特征］ 小乔木或灌木。枝条直展，形成塔形或圆柱形的树冠，枝皮褐灰色，纵裂；小枝下垂，幼枝三棱形，无毛；叶三叶轮生，条状刺形，质厚，坚硬，长 1.2~1.7 cm，宽约 1 mm，上部渐窄，先端锐尖；球果圆球形，径 6~8 mm，成熟前紫褐色，熟时淡褐黑色或蓝黑色，常被白粉。

杜松

［生态习性及分布］ 耐旱，耐寒，生长较慢。国内分布于黑龙江、吉林、辽宁、内蒙古、河北、山西、陕西、甘肃、宁夏等省份。烟台牟平区、昆嵛山等有分布。

［用途］ 木材坚硬，纹理致密，耐腐力强，可作工艺品、雕刻品、家具、器具及农具等用材；球果可入药；常见绿化树种。

（八） 翠柏属 *Calocedrus*

翠柏 *Calocedrus macrolepis* Kurz

［形态特征］ 常绿乔木。树皮红褐色、灰褐色或褐灰色，幼时平滑，老则纵裂；枝斜展，幼树树冠尖塔形，老树则呈广圆形；小枝互生，两列状，生鳞叶的小枝直展、扁平、排成平面，两面异形，下面微凹。鳞叶两对，交叉对生，成节状，小枝上下两面中央的鳞叶扁平，露出部分楔状，先端急尖，长 3~4 mm，两侧之叶对折，瓦覆着中央之叶的侧边及下部，与中央之叶几相等长，较中央之叶的上部为窄，先端微急尖，直伸或微内曲。雌雄同株。球果当年成熟，长椭圆状圆柱形，长 1.2~1.5 cm。

翠柏

［生态习性及分布］ 喜温暖湿润气候，生长缓慢，寿命较长。产于云南昆明、易门、龙陵、禄丰、石屏、元江、墨江、思茅、景洪等地 。烟台海阳市等有引种栽培。

［用途］ 翠柏树姿优美，叶片常年翠绿，多栽于公园、绿地作观赏，亦可盆栽；木材可做家具等。

七、罗汉松科 Podocarpaceae

罗汉松属 *Podocarpus*

罗汉松 *Podocarpus macrophyllus* (Thunb.) D. Don

[形态特征] 常绿大乔木。树皮灰色或灰褐色，浅纵裂，成薄片状脱落；枝开展或斜展，较密。叶螺旋状着生，条状披针形，微弯，长 7~12 cm，宽 7~10 mm，先端尖，基部楔形，上面深绿色，有光泽，中脉显著隆起，下面带白色、灰绿色或淡绿色，中脉微隆起。种子卵圆形，径约 1 cm，先端圆，熟时肉质假种皮紫黑色，有白粉，种托肉质圆柱形，红色或紫红色，柄长 1~1.5 cm。花期 4~5 月，种子 8~9 月成熟。

[生态习性及分布] 喜温暖湿润气候，生长适温 15~28℃；耐寒性弱，耐阴性强。国内分布于安徽、江苏、浙江、福建、江西、湖南、广东、广西、四川、云南、贵州等省份。烟台蓬莱区、龙口市等有分布。

[用途] 常见庭园树，亦可作盆景，北方冬季一般需要在温室养护；树皮、果实可入药。

罗汉松

八、红豆杉科 Taxaceae

红豆杉属 *Taxus*

1. **红豆杉** *Taxus chinensis* (Pilger) Rehd.

[形态特征] 常绿乔木。树皮灰褐色、红褐色或暗褐色，裂成条片脱落；大枝开展；冬芽黄褐色、淡褐色或红褐色，有光泽。叶排列成两列，条形，微弯或较直，长 1~3 cm，宽 2~4 mm，上部微渐窄，先端常微急尖，稀急尖或渐尖；种子生于杯状红色肉质的假种皮中，间或生于近膜质盘状的种托（即未发育成肉质假种皮的珠托）之上，常呈卵圆形，长 5~7 mm，径 3.5~5 mm。

[生态习性及分布] 产于我国西南地区及陕西南部、甘肃南部、湖南东北部、湖北西部及安徽南部。烟台牟平区、福山区、昆嵛山、莱州市等有引种栽培。

[用途] 可作庭院树或盆景；树皮可以提取紫杉醇；根、茎、叶都可以入药。

红豆杉

2. **紫杉** 东北红豆杉（原变种）*Taxus cuspidata* Sieb. et Zucc. var. *cuspidata*

[形态特征] 常绿乔木。树皮红褐色，有浅裂纹；枝条平展或斜上直立，密生；冬芽。淡黄褐色；叶排成不规则的二列，斜上伸展，约成45° 角，条形，通常直，稀微弯，长1~2.5 cm，宽2.5~3 mm，稀长达4 cm，基部窄，有短柄，先端通常凸尖；种子紫红色，有光泽，卵圆形。花期5~6月，种子9~10月成熟。

[生态习性及分布] 阴性树种，喜凉爽湿润气候，可耐 –30 ℃以下的低温；怕涝，适于在疏松湿润、排水良好的砂质壤土上种植。生于山顶多石或瘠薄的土壤上，多呈灌木状。国内分布于吉林等省份。烟台芝罘区、莱山区、牟平区、栖霞市、龙口市等有分布。

[用途] 木材、枝叶、树根、树皮能提取紫杉醇，可用于治疗糖尿病；种子的假种皮味甜可食；可作东北及华北地区的庭园树及造林树种。

紫杉

3. **枷罗木**（东北红豆杉 栽培变种）*Taxus cuspidata* Sieb. et Zucc. var. *nana* Rhed.

[形态特征] 亦称矮紫杉，植株较矮，树高1~2 m。叶线形，密集，深绿色。

[生态习性及分布] 阴性树种，浅根性树种，喜润怕涝，在富含有机质、偏弱酸性的湿润土壤中生长良好。北方地栽可安全越冬。烟台海阳市等有分布。

[用途] 可作庭院树或盆景。

枷罗木

被子植物门 Angiospermae

一、木兰科 Magnoliaceae

（一）木兰属 *Magnolia*

1. 玉兰 白玉兰 *Magnolia denudata* Desr.

[形态特征] 落叶乔木。树冠宽阔，树皮深灰色，粗糙开裂；枝广展，小枝稍粗壮，灰褐色；冬芽及花梗密被淡灰黄色长绢毛；叶纸质，倒卵形，长 10~15 cm，宽 6~10 cm，先端宽圆、平截或稍凹，具短突尖，中部以下渐狭成楔形；叶深绿色，嫩时被柔毛，侧脉每边 8~10，网脉明显；花蕾卵圆形，花先叶开放，直立，芳香，直径 10~16 cm；花梗显著膨大，密被淡黄色长绢毛；花被片 9，白色，基部常带粉红色。聚合蓇葖果圆柱形，常弯曲。花期 3~4 月，果期 9 月。

[生态习性及分布] 喜光，稍耐寒，较耐干旱，喜肥沃湿润的酸性土壤。最忌排水不良，排水不良易造成根部窒息死亡。自唐代以来久经栽培，现北京及黄河流域以南至西南各地普遍栽植。烟台芝罘区、莱山区、牟平区、福山区、蓬莱区、莱州市、招远市、栖霞市、莱阳市、海阳市、龙口市等有分布。

[用途] 我国著名的早春花木，我国古典园林常将玉兰与海棠、牡丹和桂花配置，取“玉堂富贵”之意，为广受欢迎的景观树种。

玉兰

2. **紫花玉兰**（玉兰 栽培变种）*Magnolia denudata 'Purpurescens'*

紫花玉兰

[形态特征] 落叶灌木，高 3 m；树皮灰褐色，小枝褐紫色或绿紫色。顶芽卵形，被淡黄色绢毛。叶椭圆状倒卵形或倒卵形，长 8~18 cm，宽 3~10 cm，先端急渐尖或渐尖，基部渐窄，楔形，幼时上面疏生短柔毛，下面沿叶脉有短柔毛，侧脉 8~10 对；叶柄长 8~20 mm，托叶痕长为叶柄的一半。花叶同放；花梗长约 1 cm，被长柔毛；花被片 9，外轮 3，萼片状，披针形，紫绿色，长约 3 cm，内两轮长圆状倒卵形，长 8~10 cm，外面紫色或紫红色，内面带白色；雄蕊紫红色，长 8~10 mm，侧向开裂，药隔伸出成短尖头；心皮窄卵形或窄椭圆形，长 3~4 mm。聚合果圆柱形，长 7~10 cm，淡褐色。花期 3~4 月，果期 8~9 月。

[生态习性及分布] 幼年稍耐阴，成年喜光；产于湖北、四川、云南。现长江流域各地、山东、贵州、广西等均有栽培。烟台龙口市等有分布。

[用途] 花蕾入药，商品为辛夷；河南、安徽、四川等为主产地，用作镇痛剂；树皮含有辛夷箭毒，有麻痹运动神经末梢的作用；为著名的庭院观赏树种。

黄花玉兰

3. **黄花玉兰**（玉兰 栽培变种）
Magnolia denudata 'Feihuang'

[形态特征] 花被片全为淡黄色。

[生态习性及分布] 烟台福山区、蓬莱区、招远市、莱阳市等有分布。

[用途] 供绿化观赏。

4. **紫玉兰** 辛夷 木兰 *Magnolia liliiflora* Desr.

［形态特征］ 落叶灌木，高可达 3 m，常丛生，树皮灰褐色，叶倒卵形，长 8~18 cm，宽 3~10 cm，先端急尖或渐尖，基部渐狭，沿叶柄下延至托叶痕，沿脉有短柔毛；侧脉每边 8~10，叶柄长 8~20 mm；花蕾卵圆形，被淡黄色绢毛；花叶同时开放，瓶形，直立于粗壮、被毛的花梗上，稍有香气；花被片 9~12，外轮花被片 3，萼片状，紫绿色，披针形长 2~3.5 cm，常早落；内两轮肉质，外面紫色或紫红色，内面带白色，花瓣状，椭圆状倒卵形，长 8~10 cm，宽 3~4.5 cm。聚合蓇葖果深紫褐色，变褐色，圆柱形，长 7~10 cm。花期 3~4 月，果期 8~9 月。

紫玉兰

［生态习性及分布］ 喜温暖湿润和阳光充足环境，较耐寒。烟台芝罘区、牟平区、福山区、昆嵛山、蓬莱区、莱州市、招远市、栖霞市、莱阳市、海阳市、龙口市等有分布。

［用途］ 花色艳丽，常与玉兰、黄花玉兰配植；树皮、叶、花蕾（晒干后称为辛夷）均可入药。

5. **二乔玉兰** *Yulania* × *soulangeana* (Soul.-Bod.) D. L. Fu

［形态特征］ 落叶小乔木或大灌木。高 6~10 m。叶纸质，倒卵形，长 6~15 cm，宽 4~7.5 cm，先端短急尖，侧脉每边 7~9，干时两面网脉凸起；花蕾卵圆形，花先叶开放，浅红色至深红色，花被片 6~9，外轮 3，花被片常较短，约为内轮长的 2/3。聚合蓇葖果，熟时黑色，具白色皮孔；花期 2~3 月，果期 9~10 月。本种是玉兰与紫玉兰的杂交种，园艺品种很多，芳香或无芳香。花期 4 月中下旬。

二乔玉兰

［生态习性及分布］ 二乔玉兰作为杂交品种，较亲本更耐寒；喜光，适合生长于气候温暖地区，不耐积水和干旱；喜中性、微酸性或微碱性的疏松肥沃的土壤以及富含腐殖质的沙质壤土，生长旺盛，萌芽力强。国内浙江等省份有引种栽培。烟台芝罘区、莱山区、福山区等有分布。

［用途］ 著名的早春花木，绿化景观用途与玉兰、紫玉兰相似。

6. **望春玉兰** *Magnolia biondii* Pamp.

望春玉兰

[形态特征] 落叶乔木。树皮淡灰色，光滑；小枝细长，灰绿色；顶芽卵圆形或宽卵圆形，长1.7~3 cm，密被淡黄色展开的长柔毛。叶椭圆状披针形、卵状披针形，狭倒卵或卵形，长10~18 cm，宽3.5~6.5 cm，先端尖，基部阔楔形或圆钝，边缘干膜质，下延至叶柄；侧脉每边10~15；叶柄长1~2 cm；花先叶开放，直径6~8 cm，芳香；花梗顶端膨大，长约1 cm，具3苞片脱落痕；花被9，外轮3紫红色，近狭倒卵状条形，长约1 cm，中内两轮花被片近匙形，上部白色，外面基部紫红色，长4~5 cm；聚合果圆柱形，常扭曲；花期3月，果熟期9月。

[生态习性及分布] 中性树种，喜阳光充足环境，耐寒，在深厚疏松、富含腐殖质中性及酸性土壤生长较好，忌积水。产于甘肃南部小陇山、西秦岭，陕西秦岭、大巴山，湖北兴山、郧西，河南伏牛山，四川，湖南。烟台昆嵛山、龙口市等有引种栽培。

[用途] 与玉兰相比，望春玉兰花期更早，花形更为娇小精致，优雅别致。可与其他玉兰科植物相搭配。春季芳香浓郁，夏季叶大荫浓，秋季硕果累累，是非常优良的景观绿化树种。

7. **荷花玉兰** 广玉兰 *Magnolia grandiflora* Linn.

荷花玉兰

[形态特征] 常绿乔木。树皮淡褐色或灰色，薄鳞片状开裂；小枝粗壮；小枝、芽、叶下面，叶柄均密被褐色或灰褐色短绒毛（幼树的叶下面无毛）。叶厚革质，椭圆形，长圆状椭圆形或倒卵状椭圆形，长10~20 cm，宽4~10 cm，先端钝或短钝尖，基部楔形，叶面深绿色，有光泽；侧脉每边8~10；叶柄长1.5~4 cm，无托叶痕，具深沟。花白色，有芳香，直径15~20 cm；花被片9~12，厚肉质，倒卵形，长6~10 cm，宽5~7 cm；蓇葖背裂，背面圆，顶端外侧具长喙。花期5~6月，果期10月。

[生态习性及分布] 喜光照，喜温暖湿润气候，能耐短期 −19 ℃低温。土壤要求中性偏酸、疏松、肥沃。抗烟尘及二氧化硫等有毒气体，抗风。病虫害较少。原产于北美洲东南部。烟台芝罘区、莱山区、牟平区、蓬莱区、莱州市、招远市、栖霞市、莱阳市、海阳市、龙口市等有种植。

[用途] 花大芳香，状如荷花，树姿壮丽，四季常青，是优良的景观绿化树种，可孤植、对植，亦可群植；叶、幼枝和花可提取芳香油；花制浸膏用；叶可入药；种子可榨油。

（二）厚朴属 *Houpoëa*

1. **厚朴** *Houpoëa officinalis* (Rehd. & E. H. Wils.) N. H. Xia & C. Y. Wu

［形态特征］ 落叶乔木，高达 20 m；树皮厚，褐色，不开裂；小枝粗壮，淡黄色或灰黄色，幼时有绢毛；顶芽大，狭卵状圆锥形，无毛。叶大，近革质，7~9 片聚生于枝端，长圆状倒卵形，长 22~45 cm，宽 10~24 cm，先端具短急尖或圆钝，基部楔形，全缘而微波状，上面绿色，无毛，下面灰绿色，被灰色柔毛，有白粉；叶柄粗壮，长 2.5~4 cm，托叶痕长为叶柄的 2/3。花白色，径 10~15 cm，芳香；花梗粗短，被长柔毛，花被片厚肉质，外轮 3 片淡绿色，盛开时常向外反卷，内两轮白色，倒卵状匙形，花盛开时中内轮直立；聚合果长圆状卵圆形，长 9~15 cm。花期 5~6 月，果期 8~10 月。

厚朴

［生态习性及分布］ 喜光，幼龄期需遮阴，喜凉爽、湿润、多云雾、相对湿度大的气候环境。在土层深厚、肥沃、疏松、腐殖质丰富、排水良好的微酸性或中性土壤上生长较好。根系发达，生长快，萌生力强。国内分布于陕西、甘肃、河南、安徽、浙江、福建、江西、湖北、湖南、广东、广西、四川、贵州等省份。烟台牟平区、海阳市等有分布。

［用途］ 可作绿化观赏树种，花大美丽，叶大荫浓；树皮、根皮、花、种子及芽皆可入药。

凹叶厚朴

2. **凹叶厚朴**（栽培变种）*Houpoëa officinalis* 'Biloba'

［形态特征］ 与原亚种的区别之处在于叶先端凹缺，成 2 钝圆的浅裂片，但幼苗之叶先端钝圆，并不凹缺；聚合果基部较窄。花期 4~5 月，果期 10 月。

［生态习性及分布］ 烟台海阳市等有栽培。

［用途］ 同厚朴。

（三）含笑属 *Michelia*

含笑花 *Michelia figo* (Lour.) Spreng.

含笑花

[形态特征] 常绿灌木，高 2~3 m，树皮灰褐色，分枝繁密；芽、嫩枝、叶柄、花梗均密被黄褐色绒毛。叶革质，狭椭圆形或倒卵状椭圆形，长 4~10 cm，宽 1.8~4.5 cm，先端钝短尖，基部楔形或阔楔形，上面有光泽，叶柄长 2~4 mm，托叶痕长达叶柄顶端。花直立，淡黄色而边缘有时红色或紫色，具甜浓的芳香，花被片 6，肉质，较肥厚，长椭圆形；聚合果长 2~3.5 cm。花期 3~5 月，果期 7~8 月。

[生态习性及分布] 原产于华南南部各省份；喜肥，喜半阴，忌阳光直射，夏季需遮阴；不耐寒，在气温 10 ℃左右可越冬。要求排水良好、肥沃的微酸性壤土。国内分布于华南各省份。烟台福山区等有分布。

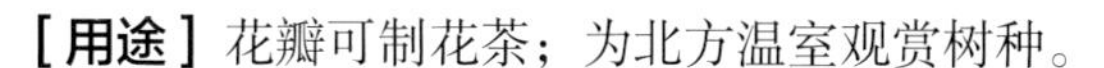
[用途] 花瓣可制花茶；为北方温室观赏树种。

（四）鹅掌楸属 *Liriodendron*

1. 鹅掌楸 马褂木 *Liriodendron chinense* (Hemsl.) Sargent.

[形态特征] 落叶大乔木。树冠圆球形或长圆球形。树干灰色，有暗灰色纵裂。单叶，互生，叶马褂状，长 4~18 cm，近基部每边具 1 侧裂片，先端具 2 浅裂，下面苍白色，叶柄长 4~8 cm。花杯状，花被片 9，外轮 3 片，绿色，萼片状，向外弯垂，内两轮 6、直立，花瓣状、倒卵形，长 3~4 cm，绿色，具黄色纵条纹；聚合果长 7~9 cm。花期 5 月，果期 9~10 月。

鹅掌楸

[生态习性及分布] 喜光，喜温暖、湿润的气候条件和深厚、肥沃、排水良好且湿润的砂质壤土。较耐寒，在北方宜栽于背风向阳处。国内分布于陕西、安徽、浙江、福建、江西、湖北、湖南、广西、四川、云南、贵州等省份。烟台芝罘区、莱山区、牟平区、福山区、蓬莱区、莱州市、招远市、莱阳市、海阳市、龙口市等有分布。

[用途] 夏季枝繁叶茂，冠大浓郁、绿荫如盖，秋季叶变金黄，冬季落叶迟，是不可多得的彩叶树种；叶和树皮可入药；木材纹理直，结构细密，不变形，是优良建筑、器具用材；树形高大，叶形奇特，可作庭荫树和行道树。

2. **北美鹅掌楸** *Liriodendron tulipifera* Linn.

[形态特征] 落叶大乔木。树皮深纵裂，小枝褐色或紫褐色，常带白粉。叶片长7~12 cm，近基部每边具2侧裂片，先端2浅裂，幼叶背被白色细毛，后脱落无毛，叶柄长5~10 cm。花杯状，花被片9，外轮3片，绿色，萼片状，向外弯垂，内两轮6片，灰绿色，直立，花瓣状、卵形，长4~6 cm，近基部有一不规则的黄色带；聚合果长约7 cm，下部的小坚果常宿存过冬。花期5月，果期9~10月。

北美鹅掌楸

[生态习性及分布] 生态习性同鹅掌楸。原产于北美洲东南部。烟台海阳市等有分布。

[用途] 木材适宜作家具、建筑与造船用材；叶及树皮可药用；为优美的公园、庭院观赏树种。

3. **杂交鹅掌楸** *Liriodendron chinense × tulipifera*

[形态特征] 以中国鹅掌楸为母本、北美鹅掌楸为父本获得的人工杂交种，小枝紫褐色，树皮褐色，树皮浅纵裂；叶形先端略凹，近似中国鹅掌楸；聚合果纺锤形，由多个顶端具1.5~3 cm长翅的小坚果组成，10月成熟，自花托脱落。

杂交鹅掌楸

[生态习性及分布] 与亲本相比，该树种的杂交优势主要表现为：花期长，花色艳丽，速生，抗粉尘和二氧化硫能力强，抗逆性强，抗病虫害力强等。烟台福山区、莱阳市等有分布。

[用途] 可供公园、庭院绿化观赏。

二、蜡梅科 Calycanthaceae

蜡梅属 *Chimonanthus*

1. 蜡梅 *Chimonanthus praecox* (Linn.) Link.

[形态特征] 落叶灌木，高达 4 m；幼枝四方形，老枝近圆柱形，灰褐色，无毛或被疏微毛，有皮孔；叶纸质至近革质，卵圆形、椭圆形、宽椭圆形至卵状椭圆形，有时长圆状披针形，顶端急尖至渐尖，有时具尾尖，基部急尖至圆形。花着生于次年生枝条叶腋内，先花后叶，浓香，直径 2~4 cm；花被片圆形、长圆形、倒卵形、椭圆形或匙形，无毛，内部花被片比外部花被片短，基部有爪；果托近木质化，坛状或倒卵状椭圆形，长 2~5 cm，直径 1~2.5 cm，口部收缩，并具有钻状披针形的被毛附生物。花期 1~2 月，果期 7~8 月。

[生态习性及分布] 喜光，较耐寒，在北方小气候可露地过冬。耐干旱，宜选深厚肥沃、排水良好的沙质壤土。国内分布于陕西、河南、安徽、江苏、浙江、福建、江西、湖北、湖南、四川、云南、贵州等省份。烟台芝罘区、莱山区、牟平区、福山区、蓬莱区、莱州市、招远市、栖霞市、龙口市等有分布。

[用途] 蜡梅花开于寒月早春，花黄如蜡，清香四溢，为冬季观赏佳品。配植于室前、墙隅均极适宜；作为盆花、桩景和瓶花亦独具特色。

蜡梅

2. **素心蜡梅**（蜡梅 栽培变种）

Chimonanthus praecox ‘Concolor’

［形态特征］ 内外轮花被片均为纯黄色，香味浓。

［生态习性及分布］ 烟台龙口市等有分布。

［用途］ 供绿化观赏。

素心蜡梅

磬口蜡梅

3. **磬口蜡梅**（蜡梅 栽培变种）

Chimonanthus praecox ‘Grandifloras’

［形态特征］ 叶较宽大，长达 20 cm。花亦较大，径 3~3.5 cm，外轮花被片淡黄色，内轮花被片有浓红紫色边缘和条纹。

［生态习性及分布］ 烟台龙口市等有分布。

［用途］ 供绿化观赏。

4. **狗蝇梅**（蜡梅 栽培变种）

Chimonanthus praecox var. *intermedius* Makino

［形态特征］ 叶比原种狭长而尖。花较小，花瓣长尖，中心花瓣呈紫色，香气弱。

［生态习性及分布］ 烟台莱州市等有分布。

［用途］ 供绿化观赏。

狗蝇梅

三、樟科 Lauraceae

（一）樟属 *Cinnamomum*

1. 樟树 香樟 *Cinnamomum camphora* (Linn.) Presl

樟树

［形态特征］ 大乔木。树冠广卵形；枝、叶及木材均有樟脑气味；树皮黄褐色，有不规则的纵裂。顶芽广卵形或圆球形，鳞片宽卵形或近圆形，外面略被绢状毛。枝条圆柱形，淡褐色，无毛。叶互生，卵状椭圆形，长 6~12 cm，宽 2.5~5.5 cm，先端急尖，基部宽楔形至近圆形，全缘，软骨质，有时呈微波状，上面绿色或黄绿色，有光泽，下面晦暗，具离基三出脉，有时过渡到基部具不明显的 5 脉，中脉两面明显；圆锥花序腋生，长 3.5~7 cm，具梗；花绿白或带黄色，长约 3 mm，花被筒倒锥形，长约 1 mm，花被裂片椭圆形，长约 2 mm。果托杯状，长约 5 mm。花期 4~5 月，果期 8~11 月。

［生态习性及分布］ 喜光照充足、气候温暖湿润的环境；具有发达的主根系，北方栽培需要温室或室外背风向阳小气候环境。国内分布于长江流域以南及西南各省份。烟台莱山区等有引种栽培。

［用途］ 我国南方最常见的绿化树种，广泛用作庭荫树、行道树；木材及根、枝、叶可提取樟脑和樟油，樟脑和樟油供医药及香料工业用；为珍贵木材树木，为高级家具、箱橱及工艺用材。

兰屿肉桂

2. 兰屿肉桂 *Cinnamomum kotoense* Kanehira et Sasaki

［形态特征］ 常绿乔木。叶对生或近对生，卵圆形至长圆状卵圆形，长 8~11 cm，宽 4~5.5 cm，先端锐尖，基部圆形，革质，上面鲜时绿色，干时灰绿色，光亮，两面无毛，具离基三出脉，叶柄长约 1.5 cm，腹凹背凸，红褐色或褐色。果卵球形，果托杯状，果梗长约 1 cm，无毛。果期 8~9 月。

［生态习性及分布］ 自然分布于台湾省南部兰屿岛。性喜温暖湿润、阳光充足的环境，喜光耐阴，不耐干旱、积水、严寒。烟台蓬莱区、福山区等有室内栽培。

［用途］ 华南地区可作庭院树，北方地区一般作为室内盆栽，又叫平安树。

（二）檫木属 *Sassafras*

檫木

檫木 檫树 *Sassafras tzumu* (Hemsl.) Hemsl.

［形态特征］落叶乔木。树皮幼时黄绿色，平滑，老时变灰褐色，呈不规则纵裂。顶芽大，椭圆形；枝条粗壮，近圆柱形。叶互生，聚集于枝顶，卵形或倒卵形，长 9~18 cm，宽 6~10 cm，先端渐尖，基部楔形，全缘或 2~3 浅裂，裂片先端略钝，坚纸质；羽状脉或离基三出脉，中脉、侧脉及支脉两面稍明显，最下方一对侧脉对生，十分发达；叶柄纤细，长 2~7 cm，鲜时常带红色；花序顶生，先叶开放，长 4~5 cm，多花，雌雄异株；果近球形，直径达 8 mm，成熟时蓝黑色而带有白蜡粉，着生于浅杯状的果托上，果梗长 3.5 cm，上端渐增粗，无毛，与果托呈红色。花期 3~4 月，果期 5~9 月。

［生态习性及分布］喜温暖湿润、雨量充沛气候，在土壤深厚肥沃、排水良好的酸性土壤生长良好；不耐寒，忌水湿。国内分布于江苏、安徽、浙江、福建、江西、湖北、湖南、广东、广西、四川、云南、贵州等省份。烟台昆嵛山、海阳市等有分布。

［用途］木材优良，细致耐久，用于造船及上等家具；根和树皮入药，果、叶和根含芳香油。

（三）山胡椒属 *Lindera*

1. 三桠乌药 *Lindera obtusiloba* Blume

［形态特征］落叶乔木或灌木。树皮黑棕色。小枝黄绿色，当年枝条较平滑，有纵纹，老枝渐多木栓质皮孔、褐斑及纵裂；芽卵形，先端渐尖；叶互生，近圆形至扁圆形，长 5.5~10 cm，宽 4.8~10.8 cm，先端急尖，全缘或 3 裂，基部近圆形或心形，有时宽楔形，上面深绿，下面绿苍白色，有时带红色；三出脉，偶有五出脉，网脉明显；叶柄长 1.5~2.8 cm，被黄白色柔毛。花序腋生混合芽，混合芽椭圆形，先端亦急尖，内有花 5 朵，花被片 6。果广椭圆形，长 0.8 cm，直径 0.5~0.6 cm，成熟时红色，后变紫黑色，干时黑褐色。花期 3~4 月，果期 8~9 月。

［生态习性及分布］性喜光，较耐寒、耐阴湿，适应性强。国内分布于辽宁、陕西、甘肃、河南、安徽、江苏、浙江、福建、江西、湖南、湖北、四川、西藏等省份。烟台牟平区、蓬莱区、昆嵛山、招远市、栖霞市、莱阳市、海阳市、龙口市等有分布。

［用途］种子含油达 60%，可用作医药及轻工业原料；木材致密，可作细木工用材。

三桠乌药

2. **山胡椒** *Lindera glauca* (Sieb. et Zucc.) Blume

[形态特征] 落叶灌木或小乔木。树皮平滑，灰色或灰白色。叶互生，宽椭圆形、椭圆形、倒卵形到狭倒卵形，长 4~9 cm，宽 2~4 cm，纸质，羽状脉，侧脉每边 5~6；叶枯后不落，次年新叶发出时落下。伞形花序腋生，总梗短或不明显，长一般不超过 3 mm。花期 3~4 月，果期 8~10 月。

山胡椒

[生态习性及分布] 阳性树种，喜光，稍耐阴湿，抗寒力强，以湿润肥沃的微酸性砂质土壤生长最为良好。国内分布于陕西、山西、甘肃、河南、安徽、江苏、浙江、福建、台湾、江西、湖北、湖南、广东、广西、四川等省份。烟台昆嵛山、牟平区、海阳市等有分布。

[用途] 木材可做家具；叶、果皮可提芳香油；种仁油含月桂酸，可做肥皂和润滑油；根、枝、叶、果可药用。

3. **山柿子果** *Lindera longipedunculata* C. K. Allen

[形态特征] 常绿小乔木。枝条圆柱形，幼枝条具棱角，有纵向细条纹，无毛，老枝皮层纵裂，疏布圆形皮孔。叶互生，长椭圆形至长圆形，通常长 13 cm 以上，宽 3~5 cm，先端急尖或骤尖，基部宽楔形或近圆形，坚纸质或近革质，上面绿褐色，下面苍白色，干时两面带红色，羽状脉，中脉在上面明显凹陷，下面凸起，侧脉每边 8~10，弧曲，干时中脉及侧脉均红色；果球形，直径 5~6 mm，干时黑色，果梗长 1~1.2 cm。花期 10~11 月，果期次年 6~8 月。

山柿子果

[生态习性及分布] 产于我国云南西北部及西藏东南部。生于山坡松林或常绿阔叶林中。烟台部分地区有零星分布。

[用途] 种子含油脂，曾用来榨油供照明。

4. **红果山胡椒** *Lindera erythrocarpa* Makino

［形态特征］ 落叶灌木或小乔木。树皮灰褐色，幼枝条通常灰白或灰黄色，多皮孔，其木栓质突起致皮甚粗糙。叶互生，通常为倒披针形，偶有倒卵形，先端渐尖，基部狭楔形，常下延，纸质，上面绿色，下面带绿苍白色，被贴服柔毛，在脉上较密，羽状脉，侧脉每边4~5；叶柄长0.5~1 cm。伞形花序着生于腋芽两侧各一，总梗长约0.5 cm；雄花外面被疏柔毛，内面无毛；果球形，直径7~8 mm，熟时红色；果梗长1.5~1.8 cm，向先端渐增粗至果托。花期4月，果期9~10月。

红果山胡椒

［生态习性及分布］ 产于山东、江苏、安徽、浙江、福建、台湾、湖南、广东、广西、陕西等省份，生于海拔1000 m以下山坡、山谷、溪边及林下。烟台昆嵛山等有分布。

［用途］ 木材可做家具；种子可榨油；树皮及叶可提取芳香油。

5. **长梗红果山胡椒**（红果山胡椒 变种）*Lindera erythrocarpa* Makino var. *longipes* S. B. Liang

［形态特征］ 与红果山胡椒的主要区别为花梗长7~14 mm，密生长柔毛，雄花花被片内被短柔毛。

［生态习性及分布］ 烟台昆嵛山等有分布。

长梗红果山胡椒

四、五味子科 Schisandraceae

五味子属 *Schisandra*

北五味子 *Schisandra chinensis* (Turcz.) Baill.

[形态特征] 落叶木质藤本。幼枝红褐色，老枝灰褐色，常起皱纹，片状剥落；叶膜质，宽椭圆形、卵形、倒卵形，或近圆形，长 5~10 cm，宽 3~5 cm，先端急尖，基部楔形，上部边缘具胼胝质的疏浅锯齿，近基部全缘；侧脉每边 3~7；叶柄长 1~4 cm，两侧由于叶基下延成极狭的翅。花单性，雌雄异株，花梗长 5~25 mm，花被片 6~9，粉白色或粉红色，长圆形或椭圆状长圆形，长 6~11 mm，宽 2~5.5 mm，外面的较狭小，雌花花梗长 17~40 mm，花被片和雄花相似；聚合果长 1.5~8.5 cm，聚合果柄长 1.5~6.5 cm；小浆果红色，近球形或倒卵圆形，径 6~8 mm。花期 5~6 月，果期 8~9 月。

[生态习性及分布] 产于鲁中南及胶东山区，生于湿润肥厚土层的山坡灌丛中。国内分布于黑龙江、吉林、辽宁、内蒙古、河北、山西等省份。烟台牟平区、莱州市、栖霞市等有分布。

[用途] 叶、果实可提取芳香油；种仁含有油脂，榨油可作工业原料、润滑油；茎皮纤维柔韧，可作绳索；为著名中药。

北五味子

五、毛茛科 Ranunculaceae

铁线莲属 *Clematis*

1. 褐毛铁线莲 *Clematis fusca* Turcz.

褐毛铁线莲

［形态特征］ 多年直立草本或藤本，长 0.6~2 m。茎表面暗棕色或紫红色，有纵的棱状凸起及沟纹。羽状复叶，连叶柄长 10~15 cm，小叶 5~9，顶端小叶有时变成卷须；小叶片卵圆形、宽卵圆形至卵状披针形，长 4~9 cm，宽 2~5 cm，顶端钝尖，基部圆形或心形，边缘全缘或 2~3 分裂；聚伞花序腋生，花 1~3；花梗被黄褐色柔毛，中部生一对叶状苞片；花钟状，下垂，直径 1.5~2 cm；萼片 4，卵圆形或长方椭圆形，长 2~3 cm，宽 0.7~1.2 cm，外面被紧贴的褐色短柔毛，内面淡紫色，宿存花柱长达 3 cm，被开展的黄色柔毛。花期 7~9 月，果期 10 月。

［生态习性及分布］ 产于昆嵛山、崂山、荣成等地，生于山坡、林缘及杂木林或灌丛中。国内分布于黑龙江、吉林、辽宁等省份。烟台昆嵛山、栖霞市等有分布。

［用途］ 花期较长，可作观花植物；可用于墙垣棚架、篱笆、假山的垂直绿化；根可药用。

2. 大叶铁线莲 *Clematis heracleifolia* DC.

［形态特征］ 落叶直立草本或半灌木。高 0.3~1 m，有粗大的主根，木质化，表面棕黄色。茎粗壮，有明显的纵条纹，密生白色糙绒毛。三出复叶；小叶片亚革质或厚纸质，卵圆形，宽卵圆形至近于圆形，长 6~16 cm，宽 4.5~13.5 cm，顶端短尖基部圆形或楔形，有时偏斜，边缘有不整齐的粗锯齿，齿尖有短尖头。叶柄粗壮，长达 6~16 cm，被毛。聚伞花序顶生或腋生，花梗粗壮，有淡白色的糙绒毛；花杂性，雄花与两性花异株；花直径 2~3 cm，花萼下半部呈管状，顶端常反卷；萼片 4，蓝紫色，长椭圆形至宽线形，常在反卷部分增宽。瘦果卵圆形，两面凸起，长约 4 mm，红棕色，被短柔毛，宿存花柱丝状，长达 3 cm，有白色长柔毛。花期 7~9 月，果期 10 月。

大叶铁线莲

［生态习性及分布］ 生于山坡沟谷、疏林及灌草丛中。国内分布于辽宁、内蒙古、河北、北京、天津、山西、河南等省份。烟台昆嵛山、蓬莱区、栖霞市等有分布。

［用途］ 种子可榨油，供油漆用；全株可药用。

六、小檗科 Berberidaceae

（一）小檗属 *Berberis*

1. 日本小檗 *Berberis thunbergii* DC.

[形态特征] 落叶灌木。一般高约 1 m，多分枝。枝条开展，具细条棱，幼枝淡红褐色，无毛，老枝暗红色；茎刺单一，偶 3 分叉，长 5~15 mm；叶薄纸质，倒卵形、匙形或菱状卵形，长 1~2 cm，宽 5~12 mm，全缘，上面绿色，背面灰绿色，中脉微隆起；叶柄长 2~8 mm。花 2~5，组成具总梗的伞形花序，或近簇生的伞形花序或无总梗而呈簇生状；花梗长 5~10 mm，花黄色；萼片 6，花瓣状，排列成 2 轮；外萼片卵状椭圆形，带红色，内轮萼片稍大于外轮萼片；花瓣 6，长圆状倒卵形，先端微凹，基部略呈爪状，具 2 枚近靠的腺体；浆果椭圆形，长约 8 mm，直径约 4 mm，亮鲜红色。花期 4~6 月，果期 7~10 月。

日本小檗

[生态习性及分布] 适应性强，喜凉爽湿润环境，耐旱、耐寒，喜阳，能耐半阴。在沙质壤土中生长最好。萌芽力强，耐修剪。原产于日本。烟台蓬莱区、莱山区、福山区、招远市、栖霞市、龙口市等有栽培。

[用途] 春开黄花，秋缀红果，是良好的观叶、观果树种；可制作盆景或剪取果枝插瓶供室内观赏。

2. 紫叶小檗（栽培变种）*Berberis thunbergii* 'Atropurpurea'

[形态特征] 叶紫红至鲜红，其他形态特征与原变种基本一致。

[生态习性及分布] 喜凉爽湿润环境，适应性强，耐寒也耐旱，不耐水涝，喜阳也能耐阴，萌蘖性强，耐修剪，但在光线稍差或密度过大时部分叶片会返绿。烟台昆嵛山、蓬莱区、牟平区、福山区、芝罘区、招远市、栖霞市、莱阳市、海阳市、龙口市、莱州市等有分布。

[用途] 常与常绿树种作块面色彩布置，可用来布置花坛、花境，是园林绿化中色块组合的重要树种。

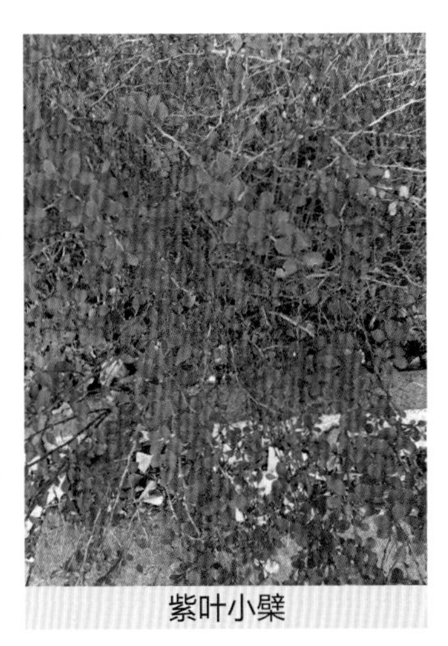
紫叶小檗

（二）十大功劳属 *Mahonia*

阔叶十大功劳 *Mahonia bealei* (Fort.) Carr.

［形态特征］ 常绿灌木，高可达 4 m。单数羽状复叶，长 25~40 cm，有叶柄；小叶 7~15 片，厚革质，侧生小叶无柄，卵形，大小不一，长 4~12 cm，宽 2.5~4.5 cm，顶生小叶较大，有柄，顶端渐尖，基部阔楔形或近圆形，每边有 2~8 刺锯齿，边缘反卷，上面蓝绿色，下面黄绿色。总状花序直立，长 5~10 cm，6~9 个簇生；花褐黄色；花梗长 4~6 mm；萼片 9，排成 3 轮，花瓣状；花瓣 6，较内轮萼片为小；浆果卵形，深蓝色，被白粉，长约 10 mm，直径 6 mm。花期 9 月至次年 1 月，果期 3~5 月。

阔叶十大功劳

［生态习性及分布］ 喜阳光充足的环境，耐半阴。地栽最好选在高大落叶树的树荫下。地栽时冬季一般能耐 −10 ℃以下的低温。国内分布于陕西、河南、安徽、浙江、福建、江西等省份。烟台莱州市、栖霞市等有分布。

［用途］ 其枝干曲雅可观、叶形奇特，成簇的黄花入秋进冬后开放，芳香宜人，可作北方秋冬季观花树种，暗蓝色的果实别致而可爱，是一种叶、花、果俱佳的观赏植物，同时也是制作盆景的好材料。

（三）南天竹属 *Nandina*

南天竹 *Nandina domestica* Thunb.

［形态特征］ 常绿小灌木。茎常丛生而少分枝，光滑无毛，幼枝常为红色，老后呈灰色。叶互生，集生于茎的上部，三回羽状复叶，长 30~50 cm；二至三回羽片对生；小叶薄革质，椭圆形或椭圆状披针形，长 2~10 cm，宽 0.5~2 cm，顶端渐尖，基部楔形，上面深绿色，冬季变红色，背面叶脉隆起。圆锥花序直立，长 20~35 cm；花小白色，具芳香，直径 6~7 mm，萼片多轮，每轮 3 片；浆果球形，直径 5~8 mm，熟时鲜红色，稀橙红色。花期 4~7 月，果期 8~11 月。

南天竹

［生态习性及分布］ 喜光，耐阴，不耐旱，喜温暖湿润气候及肥沃、湿润、排水良好的土壤。国内分布于陕西、河南、安徽、浙江、福建、江西等省份。烟台海阳市、龙口市、莱山区等有分布。

［用途］ 观叶、观果，也可盆栽作庭园植物。

七、木通科 Lardizabalaceae

木通属 *Akebia*

木通 五叶木通 山黄瓜 *Akebia quinata* (Houtt.) Decne

[形态特征] 落叶木质藤本。茎灰褐色，纤细，圆柱形，缠绕，有圆形、小而凸起的皮孔；掌状复叶互生或在短枝上簇生，通常有小叶5，叶柄纤细，长4.5~10 cm；小叶纸质，倒卵形或倒卵状椭圆形，长3~6 cm，宽1~3.5 cm，先端圆或凹入，具小凸尖，基部圆或阔楔形，上面深绿色，下面青白色；侧脉每边5~7；伞房花序式的总状花序腋生，长6~12 cm，疏花，基部有雌花1~2，以上4~10为雄花，花略芳香。果孪生或单生，长圆形或椭圆形，长5~8 cm，直径3~4 cm，成熟时紫色，腹缝开裂。花期5月，果期9月。

[生态习性及分布] 产于鲁中南及胶东山区丘陵，生于海拔500~1000 m土层肥厚的沟坡、林缘和灌丛。国内分布于河南、安徽、江苏、浙江、福建、江西、湖北、湖南、四川等省份。烟台牟平区、昆嵛山、海阳市等有分布。

[用途] 茎、根和果实可药用；果味甜可食；种子可榨油，可制肥皂。

木通

八、防己科 Menispermaceae

（一）蝙蝠葛属 *Menispermum*

蝙蝠葛 *Menispermum dauricum* DC.

［形态特征］落叶缠绕藤本。根状茎细长，圆柱形，黄棕色或暗棕色。小枝有细纵条纹，光滑，幼枝先端稍有毛。单叶，互生；叶片盾状着生，阔卵圆形，长 5~16 cm，宽 5~14 cm，先端渐尖，边缘 3~7 浅裂或全缘，基部近心形或截形，上面绿色，下面灰绿色，无毛或沿叶脉有毛，掌状脉 5~7，在叶片两面均稍隆起；无托叶。圆锥花序，腋生；花序梗较长；花梗基部有小苞片；花单性，雌雄异株；花黄绿色、淡黄绿色或白色；花萼片 6，狭倒卵形，2 轮；花瓣 6~8，较萼片小，卵圆形，边缘内曲；雄花具雄蕊 12 或更多，花药球形，黄色，4 室；雌花通常具雌蕊 3，离生，花柱短，柱头弯曲，有退化雄蕊 6~12。核果扁球形，径 8~10 mm，成熟时黑紫色；果核弯曲呈马蹄形，背部有 3 条突起的环状条棱；具 1 种子。花期 5~6 月，果期 7~9 月。

［生态习性及分布］产于山区丘陵。喜温暖、凉爽的环境，气温 25~30 ℃最适宜生长。生长于山坡林缘、灌丛中、田边、路旁及石砾滩地，对土壤要求不严格。国内分布于黑龙江、吉林、辽宁、内蒙古、河北、山西、陕西、宁夏、甘肃、安徽、江苏、浙江、江西、湖北、湖南、贵州等省份。烟台昆嵛山、莱州市、蓬莱区、招远市、栖霞市、海阳市、龙口市、牟平区、福山区等有分布。

［用途］根状茎可入药，称为山豆根，能清热解毒、消肿止痛、利咽、利尿；根、茎、叶可制农药，防治蚜虫、螟虫；种子可榨油，供工业用。

蝙蝠葛

（二）木防己属 *Cocculus*

木防己 *Cocculus orbiculatus* (Linn.) DC.

[形态特征] 木质藤本。小枝被绒毛至疏柔毛，有条纹。叶片纸质至近革质，形状变异极大，自线状披针形至阔卵状近圆形、狭椭圆形至近圆形、倒披针形至倒心形，有时卵状心形，有时微缺或2裂，边全缘或3裂，有时掌状5裂，长通常3~8 cm，宽不等；掌状脉3，很少5，在下面微凸起；叶柄长1~3 cm，很少超过5 cm，被稍密的白色柔毛。聚伞花序少花，萼片6，花瓣6；核果近球形，红色至紫红色，径通常7~8 mm。花期5~7月，果期7~9月。

木防己

[生态习性及分布] 生于山坡、路旁、沟岸及灌木丛中。国内分布于陕西、河南、安徽、江苏、浙江、福建、台湾、广西、海南、四川、云南、贵州等省份。烟台芝罘区、莱山区、昆嵛山、莱州市、招远市、海阳市、龙口市等有分布。

[用途] 根状茎可入药；根含淀粉，可酿酒；茎含纤维，质坚韧，可作为纺织原料和造纸原料。

九、清风藤科 Sabiaceae

泡花树属 *Meliosma*

多花泡花树 *Meliosma myriantha* Sieb. et Zucc.

[形态特征] 落叶乔木。树皮灰褐色，小块状脱落；幼枝及叶柄被褐色平伏柔毛。单叶，膜质或薄纸质，倒卵状椭圆形、倒卵状长圆形或长圆形，长8~30 cm，宽3.5~12 cm，先端锐渐尖，基部圆钝，基部至顶端有侧脉伸出的刺状锯齿，侧脉每边20~25，直达齿端。圆锥花序顶生，直立，花直径约3 mm，核果倒卵形或球形，直径4~5 mm。花期5~6月，果期7~8月。

多花泡花树

[生态习性及分布] 生于湿润的山地落叶阔叶林中。国内分布于河南、江苏等省份。烟台昆嵛山、海阳市等有分布。

[用途] 花白、果红，可供绿化观赏。

十、悬铃木科 Platanaceae

悬铃木属 *Platanus*

1. **二球悬铃木** 英桐 悬铃木 *Platanus acerifolia* (Ait.) Willd.

［形态特征］ 落叶大乔木。树皮光滑，大片块状脱落；叶阔卵形，宽 12~25 cm，长 10~24 cm；基部截形或微心形，上部掌状 5 裂，有时 7 裂或 3 裂；中央裂片阔三角形，宽度与长度约相等；裂片全缘或有 1~2 个粗大锯齿；掌状脉 3，稀为 5，常离基部数毫米，或为基出；叶柄长 3~10 cm，托叶中等大，长 1~1.5 cm，基部鞘状，上部开裂。花通常 4 基数。果枝有头状果序 1~2 个，稀为 3 个，常下垂；头状果序直径约 2.5 cm，宿存花柱长 2~3 mm，刺状，坚果之间无突出的绒毛，或有极短的毛。花期 5 月初，果期 9~10 月。

［生态习性及分布］ 喜光照，不耐阴，喜温暖湿润气候，较耐寒，适应性强，耐干旱、瘠薄，又耐水湿。对土壤要求不严，以湿润肥沃的微酸性或中性壤土生长最盛，微碱性或石灰性土也能生长。为浅根树种，移栽易成活。烟台芝罘区、莱山区、福山区、蓬莱区、昆嵛山、招远市、栖霞市、莱阳市、海阳市、龙口市等有分布。

［用途］ 树冠广展，叶大荫浓，夏季降温效果极为显著。适应性强，耐修剪整形，广泛应用于城市绿化；对多种有毒气体抗性较强，并能吸收有害气体。本种是三球悬铃木与一球悬铃木的杂交种，1640 年在英国培育成功，是世界各地广泛栽培的园景树和行道树种，园林中可孤植于草坪或旷地，或列植于甬道两旁。

二球悬铃木

2. **一球悬铃木** 美桐 *Platanus occidentalis* Linn.

［形态特征］ 落叶大乔木。树皮有浅沟，呈小块状剥落；叶大、阔卵形，通常 3 浅裂，稀为 5 浅裂，宽 10~22 cm，长度比宽度略小；基部截形，阔心形，或稍呈楔形；裂片短三角形，宽度远较长度为大，边缘有数个粗大锯齿；掌状脉 3 条，离基约 1 cm；叶柄长 4~7 cm，托叶较大，长 2~3 cm，基部鞘状，上部扩大呈喇叭形，早落。花通常 4~6 基数。头状果序圆球形，单生稀为 2 个，直径约 3 cm，宿存花柱极短；小坚果先端钝，基部的绒毛长为坚果之半，不突出头状果序外。花期 5 月上旬，果期 9~10 月。

一球悬铃木

［生态习性及分布］ 原产于北美洲。烟台莱山区、牟平区、福山区、昆嵛山、招远市、栖霞市、莱阳市、海阳市、龙口市等有分布。

［用途］ 是良好的公园树、庭院及街道绿化树种。

3. **三球悬铃木** 法桐 *Platanus orientalis* Linn.

［形态特征］ 落叶大乔木。树皮薄片状脱落；叶大，轮廓阔卵形，宽 9~18 cm，长 8~16 cm，基部浅三角状心形，或近于平截，上部掌状 5~7 裂，稀为 3 裂，中央裂片深裂过半，长 7~9 cm，宽 4~6 cm，两侧裂片稍短，边缘有少数裂片状粗齿，掌状脉 5 或 3，从基部发出；叶柄长 3~8 cm，基部膨大；托叶小，短于 1 cm，基部鞘状。花 4 基数；果枝长 10~15 cm，有圆球形头状果序 3~5，稀为 2；头状果序直径 2~2.5 cm，宿存花柱突出呈刺状，长 3~4 mm，小坚果之间有黄色绒毛，突出头状果序外。花期 4 月下旬，果期 9~10 月。

三球悬铃木

［生态习性及分布］ 原产于欧洲东部及亚洲西部。烟台芝罘区、福山区、蓬莱区、牟平区、昆嵛山、莱州市、招远市、栖霞市、莱阳市、海阳市、龙口市等有分布。

［用途］ 良好的公园树、庭院及街道绿化树种。

十一、金缕梅科 Hamamelidaceae

枫香属 *Liquidambar*

1. 枫香树 *Liquidambar formosana* Hance

枫香树

[形态特征] 落叶大乔木。树皮灰褐色，方块状剥落；小枝干后灰色，被柔毛，略有皮孔；叶薄革质，阔卵形，掌状3裂，中央裂片较长，先端尾状渐尖；两侧裂片平展；基部心形；掌状脉3~5，在上下两面均显著，网脉明显可见；边缘有锯齿，齿尖有腺状突；叶柄长达11 cm。雄性短穗状花序常多个排成总状；雌性头状花序有花24~43；头状果序圆球形，木质，直径3~4 cm；蒴果下半部藏于花序轴内，有宿存花柱及针刺状萼齿。花期4~5月，果熟期10月。

[生态习性及分布] 阳性树种，喜温暖湿润气候及深厚湿润的酸性或中性土壤，不耐寒，耐火烧。深根性，主根粗长，抗风力强，萌芽力强。幼年长势慢。国内分布于安徽、江苏、浙江、福建、台湾、江西、湖北、广东、海南、四川、贵州等省份。烟台牟平区、昆嵛山、海阳市等有分布。

[用途] 具有很强的观赏性，可作园林景观树；树脂、根、叶及果实可入药。

2. 北美枫香 *Liquidambar styraciflua* Linn.

北美枫香

[形态特征] 落叶乔木。单叶，互生；叶片掌状5~7裂，有时裂片有牙齿状浅裂，长7~19(25) cm，宽4.4~16 cm，基部近心形，裂片先端渐尖至尾尖，边缘具锯齿，除在幼叶脉上和基部主脉腋有红褐色单毛外，两面其余无毛，基出5~7脉；叶柄长4~15 cm，近基部有托叶痕；托叶线状披针形，3~4 mm，早落。雄花序穗状花序，长3~6 cm，雄花无花被，每花有雄蕊4~8(10)，簇生在花序轴上，每簇有花150~176(300)；雌花序头状，雌花无花被，每花有5~8退化雄蕊，雌蕊1，子房2室，稀1室，花柱2，柱头向内弯。果序球形，直径2.5~4 cm，棕褐色；蒴果花柱宿存。种子顶端有翅，长8~10 mm，具树脂道，败育种子带褐色，1~2 mm，无翅，不规则。

[生态习性及分布] 原产于北美，为亚热带树种。喜光照，在潮湿、排水良好的微酸性土壤上生长较好。烟台海阳市等有分布。

[用途] 具有很强的观赏性，可作园林景观树，也可作防护林和湿地生态林。

十二、杜仲科 Eucommiaceae

杜仲属 *Eucommia*

杜仲 *Eucommia ulmoides* Oliv.

[形态特征] 落叶乔木。树皮灰褐色，粗糙，内含橡胶，折断拉开多数有细丝。老枝有明显的皮孔。叶椭圆形、卵形或矩圆形，薄革质，长 6~18 cm，宽 3.5~6.5 cm；基部圆形或阔楔形，先端渐尖；侧脉 6~9 对，边缘有锯齿；叶柄长 1~2 cm，上面有槽，被散生长毛。花生于当年枝基部，雄花无花被；雌花单生，苞片倒卵形，花梗长 8 mm，翅果扁平，长椭圆形，长 3~3.5 cm，宽 1~1.3 cm，先端 2 裂，基部楔形，周围具薄翅；早春开花，秋后果实成熟。花期 4 月，果期 10 月。

[生态习性及分布] 喜光，不耐阴；喜温暖湿润气候及肥沃、湿润、深厚而排水良好的土壤。可耐 −20 ℃的低温。在酸性至微碱性土上均能正常生长，并有一定的耐盐碱性。我国分布于陕西、甘肃、河南、浙江、湖北、湖南、四川、云南、贵州等省份。烟台芝罘区、莱山区、牟平区、福山区、蓬莱区、昆嵛山、莱州市、招远市、栖霞市、莱阳市、海阳市、龙口市等有分布。

[用途] 树干端直，枝叶茂密，树形整齐优美，是良好的庭荫树和行道树；树皮可药用；树皮分泌的硬橡胶可用于化学工业。

杜仲

十三、榆科 Ulmaceae

（一）榆属 *Ulmus*

1. 榆树 白榆 *Ulmus pumila* Linn.

榆树

［形态特征］ 落叶乔木，在干旱贫瘠之地长成灌木状；幼树树皮平滑，灰褐色或浅灰色，大树皮暗灰色，不规则深纵裂，粗糙；叶椭圆状卵形、长卵形、椭圆状披针形或卵状披针形，长 2~8 cm，宽 1.2~3.5 cm，先端渐尖或长渐尖，基部偏斜或近对称，一侧楔形至圆，另一侧圆至半心脏形，边缘具重锯齿或单锯齿，侧脉每边 9~16；花先叶开放，在去年生枝的叶腋成簇生状。翅果近圆形，稀倒卵状圆形，长 1.2~2 cm，果核部分位于翅果的中部，成熟前后其色与果翅相同，初淡绿色，后白黄色。花期 3 月，果期 4~5 月。

［生态习性及分布］ 阳性树种，生长快，根系发达，适应性强，耐寒，喜排水良好的土壤，耐干旱，耐修剪。国内分布于黑龙江、吉林、辽宁、内蒙古、河北、山西、陕西、甘肃、宁夏、青海、新疆、河南、四川、西藏等省份。烟台芝罘区、莱山区、牟平区、蓬莱区、福山区、昆嵛山、莱州市、招远市、栖霞市、莱阳市、海阳市、龙口市等有分布。

［用途］ 幼嫩翅果可食，老果含油 25%，可供医药和化工用；树皮、叶及翅果均可入药；能耐干冷气候及中度盐碱，可作荒漠、荒山、砂地及滨海盐碱地的造林或四旁绿化树种。

金叶榆

2. 金叶榆（榆树 栽培变种）*Ulmus pumila* 'Jinye'

［形态特征］ 与榆树的主要区别：叶金黄色，叶片为卵圆形，比普通的榆树叶片稍短。盛夏过后，树冠中下部的叶片颜色会变为浅绿色，枝条上部的叶片依然是金黄色。

［生态习性及分布］ 烟台莱州市、海阳市、龙口市等有分布。

［用途］ 为优良彩叶树种。

3. **垂枝榆**（榆树 变种）*Ulmus pumila 'Tenue'*

［形态特征］ 与榆树的主要区别：树干上部的主干不明显，分枝较多，树冠伞形；树皮灰白色，较光滑；一至三年生枝下垂而不卷曲或扭曲。

［生态习性及分布］ 烟台福山区、蓬莱区、莱阳市、海阳市、莱州市等有分布。

垂枝榆

龙爪榆

4. **龙爪榆**（榆树 变种）*Ulmus pumila 'Pendula'*

［形态特征］ 与榆树的主要区别：小枝卷曲或扭曲而下垂。

［生态习性及分布］ 烟台莱州市等有分布。

5. **榔榆** 小叶榆 *Ulmus parvifolia* Jacq.

［形态特征］ 落叶乔木。冬季叶变为黄色或红色，宿存至次年新叶开放后脱落；树冠广圆形，树皮灰色或灰褐，裂成不规则鳞状薄片剥落，露出红褐色内皮，近平滑；叶质地厚，披针状卵形或窄椭圆形，稀卵形或倒卵形，中脉两侧长宽不等，长常 2.5~5 cm，宽常 1~2 cm，先端尖或钝，基部偏斜，楔形或一边圆，叶面深绿色，有光泽，边缘钝而整齐的单锯齿，稀重锯齿，侧脉每边 10~15。花秋季开放，在叶腋簇生或排成簇状聚伞花序，翅果椭圆形或卵状椭圆形。花期 8 月，果期 9~10 月。

［生态习性及分布］ 喜光，耐干旱，在酸性、中性及碱性土上均能生长，但以气候温暖，土壤肥沃、排水良好的中性土壤为最适宜的生境。国内分布于河北、山西、陕西、河南、江苏、浙江、福建、台湾、江西、湖北、湖南、广东、广西、四川、贵州等省份。烟台芝罘区、莱山区、牟平区、蓬莱区、昆嵛山、莱州市、招远市、栖霞市、莱阳市、海阳市、龙口市等有分布。

［用途］ 材质坚韧，可作器具；树皮纤维纯细，杂质少，可作纤维工业原料，亦供药用；可选作造林树种。

榔榆

6. **黄榆**　大果榆（原变种）*Ulmus macrocarpa* Hance var. *macrocarpa*

［形态特征］ 落叶乔木或灌木。翅果的形状及大小、叶的大小及侧脉的多少等均有较大的变异。最小之叶长 1~3 cm，宽 1~2.5 cm，最大之叶长达 14 cm，宽至 9 cm，翅果宽倒卵状圆形、近圆形或宽椭圆形，长一般 2.5~3.5 cm，宽一般 2~3 cm，基部多少偏斜或近对称，微狭或圆。花果期 4~5 月。

［生态习性及分布］ 阳性树种，耐干旱，能适应碱性、中性及微酸性土壤。国内分布于黑龙江、吉林、辽宁、内蒙古、河北、山西、陕西、甘肃、青海、河南、安徽、江苏、湖北等省份。烟台莱山区、牟平区、福山区、蓬莱区、昆嵛山、莱州市、招远市、栖霞市、海阳市、龙口市等有分布。

［用途］ 材质韧性强，弯挠性能良好，耐磨损，翅果含油量高，是医药和化工的重要原料；种子可入药。

黄榆

7. **旱榆**　*Ulmus glaucescens* Franch.

［形态特征］ 落叶乔木或灌木。叶卵形、菱状卵形、椭圆形、长卵形或椭圆状披针形，长 2.5~5 cm，宽 1~2.5 cm，先端渐尖至尾状渐尖，基部偏斜，楔形或圆，两面光滑无毛，边缘具钝而整齐的单锯齿或近单锯齿，侧脉每边 6~12；花自混合芽抽出，散生于新枝基部或近基部，或自花芽抽出；翅果椭圆形或宽椭圆形，稀倒卵形、长圆形或近圆形，长 2~2.5 cm，宽 1.5~2 cm，果翅较厚，果核位于翅果中上部。花期 4 月，果期 5 月。

［生态习性及分布］ 阳性树种，耐干旱、寒冷。国内分布于内蒙古、河北、山西、陕西、甘肃等省份。烟台栖霞市等有分布。

［用途］ 可作西北地区荒山造林及防护林树种。

旱榆

8. **黑榆**（原变种）*Ulmus davidiana* Planch. var. *davidiana*

［形态特征］ 落叶乔木或灌木。树皮浅灰色或灰色，纵裂成不规则条状，叶倒卵形或倒卵状椭圆形、稀卵形或椭圆形，长 4~9 cm，宽 1.5~4 cm，先端尾状渐尖或渐尖，基部歪斜，一边楔形或圆形，一边近圆形至耳状，叶面幼时有散生硬毛，后脱落无毛，常留有圆形毛迹，边缘具重锯齿，侧脉每边 12~22；花在去年生枝上排成簇状聚伞花序。翅果倒卵形或近倒卵形，长 10~19 mm，宽 7~14 mm，果翅通常无毛，稀具疏毛，果核部分常被密毛，或被疏毛，位于翅果中上部或上部。花期 4 月，果期 5 月。

［生态习性及分布］ 适应性强，耐干旱、抗碱性较强。生于山坡、山谷杂木林。国内分布于黑龙江、吉林、辽宁、内蒙古、河北、山西、陕西、甘肃、宁夏、青海、河南、安徽、浙江、湖北等省份。烟台牟平区、蓬莱区、昆嵛山、招远市、栖霞市、海阳市、龙口市等有分布。

［用途］ 木材密度和硬度适中，有香味，力学强度较高，弯挠性较好，有美丽的花纹，可作板材；可选作造林树种。

黑榆

9. **春榆**（黑榆 变种）*Ulmus davidiana* Planch. var. *japonica* (Rehd.) Nakai

［形态特征］ 与黑榆的区别：翅果无毛，树皮色较深。

［生态习性及分布］ 国内分布于黑龙江、吉林、辽宁、内蒙古、河北、山西、陕西、甘肃、宁夏、青海、河南、安徽、浙江、湖北等省份。烟台福山区、莱州市、招远市、栖霞市、龙口市等有分布。

［用途］ 同原变种。

春榆

10. **杭州榆** *Ulmus changii* W. C. Cheng

［形态特征］ 落叶乔木。树皮暗灰色、灰褐色或灰黑色，平滑或后期自树干下部向上细纵裂，微粗糙；叶卵形或卵状椭圆形，稀宽披针形或长圆状倒卵形，长 3~11 cm，宽 1.7~4.5 cm，先端渐尖或短尖，基部偏斜，圆楔形、圆形或心脏形，主脉凹陷处常有短毛，侧脉每边 12~20，边缘常具单锯齿，稀兼具或全为重锯齿。花常自花芽抽出，在去年生枝上排成簇状聚伞花序。翅果长圆形或椭圆状长圆形，稀近圆形，长 1.5~3.5 cm，宽 1.3~2.2 cm，全被短毛，果核部分位于翅果的中部或稍向下。花果期 3~4 月。

杭州榆

［生态习性及分布］ 喜光树种，喜生于土层深厚、土壤比较肥沃而润潮之处，能适应酸性土及碱性土。烟台蓬莱区等有引种栽培。

［用途］ 木材坚实耐用，可作器具用材；树皮纤维，可作纤维工业原料。

11. **欧洲白榆** 大叶榆 *Ulmus laevis* Pall.

［形态特征］ 落叶乔木。树皮淡褐灰色，幼时平滑，后成鳞状，老则不规则纵裂；叶倒卵状宽椭圆形或椭圆形，长通常 3~10 cm，中上部较宽，先端凸尖，基部明显地偏斜，一边楔形，一边半心脏形，边缘具重锯齿，齿端内曲。花常自花芽抽出，稀由混合芽抽出，20 余花至 30 余花排成密集的短聚伞花序。翅果卵形或卵状椭圆形，长约 15 mm，边缘具睫毛，果核部分位于翅果近中部。花期 3 月，果期 4 月。

欧洲白榆

［生态习性及分布］ 喜光，耐寒，抗高温。在新疆夏季绝对最高气温达 45 ℃、冬季绝对最低气温 −43 ℃、日温差达 30 ℃、年降水量 195 mm 的地方，生长旺盛。深根性，对土壤要求不严，在 pH 为 8 的沙壤土上生长良好。原产于欧洲。烟台龙口市等有引种栽培。

［用途］ 木材坚硬，可作建筑和器具用材；翅果可榨油，枝、叶、树皮内含鞣质，味涩苦，很少受到牲畜危害，是牧区造林的理想树种；也可选作园林绿化和防护林树种。

12. **美国榆** *Ulmus americana* Linn.

［形态特征］ 落叶乔木。树皮灰色，不规则纵裂。叶卵形或卵状椭圆形，长一般4~15 cm，中部或中下部较宽，先端渐尖，基部极偏斜，一边楔形，一边半圆形至半心脏形，边缘具重锯齿，侧脉每边12~22，叶柄长5~9 mm，上面有毛。花自花芽抽出，常10余个排成短聚伞花序，翅果椭圆形或宽椭圆形，长13~16 mm，两面无毛而边缘具睫毛，果核部分位于翅果近中部。花果期3~4月。

美国榆

［生态习性及分布］ 生长迅速，喜光，耐寒，耐阴，对土壤的适应性较广。原产于北美，我国江苏南京、山东及北京等地有引种栽培。烟台龙口市等有分布。

［用途］ 木材坚实，可作器具用材；树冠开展，可作庭园树或行道树。

（二）刺榆属 *Hemiptelea*

刺榆 *Hemiptelea davidii* (Hance) planch.

［形态特征］ 落叶小乔木。树皮深灰色或褐灰色，不规则的条状深裂；小枝灰褐色或紫褐色，被灰白色短柔毛，具粗硬的棘刺，刺长2~10 cm；冬芽常3个聚生于叶腋，卵圆形。叶椭圆形或椭圆状矩圆形，稀倒卵状椭圆形，长4~7 cm，宽1.5~3 cm，先端急尖或钝圆，基部浅心形或圆形，边缘有整齐的粗锯齿，侧脉8~12对，排列整齐，斜直出至齿尖；小坚果黄绿色，斜卵圆形，两侧扁，长5~7 mm，在背侧具窄翅。花期4~5月，果期9~10月。

［生态习性及分布］ 耐瘠薄、干旱，各种土质易于生长，萌发力强。常生于海拔2000 m以下的坡地次生林中，常见于村落路旁、土堤上、石砾河滩。国内分布于辽宁、吉林、内蒙古、河北、山西、陕西、甘肃、河南、安徽、江苏、浙江、江西、湖北、湖南、广西等省份。烟台昆嵛山、栖霞市等有分布。

刺榆

［用途］ 可作固沙树种；因树枝有棘刺，生长快，故也可作绿篱用的树种；种子可榨油。

（三）榉属 *Zelkova*

1. **榉树** 光叶榉 *Zelkova serrata* (Thunb.) Makino

［形态特征］ 落叶乔木。树皮灰白色或褐灰色，呈不规则的片状剥落；冬芽圆锥状卵形或椭圆状球形。叶薄纸质至厚纸质，大小形状变异很大，卵形、椭圆形或卵状披针形，长3~6 cm，稀达12 cm，宽1.5~5 cm，先端渐尖或尾状渐尖，基部有的稍偏斜，边缘有圆齿状锯齿，具短尖头，侧脉一般7~14对；雄花具极短的梗，雌花近无梗。核果几乎无梗，淡绿色，斜卵状圆锥形，上面偏斜，凹陷，直径2.5~3.5 mm，具背腹脊，网肋明显，表面被柔毛，具宿存的花被。花期4月，果期9~10月。

榉树

［生态习性及分布］ 阳性树种，喜光，喜温暖环境，适生于深厚、肥沃、湿润的土壤，忌积水，不耐干旱和贫瘠。国内分布于辽宁、陕西、甘肃、河南、安徽、江苏、浙江、福建、台湾、江西、湖北、湖南、广东等省份。烟台昆嵛山等有分布。

［用途］ 树皮和叶可药用；树姿端庄，高大雄伟，秋叶变成褐红色，落叶较晚，是优良景观绿化树种；侧枝萌发能力强，在其主干截干后，是制作盆景的上佳植物材料，可脱盆或连盆种植于园林中，或与假山、景石搭配，均能提高其观赏价值。

2. **大叶榉树** *Zelkova schneideriana* Hand.-Mazz.

［形态特征］ 大叶榉树与榉树形态特征极其相似，主要区别在于大叶榉树冬芽常2个并生于叶腋；叶厚纸质，下面密生柔毛。

大叶榉树

［生态习性及分布］ 国内分布于陕西、甘肃、河南、安徽、江苏、浙江、福建、江西、湖北、湖南、广东、广西、四川、云南、贵州、西藏等省份。烟台牟平区、莱阳市、海阳市、龙口市等有分布。

［用途］ 木材致密坚硬，纹理美观，不易伸缩与反挠，耐腐力强，其老树材质中常带红色，故有血榉之称，为上等木材；树皮含纤维46%，可作纤维工业原料；可作景观绿化树种。

（四）朴属 *Celtis*

朴树

1. 朴树 *Celtis sinensis* Pers.

[形态特征] 落叶乔木。树皮平滑，灰色；一年枝被密毛。叶革质，宽卵形至狭卵形，长3~10 cm，宽5~6 cm，中部以上边缘有浅锯齿，三出脉，先端尖或渐尖，基部近对称或稍偏斜；叶柄长3~10 mm。花杂性（两性花和单性花同株），1~3朵生于当年枝的叶腋；花被片4，被毛；核果近球形，单生叶腋，稀2~3集生，直径4~5 mm，成熟时黄或橙黄色；果柄较叶柄近等长。花期3~4月，果期9~10月。

[生态习性及分布] 喜光，稍耐阴，耐寒。适温暖湿润气候，适生于肥沃平坦之地。对土壤要求不严，适应力较强。国内分布于甘肃、河南、安徽、江苏、浙江、福建、台湾、江西、广东、四川、贵州等省份。烟台莱山区、牟平区、福山区、昆嵛山、莱州市、栖霞市、龙口市等有分布。

[用途] 木材可作器具、家具、建筑等用材；茎皮纤维可代麻用；为常见景观绿化树种。

2. 小叶朴 黑弹树 *Celtis bungeana* Blume

[形态特征] 落叶乔木。树皮灰色或暗灰色；当年生小枝无毛，散生椭圆形皮孔；叶厚纸质，狭卵形、长圆形、卵状椭圆形至卵形，一般长3~7 cm，宽2~4 cm，基部宽楔形至近圆形，稍偏斜至几乎不偏斜，先端尖至渐尖，中部以上疏具不规则浅齿，有时一侧近全缘；叶柄淡黄色，长5~15 mm，上面有沟槽；萌发枝上的叶形变异较大；果单生叶腋，果柄较细软，无毛，长10~25 mm，果成熟时蓝黑色，近球形，直径6~8 mm。花期3~4月，果期10~11月。

小叶朴

[生态习性及分布] 喜光，耐阴，喜肥厚湿润疏松的土壤，耐轻度盐碱，耐水湿。国内分布于辽宁、内蒙古、河北、山西、陕西、甘肃、宁夏、青海、河南、安徽、江苏、浙江、江西、湖北、湖南、四川、云南、西藏等省份。烟台芝罘区、莱山区、牟平区、福山区、蓬莱区、昆嵛山、莱州市、招远市、栖霞市、莱阳市、海阳市、龙口市等有分布。

[用途] 常见景观绿化树种；也可制作盆景。

3. **大叶朴** *Celtis koraiensis* Nakai

［形态特征］ 落叶乔木。树皮灰色或暗灰色，浅微裂；当年生小枝散生小而微凸、椭圆形的皮孔；叶椭圆形至倒卵状椭圆形，少有倒广卵形，长 7~12 cm（连尾尖），宽 3.5~10 cm，基部稍不对称，宽楔形至近圆形或微心形，先端具尾状长尖，边缘具粗锯齿，两面无毛，在萌发枝上的叶较大，且具较多和较硬的毛。果单生叶腋，果梗长 1.5~2.5 cm，果近球形至球状椭圆形，直径约 12 mm，成熟时橙黄色至深褐色。花期 4~5 月，果期 9~10 月。

［生态习性及分布］ 阳性树种，在北部暖温带都能正常生长，喜欢温暖，稍稍耐阴，非常耐寒冷。对土壤适性广，适合在微碱性、中性直至微酸性土壤上生长。国内分布于辽宁、河北、山西、陕西、甘肃、河南、安徽、江苏等省份。烟台芝罘区、牟平区、福山区、蓬莱区、昆嵛山、招远市、栖霞市、海阳市、龙口市等有分布。

大叶朴

［用途］ 常见景观绿化树种；树皮可作纤维工业原料；果可榨油，供制肥皂和润滑剂。

4. **珊瑚朴** *Celtis julianae* Schneid.

［形态特征］ 落叶乔木。树皮淡灰色至深灰色；当年生小枝、叶柄、果柄老后深褐色，密生褐黄色茸毛。叶厚纸质，宽卵形至尖卵状椭圆形，长 6~12 cm，宽 3.5~8 cm，基部近圆形或两侧稍不对称（一侧圆形，一侧宽楔形），先端具突然收缩的短渐尖至尾尖，叶面粗糙至稍粗糙，叶背密生短柔毛，近全缘至上部以上具浅钝齿；叶柄长 7~15 mm，较粗壮；果单生叶腋，果梗粗壮，长 1~3 cm，果近球形，长 10~12 mm，金黄色至橙黄色。花期 4~5 月，果熟期 9 月。

［生态习性及分布］ 阳性树种，稍耐阴，喜温暖湿润气候，在微酸性土、中性土或石灰性土壤上均能生长，为石灰岩山地上的原生树种，耐干旱瘠薄，但在湿润、肥沃土壤上生长旺盛。国内分布于陕西、河南、安徽、浙江、福建、江西、湖北、湖南、广东、四川、贵州等省份。烟台莱阳市等有分布。

珊瑚朴

［用途］ 优良景观绿化树种；树皮可作纤维工业原料。

（五）青檀属 *Pteroceltis*

青檀 翼朴 *Pteroceltis tatarinowii* Maxim.

[形态特征] 落叶乔木。树皮灰色或深灰色，不规则的长片状剥落；小枝皮孔明显，椭圆形或近圆形；冬芽卵形。叶纸质，宽卵形至长卵形，长 3~10 cm，宽 2~5 cm，先端渐尖至尾状渐尖，基部不对称，楔形、圆形或截形，边缘有不整齐的锯齿，基部 3 出脉，侧脉 4~6 对。翅果状坚果近圆形或近四方形，直径 10~17 mm，黄绿色或黄褐色，翅宽，稍带木质，有放射状条纹，下端截形或浅心形，顶端有凹缺。花期 4 月，果期 8~10 月。

[生态习性及分布] 阳性树种，喜光，抗干旱，耐盐碱，耐土壤瘠薄，适应性较强，喜钙，喜生于石灰岩山地。耐寒，–35 ℃无冻梢。根系发达，对有害气体有较强的抗性。我国特有树种，分布于辽宁、河北、山西、陕西、甘肃、青海、河南、安徽、江苏、浙江、福建、江西、湖北、湖南、广东、广西、四川、贵州等省份。烟台牟平区、招远市、海阳市等有分布。

[用途] 珍稀的乡土树种，树形美观，极具观赏价值，寿命长；耐修剪，是优良的盆景观赏树种；茎皮、枝皮纤维为书画宣纸的优质原料；生长速度中等，萌蘖性强，可作石灰岩山地的造林树种；种子可榨油。

青檀

十四、桑科 Moraceae

（一）桑属 *Morus*

1. 桑（原变种）*Morus alba* Linn. L. var. *alba*

［形态特征］ 落叶乔木或灌木。树皮厚，灰色，具不规则浅纵裂；冬芽红褐色，卵形；小枝有细毛。叶卵形或广卵形，长 5~15 cm，宽 5~12 cm，先端急尖、渐尖或圆钝，基部圆形至浅心形，边缘锯齿粗钝，有时缺裂，表面鲜绿色，无毛，背面沿脉有疏毛，脉腋有簇毛；叶柄长 1.5~2.5 cm，具柔毛；花单性，腋生或生于芽鳞腋内，与叶同时生出；雄花序下垂，长 2~3.5 cm，密被白色柔毛；雌花序长 1~2 cm，被毛。聚花果卵状椭圆形，长 1~2.5 cm，成熟时红色或暗紫色。花期 4~5 月，果期 5~7 月。

桑

［生态习性及分布］ 喜温暖湿润气候，稍耐阴。气温 12 ℃以上开始萌芽，生长适宜温度 25~30 ℃，超过 40 ℃则受到抑制，降到 12 ℃以下则停止生长。耐旱，不耐涝，耐瘠薄。对土壤的适应性强。生于山坡、沟边；各地桑园有栽植。分布于全国各地。烟台芝罘区、莱山区、牟平区、福山区、蓬莱区、莱州市、招远市、栖霞市、莱阳市、海阳市、龙口市等有分布。

［用途］ 树皮纤维柔细，可作纺织原料、造纸原料；根皮、果实及枝条可入药；叶为养蚕的主要饲料，亦作药用；木材坚硬，可制家具、乐器、雕刻品等；桑葚可食、可酿酒。

2. 鲁桑　大叶桑（桑 变种）*Morus alba* L.var. *multicaulis* (Perrott.) Loud.

［形态特征］ 叶大而厚，叶长可达 30 cm，表面泡状皱缩；聚花果圆筒状，长 1.5~2 cm，成熟时白绿色或紫黑色。

［生态习性及分布］ 烟台海阳市、龙口市等有分布。

鲁桑

3. **鸡桑** *Morus australia* Poir.

鸡桑

[形态特征] 灌木或小乔木。树皮灰褐色。叶卵形，长 5~14 cm，宽 3.5~12 cm，先端急尖或尾状，基部楔形或心形，边缘具粗锯齿，不分裂或 3~5 裂，表面粗糙，密生短刺毛，背面疏被粗毛；叶柄长 1.5~4 cm，被毛；雄花序长 1~1.5 cm，被柔毛，雄花绿色，具短梗；雌花序球形，长约 1 cm，密被白色柔毛。聚花果短椭圆形，直径约 1 cm，成熟时红色或暗紫色。花期 4~5 月，果期 5~6 月。

[生态习性及分布] 喜光，适应性强，生于石灰岩山地或林缘及荒地。国内分布于辽宁、陕西、甘肃、河南、安徽、浙江、福建、台湾、江西、湖北、湖南、广东、广西、四川、云南、贵州、西藏等省份。烟台昆嵛山、招远市、栖霞市、海阳市等有分布。

[用途] 韧皮纤维可以造纸，果可食。

花叶鸡桑

4. **花叶鸡桑**（鸡桑　变种）*Morus australis* var. *inusitata* Poir.

[形态特征] 与原变种的区别：叶宽卵形，叶缘具多个不规则缺刻状深裂。

[生态习性及分布] 烟台蓬莱区等有分布。

5. **蒙桑** *Morus mongolica* (Bureau) Schneid.

蒙桑

[形态特征] 小乔木或灌木。树皮灰褐色，纵裂；小枝暗红色，老枝灰黑色；冬芽卵圆形，灰褐色。叶长椭圆状卵形，长 8~15 cm，宽 3.5~12 cm，先端尾尖，基部心形，边缘具三角形单锯齿，稀为重锯齿，齿尖有长刺芒，两面无毛；叶柄长 2.5~3.5 cm。雄花序长 1~1.5 cm，外面及边缘被长柔毛，雌花序短圆柱状，长 1~1.5 cm，总花梗纤细，长 1~1.5 cm。聚花果长 1.5 cm，成熟时红色至紫黑色。花期 4~5 月，果期 5~6 月。

[生态习性及分布] 常生于山崖、沟谷、堤堰及荒坡等地。国内分布于黑龙江、辽宁、吉林、内蒙古、湖北、湖南、广西、四川、云南、贵州、西藏等省份。烟台芝罘区、莱山区、福山区、蓬莱区、昆嵛山、招远市、栖霞市、海阳市、龙口市等有分布。

[用途] 植株高大，枝繁叶茂，适应性强，是防风固沙的优良树种。

6. **华桑** *Morus cathayana* Hemsl.

［形态特征］ 小乔木或灌木。树皮灰白色，平滑；小枝幼时被细毛，成长后脱落，皮孔明显。叶厚纸质，广卵形或近圆形，长 8~20 cm，宽 6~13 cm，先端渐尖或短尖，基部心形或截形，略偏斜，边缘具疏浅锯齿或钝锯齿，有时分裂，表面粗糙，疏生短伏毛，基部沿叶脉被柔毛，背面密被白色柔毛；叶柄长 2~5 cm，粗壮，被柔毛；托叶披针形。花雌雄同株异序，雄花序长 3~5 cm，雌花序长 1~3 cm。聚花果圆筒形，长 2~3 cm，成熟时白色、红色或紫黑色。花期 4~5 月，果期 5~6 月。

华桑

［生态习性及分布］ 阳性树种，多生长于向阳的山坡和沟旁；抗旱力较强，且能耐碱。国内分布于河北、山东、河南、江苏、陕西、湖北、安徽等省份。烟台龙口市等有分布。

［用途］ 茎皮纤维可制蜡纸、绝缘纸、皮纸和人造棉；果可酿酒；叶背多糙毛，不宜养蚕。

（二）构属 *Broussonetia*

构树 楮树 *Broussonetia papyrifera* (L.) L Hert. ex Vent.

［形态特征］ 落叶乔木。树皮暗灰色；小枝密生柔毛。叶螺旋状排列，广卵形至长椭圆状卵形，长 7~26 cm，宽 5~20 cm，先端渐尖，基部心形，两侧常不相等，边缘具粗锯齿，不分裂或 3~5 裂，小树之叶常有明显分裂，表面粗糙，疏生糙毛，背面密被绒毛，基生叶脉三出，侧脉 6~7 对；叶柄长 2~12 cm，密被糙毛；托叶大，卵形，狭渐尖，长 1.5~2 cm，宽 0.8~1 cm。花雌雄异株；雄花序为柔荑花序，粗壮，长 3~8 cm，雌花序球形，头状花序；聚花果直径 1.5~3 cm，成熟时橙红色，肉质。花期 4~5 月，果期 7~9 月。

构树

［生态习性及分布］ 多生于荒坡及石灰岩风化的土壤中，喜钙。国内分布于河北、山西、陕西、甘肃、河南、安徽、江苏、浙江、福建、台湾、江西、湖北、湖南、广东、广西、海南、四川、云南、贵州、西藏等省份。烟台芝罘区、莱山区、牟平区、福山区、蓬莱区、昆嵛山、莱州市、招远市、栖霞市、莱阳市、海阳市、龙口市等有分布。

［用途］ 适应性强，抗干旱瘠薄及烟雾，适宜作为城镇及工矿区的绿化用树；茎皮纤维长而柔韧，为优质的人造棉及纤维工业原料；根皮及果实可药用；叶及皮内乳汁可治皮肤病。

（三）柘属 *Maclura*

柘树 柘桑 *Maclura tricuspidata* Carr.

[形态特征] 落叶灌木或小乔木。树皮灰褐色，小枝无毛，略具棱，有棘刺，刺长5~20 mm；叶卵形或菱状卵形，偶为3裂，长5~14 cm，宽3~6 cm，先端渐尖，基部楔形至圆形，表面深绿色，背面绿白色，侧脉4~6对；叶柄长1~2 cm，被微柔毛。雌雄异株，雌雄花序均为球形头状花序，单生或成对腋生，具短总花梗；聚花果近球形，直径约2.5 cm，肉质，成熟时橘红色。花期5~6月，果期6~7月。

柘树

[生态习性及分布] 喜光，耐阴，耐寒，耐干旱瘠薄，生于林中、岗丘、荒山荒地、埂堤边坡及四旁，是灌木植被中的优势树种。国内分布于河北、山西、陕西、甘肃、河南、安徽、江苏、浙江、福建、江西、湖北、湖南、广东、广西、四川、云南、贵州等省份。烟台芝罘区、莱山区、牟平区、福山区、蓬莱区、昆嵛山、莱州市、招远市、栖霞市、莱阳市、海阳市、龙口市等有分布。

[用途] 良好的护坡及绿篱树种；木材可作家具及细工用材；茎皮纤维强韧，可代麻供打绳、织麻袋及造纸；根皮有药用，果可酿酒及食用；叶可代桑叶养蚕。

（四）榕属（无花果属） *Ficus*

1. **无花果** *Ficus carica* Linn.

[形态特征] 落叶小乔木或灌木，多分枝；树皮灰褐色，皮孔明显；小枝直立，粗壮。叶互生，厚纸质，卵圆形，长宽近相等，10~20 cm，通常3~5裂，边缘具不规则钝齿，表面粗糙，背面密生细小钟乳体及灰色短柔毛，基部浅心形，基生侧脉3~5条，侧脉5~7对；叶柄长2~13 cm，粗壮；雌雄异株，雄花生内壁口部。榕果单生叶腋，大而梨形，直径3~5 cm，顶部下陷，成熟时紫红色或黄色。花果期5~10月。

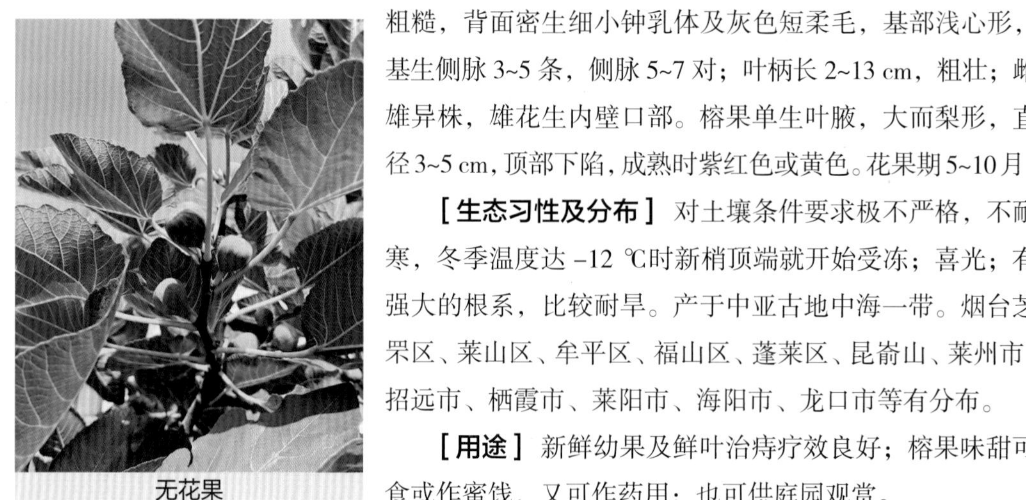
无花果

[生态习性及分布] 对土壤条件要求极不严格，不耐寒，冬季温度达 −12 ℃时新梢顶端就开始受冻；喜光；有强大的根系，比较耐旱。产于中亚古地中海一带。烟台芝罘区、莱山区、牟平区、福山区、蓬莱区、昆嵛山、莱州市、招远市、栖霞市、莱阳市、海阳市、龙口市等有分布。

[用途] 新鲜幼果及鲜叶治痔疗效良好；榕果味甜可食或作蜜饯，又可作药用；也可供庭园观赏。

2. **橡皮树** *Ficus elastica* Roxb. ex Hornem.

[形态特征] 乔木。树皮灰白色，平滑；幼小时附生，小枝粗壮。叶厚革质，长圆形至椭圆形，长 8~30 cm，宽 7~10 cm，先端急尖，基部宽楔形，全缘，表面深绿色，光亮，背面浅绿色，侧脉多，不明显，平行展出；叶柄粗壮，长 2~5 cm；托叶膜质，深红色，长达 10 cm，脱落后有明显环状疤痕。榕果成对生于已落叶枝的叶腋，卵状长椭圆形，长 10 mm，直径 5~8 mm，黄绿色。花期 6~9 月，果期 9~11 月。

橡皮树

[生态习性及分布] 喜高温湿润、阳光充足的环境，也能耐阴，最适宜的气温范围为 18~28 ℃，耐空气干燥，忌阳光直射，不耐寒，安全越冬气温为 5 ℃，忌黏性土，不耐瘠薄和干旱，喜疏松、肥沃和排水良好的微酸性土壤。烟台海阳市等有室内栽培。

[用途] 著名盆栽观叶植物，北方需要在室内或温室越冬。

3. **榕树** *Ficus microcarpa* Linn. f.

[形态特征] 大乔木。冠幅广展，老树常有锈褐色气根。树皮深灰色。叶薄革质，狭椭圆形，长 4~8 cm，宽 3~4 cm，先端钝尖，基部楔形，表面深绿色，干后深褐色，有光泽，全缘，基生叶脉延长，侧脉 3~10 对；叶柄长 5~10 mm，无毛；榕果成对腋生或生于已落叶枝叶腋，成熟时黄或微红色，扁球形，直径 6~8 mm，无总梗；雄花、雌花、瘿花同生于一榕果内，花间有少许短刚毛。花期 5~6 月，果期 7~9 月。

榕树

[生态习性及分布] 喜阳光充足、温暖湿润气候，怕烈日暴晒，不耐寒，对土壤要求不严，在微酸和微碱性土中均能生长，喜疏松肥沃的酸性土，在瘠薄的沙质土中也能生长，在碱土中叶片黄化。较耐水湿，不耐旱，在干燥的气候条件下生长不良，潮湿的空气中易生气生根。烟台福山区、蓬莱区、栖霞市等有室内栽培。

[用途] 华南地区常用作景观绿化树种，其他地区一般作盆景，北方需要在室内越冬。

4. **爱玉子**（薜荔 变种）*Ficus pumila* var. *awkeotsang* (Makino) Corner

[形态特征] 攀援或匍匐灌木。叶长椭圆状卵形，长 7~12 cm，宽 3~5 cm，背面密被锈色柔毛；榕果长圆形，长 6~8 cm，直径 3~4 cm，表面被毛，顶部渐尖，脐部凸起；总梗短，长约 1 cm，密被粗毛。

[生态习性及分布] 产于台湾、福建、浙江（乐清、北雁荡山），北方偶有栽培。烟台海阳市等有引种栽培。

[用途] 果可食，可做饮料。

爱玉子

十五、胡桃科 Juglandaceae

（一）胡桃属 *Juglans*

1. **胡桃** 核桃 *Juglans regia* Linn.

[形态特征] 落叶乔木。树干较别的种类矮，树冠广阔；树皮幼时灰绿色，老时则灰白色而纵向浅裂；枝无毛，具光泽，被盾状着生的腺体，灰绿色，后来带褐色。奇数羽状复叶长 25~30 cm，小叶通常 5~9，椭圆状卵形至长椭圆形，长 6~15 cm，宽 3~6 cm，顶端钝圆或急尖、短渐尖，基部歪斜、近于圆形，边缘全缘或在幼树上者具稀疏细锯齿，上面深绿色，无毛，下面淡绿色，侧脉 11~15 对。雄性葇荑花序下垂，长 12~16 cm，雌性穗状花序。果序短，俯垂，具 1~3 果实；果实近于球状，直径 4~6 cm。花期 5 月，果期 9~10 月。

[生态习性及分布] 喜光，耐寒，抗旱、抗病能力强，适应多种土壤生长，喜肥沃湿润的砂质壤土，但对水肥要求不严，常见于山区河谷两旁土层深厚的地方。国内分布于华北、西北、西南、华中、华南、华东地区。烟台芝罘区、莱山区、牟平区、福山区、蓬莱区、昆嵛山、莱州市、招远市、栖霞市、莱阳市、海阳市、龙口市等有分布。

胡桃

[用途] 种仁含油量高，可生食，亦可榨油食用；木材坚实，是很好的硬木材料。

2. **核桃楸** 胡桃楸 野核桃 *Juglans mandshurica* Maxim.

[形态特征] 落叶乔木。枝条扩展，树冠扁圆形；树皮灰色，具浅纵裂；幼枝被短茸毛。奇数羽状复叶生于萌发条上者长可达 80 cm，叶柄长 9~14 cm，小叶 15~23，长 6~17 cm，宽 2~7 cm；生于孕性枝上者集生于枝端，长达 40~50 cm，叶柄长 5~9 cm，基部膨大，叶柄及叶轴被短柔毛或星芒状毛；小叶 9~17，椭圆形至长椭圆形或卵状椭圆形至长椭圆状披针形，边缘具细锯齿，上面初被稀疏短柔毛，后来除中脉外其余无毛，深绿色，下面色淡，被贴伏的短柔毛及星芒状毛；侧生小叶对生，无柄，先端渐尖，基部歪斜，截形至近于心脏形。雄性葇荑花序长 9~20 cm，雌性穗状花序。果序长 10~15 cm，俯垂，通常具 4~10 果实，序轴被短柔毛。果实球状、卵状或椭圆状，顶端尖，密被腺质短柔毛，长 3.5~7.5 cm，径 3~5 cm。花期 5 月，果期 8~9 月。

[生态习性及分布] 生于土质肥厚、湿润的山沟或山坡。国内分布于黑龙江、吉林、辽宁、山西、陕西、甘肃、河南、安徽、江苏、浙江、福建、台湾、江西、湖北、湖南、广西、四川、云南、贵州等省份。烟台栖霞市、莱阳市等有分布。

核桃楸

[用途] 乡土绿化树种。木材不挠不裂，可作枪托、建筑等重要材料。树皮、叶及外果皮含鞣质，可提取栲胶；树皮纤维可作造纸等原料；枝、叶、皮可作农药。

3. **美国黑核桃** *Juglans nigra* Linn.

[形态特征] 落叶乔木。一年生枝条皮呈灰褐、红褐或褐绿色，有灰白色柔毛，皮孔浅褐色，稀疏而明显。一回奇数羽状复叶，互生；小叶片披针形，长 4~11 cm，宽 1~4 cm；叶柄及叶轴密被柔毛。雌雄同株；雄葇荑花序，长 5~12 cm，着生于侧芽处；雌花序顶生，小花 2~5 一簇。果序短，具果实 1~3；假核果圆形，当年成熟，直径 3~4 cm，密被黄色腺体及稀疏的腺毛；果核表面无明显的纵棱，有不规则刻状条纹。

[生态习性及分布] 适应力强，耐寒，在 −43~−35 ℃的低温环境下仍可以存活，对土壤的酸碱度要求不严。在土壤深厚，排水良好，中性或微酸性，通气、保水的土壤里生长良好。原产于美国。烟台龙口市等有引种栽培。

美国黑核桃

[用途] 木材结构紧密、耐压抗震、纹理清晰、色泽光亮，是高档的家具用材和室内装饰装修材料；可作为经济林发展。

（二）山核桃属 *Carya*

1. 美国山核桃 薄壳山核桃 *Carya illinoinensis* (wangenh.) K. Koch.

美国山核桃

[形态特征] 落叶乔木。树皮粗糙，深纵裂；奇数羽状复叶长 25~35 cm，小叶 9~17，卵状披针形至长椭圆状披针形，有时成长椭圆形，通常稍成镰状弯曲，长 7~18 cm，宽 2.5~4 cm，基部歪斜阔楔形或近圆形，顶端渐尖，边缘具单或重锯齿；雄性柔荑花序，雌性穗状花序直立；果实矩圆状或长椭圆形，长 3~5 cm，直径 2.2 cm 左右，有 4 条纵棱，内果皮平滑，灰褐色。花期 5 月，果期 10 月。

[生态习性及分布] 喜温暖湿润气候，较耐寒，气温 –15 ℃也不受冻害。对光照不太苛求。幼年期要求阴凉环境，土壤以疏松而富含腐殖质的石灰岩风化而成的砾质壤土为宜，红壤、沙土不适宜美国山核桃生长。原产于北美。烟台莱州市、海阳市、龙口市等有引种栽培。

[用途] 著名干果树种，在适生地区是优良的行道树和庭荫树，还可作风景林，也适于河流沿岸、湖泊周围及平原地区四旁绿化；果仁可食用。

2. 山核桃 *Carya cathayensis* Sarg.

[形态特征] 落叶乔木。树皮平滑，灰白色，光滑；小枝细瘦，新枝密被盾状着生的橙黄色腺体，后来腺体逐渐稀疏，1 年生枝紫灰色，上端常被稀疏的短柔毛，皮孔圆形，稀疏。复叶长 16~30 cm，小叶 5；小叶边缘有细锯齿；侧生小叶具短的小叶柄或几乎无柄，对生，披针形或倒卵状披针形，有时稍成镰状弯曲，基部楔形或略成圆形，顶端渐尖，长 16~18 cm，宽 2~5 cm；雄性柔荑花序，雌性穗状花序直立。果实倒卵形，向基部渐狭，幼时具 4 狭翅状的纵棱，密被橙黄色腺体，成熟时腺体变稀疏，纵棱亦变成不显著；果核倒卵形或椭圆状卵形，有时略侧扁，具极不显著的 4 纵棱。花期 4~5 月，果期 9 月。

山核桃

[生态习性及分布] 较耐寒，喜阴，怕高温干旱；喜深厚肥沃、疏松、排水良好的微酸至中性、盐基饱和度高的土壤；怕干燥、瘠薄、强酸、积水的土壤。国内分布于安徽、浙江等省份。烟台栖霞市、海阳市、福山区等有分布。

[用途] 果仁味美可食，亦用以榨油；果壳可制活性炭；木材坚韧，为优质用材。

（三）枫杨属 *Pterocarya*

枫杨 枰柳 *Pterocarya stenoptera* C. DC.

［形态特征］ 落叶大乔木。幼树树皮平滑，浅灰色，老时则深纵裂。叶多为偶数或稀奇数羽状复叶，长 8~16 cm，叶柄长 2~5 cm；小叶 10~16，无小叶柄，对生，长椭圆形至长椭圆状披针形，长 8~12 cm，宽 2~3 cm，顶端常钝圆或稀急尖，基部歪斜，一侧楔形至阔楔形，一侧圆形，边缘有向内弯的细锯齿，上面被细小的浅色疣状凸起，沿中脉及侧脉被极短的星芒状毛；雄性葇荑花序长 6~10 cm，雌性葇荑花序长 10~15 cm；果序长 20~45 cm，果翅狭，条形或阔条形，长 12~20 mm，宽 3~6 mm。花期 4~5 月，果熟期 8~9 月。

［生态习性及分布］ 喜深厚肥沃湿润的土壤，以温度不太低、雨量比较多的暖温带和亚热带气候较为适宜。喜光，不耐阴。耐湿性强，但不耐长期积水和水位太高之地。生于海拔 1500 m 以下的沿溪涧河滩、阴湿山坡地的林中。国内分布于陕西、河南、安徽、江苏、浙江、福建、台湾、江西、四川、云南等省份。烟台芝罘区、莱山区、牟平区、福山区、蓬莱区、昆嵛山、莱州市、招远市、栖霞市、莱阳市、海阳市、龙口市等有分布。

枫杨

［用途］ 广泛栽植作庭园树或行道树；树皮和枝皮含鞣质，可提取栲胶，亦可作纤维原料；果实可作饲料；种子还可榨油。

十六、壳斗科 Fagaceae

（一）栗属 *Castanea*

板栗 *Castanea mollissima* Blume

板栗

［形态特征］ 落叶乔木。小枝灰褐色。叶椭圆至长圆形，长 11~17 cm，宽稀达 7 cm，顶部短至渐尖，基部近截平或圆，或两侧稍向内弯而呈耳垂状，常一侧偏斜而不对称，新生叶的基部常狭楔尖且两侧对称，叶背被星芒状伏贴绒毛或因毛脱落变为几无毛；叶柄长 1~2 cm。雄花序长 10~20 cm，花序轴被毛，雌花 1~3，发育结实。成熟壳斗的锐刺有长有短，有疏有密，壳斗连刺径 4~8 cm。花期 4~6 月，果期 8~10 月。

［生态习性及分布］ 阳性树种，耐寒、耐旱，对土壤要求较高，喜砂质土壤。国内分布于辽宁、内蒙古、河北、山西、陕西、甘肃、青海、河南、安徽、江苏、浙江、福建、台湾、江西、湖北、湖南、广东、广西、四川、云南、贵州、西藏等省份。烟台芝罘区、莱山区、牟平区、福山区、蓬莱区、昆嵛山、莱州市、招远市、栖霞市、莱阳市、海阳市、龙口市等有分布。

［用途］ 木材坚硬、耐水湿，可作建筑、地板、车辆、家具等用材；果实甜美可食，营养丰富。

（二）栎属 *Quercus*

1. 麻栎（原变种）*Quercus acutissima* Carr. var. *acutissima*

麻栎

［形态特征］ 落叶乔木。树皮深灰褐色，深纵裂。幼枝灰黄色，具淡黄色皮孔。叶片形态多样，通常为长椭圆状披针形，长 8~19 cm，宽 2~6 cm，顶端长渐尖，基部圆形或宽楔形，叶缘有刺芒状锯齿，叶片两面同色，幼时被柔毛，老时无毛或叶背面脉上有柔毛，侧脉每边 13~18；叶柄长 1~3 cm。雄花序常数个集生于当年生枝下部叶腋，壳斗杯形，包着坚果约 1/2，连小苞片直径 2~4 cm，高约 1.5 cm；小苞片钻形或扁条形，向外反曲，被灰白色绒毛。坚果卵形或椭圆形，顶端圆形，果脐突起。花期 5 月，果期次年 9~10 月。

［生态习性及分布］ 喜光，深根性，对土壤条件要求不严，耐干旱、瘠薄，亦耐寒；宜酸性土壤，亦适石灰岩钙质土。烟台芝罘区、莱山区、牟平区、福山区、蓬莱区、昆嵛山、莱州市、招远市、栖霞市、莱阳市、海阳市、龙口市等有分布。

［用途］ 木材坚硬，供建筑、枕木、车船、体育器材等用；也可作为薪炭材；枯朽木可培养香菇、木耳、银耳等；叶可饲柞蚕；壳斗为栲胶原料。

2. **栓皮栎** *Quercus variabilis* Blume

栓皮栎

［形态特征］落叶乔木。树皮黑褐色，深纵裂，木栓层发达。小枝灰棕色，无毛；叶片卵状披针形或长椭圆形，长 8~15 cm，宽 2~6 cm，顶端渐尖，基部圆形或宽楔形，叶缘具刺芒状锯齿，叶背密被灰白色星状绒毛，侧脉每边 13~18，直达齿端；叶柄长 1~3 cm，无毛。雄花序长达 14 cm，花序轴密被褐色绒毛，雌花序生于新枝上端叶腋。壳斗杯形，包着坚果 2/3，连小苞片直径 2.5~4 cm，高约 1.5 cm；小苞片钻形，反曲，被短毛。坚果近球形或宽卵形，高、径约 1.5 cm，顶端圆，果脐突起。花期 3~4 月，果期次年 9~10 月。

［生态习性及分布］生于山坡杂木林或人工栽培；适应性强，较麻栎耐旱，寿命长达数百年。国内分布于辽宁、河北、山西、陕西、甘肃、河南、安徽、江苏、浙江、福建、台湾、江西、湖北、湖南、广东、广西、四川、云南、贵州等省份。烟台莱山区、牟平区、蓬莱区、昆嵛山、招远市、栖霞市、海阳市、龙口市等有分布。

［用途］适应性强，叶色季相变化明显，是良好的绿化观赏树种，也是营造防风林、水源涵养林及防护林的优良树种；栓皮质细轻软，是制造瓶塞、隔音材料、保温材料的重要原料。

3. **槲树** 波罗栎 *Quercus dentata* Thunb.

［形态特征］落叶乔木。树皮暗灰褐色，深纵裂。小枝粗壮，有沟槽，密被灰黄色星状绒毛。叶片倒卵形或长倒卵形，长 10~30 cm，宽 6~20 cm，顶端短钝尖，基部耳形，叶缘波状裂片或粗锯齿，叶背面密被灰褐色星状绒毛，侧脉每边 4~10；叶柄长 2~5 mm，密被棕色绒毛。雄花长 4~10 cm，雌花序生于新枝上部叶腋。壳斗杯形，包着坚果 1/2~2/3，连小苞片直径 2~5 cm，高 0.2~2 cm；小苞片革质，窄披针形。坚果卵形至宽卵形，直径 1.2~1.5 cm，高 1.5~2.3 cm，无毛，有宿存花柱。花期 4~5 月，果期 9~10 月。

［生态习性及分布］强阳性树种，喜光、耐旱、抗瘠薄，适宜生长于排水良好的砂质壤土，在石灰性土、盐碱地及低湿涝洼处生长不良；深根性树种，萌芽、萌蘖能力强，寿命长，有较强的抗风、抗火和抗烟尘能力，但其生长速度较为缓慢。国内分布于黑龙江、吉林、辽宁、河北、山西、陕西、甘肃、河南、安徽、江苏、浙江、江西、湖北、湖南、四川、云南、贵州等省份。烟台莱山区、蓬莱区、昆嵛山、莱州市、栖霞市、莱阳市、海阳市、龙口市、招远市等有分布。

槲树

［用途］可作景观树；叶和种子可作饲料；树皮、种子入药；木材坚硬耐久，可作枕木、建筑、车、船等用材。

4. **槲栎**（原变种）*Quercus aliena* Blume var. *aliena*

［形态特征］落叶乔木。树皮暗灰色，深纵裂。小枝灰褐色，近无毛，具圆形淡褐色皮孔；叶片长椭圆状倒卵形至倒卵形，长 10~20 cm，宽 5~14 cm，顶端微钝或短渐尖，基部楔形或圆形，叶缘具波状钝齿，叶背被灰棕色细绒毛，侧脉每边 10~15；叶柄长 1~1.3 cm，无毛。雄花序长 4~8 cm，雌花序生于新枝叶腋，单生或 2~3 朵簇生。壳斗杯形，包着坚果约 1/2，直径 1.2~2 cm，高 1~1.5 cm；小苞片卵状披针形。坚果椭圆形至卵形，直径 1.3~1.8 cm，高 1.7~2.5 cm，果脐微突起。花期 4~5 月，果期 9~10 月。

槲栎

［生态习性及分布］喜光，耐寒、耐旱，对土壤适应性强；耐瘠薄，萌芽力强，抗风性强。生于山坡、山谷旁。国内分布于辽宁、河北、陕西、河南、安徽、江苏、浙江、江西、湖北、湖南、广东、广西、四川、云南、贵州等省份。烟台牟平区、昆嵛山、招远市、栖霞市、龙口市等有分布。

［用途］木质坚实，可作建筑、枕木、家具、薪炭等用材；朽木可培养香菇、木耳。

5. **枹栎** *Quercus serrata* Murray.

［形态特征］落叶乔木。树皮灰褐色，深纵裂。叶片薄革质，倒卵形或倒卵状椭圆形，长 7~17 cm，宽 3~9 cm，顶端渐尖或急尖，基部楔形或近圆形，叶缘有腺状锯齿，侧脉每边 7~12；叶柄长 1~3 cm，无毛。雄花序长 8~12 cm，花序轴密被白毛，雌花序长 1.5~3 cm。壳斗杯状，包着坚果 1/4~1/3，直径 1~1.2 cm，高 5~8 mm；小苞片长三角形，贴生，边缘具柔毛。坚果卵形至卵圆形，直径 0.8~1.2 cm，高 1.7~2 cm，果脐平坦。花期 3~4 月，果期 9~10 月。

枹栎

［生态习性及分布］喜肥沃土壤，耐寒性很强。幼树可耐阴。在夏季较冷的地区生长通常很差。生于山坡、山谷、杂木林。国内分布于辽宁、山西、陕西、甘肃、河南、安徽、江苏、浙江、福建、台湾、江西、湖北、湖南、广东、广西、四川、云南、贵州等省份。烟台昆嵛山、海阳市等有分布。

［用途］木材坚硬，可作建材；种子富含淀粉，可供酿酒和作饮料；树皮可提取栲胶；叶可饲养柞蚕。

6. **短柄枹栎**（枹栎 变种）*Quercus serrata* Thunb. var. *brevipetiolata* (DC.) Nakai

［形态特征］ 卵形或卵状披针形，长 5~11 cm，宽 1.5~5 cm；叶缘具内弯浅锯齿，齿端具腺；叶柄短，长 2~5 mm。

［生态习性及分布］ 烟台牟平区、昆嵛山、海阳市、龙口市等有分布。

短柄枹栎

7. **蒙古栎** *Quercus mongolica* Fisch. ex Ledeb.

［形态特征］ 落叶乔木。树皮灰褐色，纵裂。幼枝紫褐色，有棱，无毛。叶片倒卵形至长倒卵形，长 7~19 cm；宽 3~11 cm，顶端短钝尖或短突尖，基部窄圆形或耳形，叶缘 7~10 对钝齿或粗齿，侧脉每边 7~11；叶柄长 2~8 mm，无毛。雄花序生于新枝下部，雌花序生于新枝上端叶腋。壳斗杯形，包着坚果 1/3~1/2，直径 1.5~1.8 cm，高 0.8~1.5 cm，壳斗外壁小苞片三角状卵形，呈半球形瘤状突起，密被灰白色短绒毛，伸出口部边缘呈流苏状。坚果卵形至长卵形，直径 1.3~1.8 cm，高 2~2.3 cm，无毛，果脐微突起。花期 4~5 月，果期 9~10 月。

［生态习性及分布］ 喜温暖湿润气候，也能耐一定寒冷和干旱。对土壤要求不严，酸性、中性或石灰岩的碱性土壤上都能生长，耐瘠薄，不耐水湿。根系发达，有很强的萌蘖性。国内分布于黑龙江、吉林、辽宁、内蒙古、河北、山西、陕西、宁夏、甘肃、青海、河南、四川等省份。烟台牟平区、蓬莱区、昆嵛山、莱州市、栖霞市、海阳市等有分布。

蒙古栎

［用途］ 营造防风林、水源涵养林及防火林的优良树种；木材坚硬，耐腐蚀，可作建材；种子含淀粉高，可酿酒或作饲料；树皮可入药。

8. **辽东栎** *Quercus liaotungensis* Koidz

［形态特征］ 落叶乔木。树皮灰褐色，纵裂。幼枝绿色，无毛，老时灰绿色，具淡褐色圆形皮孔。叶片倒卵形至长倒卵形，长 5~17 cm，宽 2~10 cm，顶端圆钝或短渐尖，基部窄圆形或耳形，叶缘有 5~7 对圆齿，叶面绿色，背面淡绿色，侧脉每边 5~7；叶柄长 2~5 mm，无毛。雄花序生于新枝基部，雌花序生于新枝上端叶腋。壳斗浅杯形，包着坚果约 1/3，直径 1.2~1.5 cm，高约 8 mm；小苞片长三角形，扁平微突起，被稀疏短绒毛。坚果卵形至卵状椭圆形，直径 1~1.3 cm，高 1.5~1.8 cm，顶端有短绒毛；果脐微突起，直径约 5 mm。花期 4~5 月，果期 9 月。

［生态习性及分布］ 喜光。耐干燥瘠薄。萌芽性强，多次砍伐仍能萌生成林。为改造经营次生林时的保留树种。产于黑龙江、吉林、辽宁、内蒙古、河北、山东、山西、陕西、青海、甘肃、宁夏、四川等省份；生于海拔 300~2500 m 山坡或山顶；在辽东半岛和河北山地，与黑桦、山杨等混生；在秦岭山地，与山杨、华山松、藏刺榛等混生；在渭北黄土高原，与山杨、油松、白桦、山杏等混生。烟台蓬莱区、昆嵛山等有分布。

［用途］ 营造防风林、水源涵养林及防火林的优良树种；木材坚硬，耐腐蚀，可作建材；种子含淀粉高，可酿酒或作饲料；树皮可入药。

辽东栎

9. **北美红栎** 红槲栎 *Quercus rubra* L.

［形态特征］ 落叶乔木。树皮灰色或深灰色，有光泽；小枝红褐色，无毛。单叶，互生，叶片椭圆形至倒卵形，长 10~20 cm，宽 6~12 cm，先端锐尖，基部宽楔形至近截形，羽状浅裂，裂片 7~11 ，矩圆形，有时裂片再次分裂，每裂片有 1~4 枚小裂片，先端具芒尖，正面深绿色，无毛，背面苍绿色，脉腋处簇生绒毛，其余处无毛或近无毛，叶脉在两面突起；具叶柄，长 2~5 cm，淡红色，无毛。壳斗碟状，高 0.5~1.2 cm，直径 1.8~3 cm，包围坚果的 1/4~1/3，外面被微柔毛，内面棕色；苞片鳞片状，边缘常暗红色，紧密贴伏，先端钝。坚果次年成熟，卵球形，长 1.5~3 cm，直径 1~2.1 mm，无毛。

［生态习性及分布］ 烟台昆嵛山等有分布。

［用途］ 可栽培用于绿化观赏。

北美红栎

10. **北京槲栎**（变种）*Quercus aliena* Bl. var. *pekingensis* Schott.

［形态特征］ 本变种的主要特点是：叶下面无毛或近无毛；壳斗较大。

［生态习性及分布］ 国内分布于辽宁、河北、山西、陕西、河南等省份。烟台招远市等有分布。

［用途］ 木材坚实，可作建筑、枕木、家具、薪炭等用材；朽木可培养香菇、木耳。

北京槲栎

十七、桦木科 Betulaceae

（一）桦木属 *Betula*

1. **黑桦** *Betula dahurica* Pall.

［形态特征］ 落叶乔木。树皮黑褐色，龟裂；枝条红褐色或暗褐色，光亮，无毛；小枝红褐色，疏被长柔毛，密生树脂腺体。叶厚纸质，通常为长卵形，间有宽卵形、卵形、菱状卵形或椭圆形，长 4~8 cm，宽 3.5~5 cm，顶端锐尖或渐尖，基部近圆形、宽楔形或楔形，边缘具不规则的锐尖重锯齿，侧脉 6~8 对；叶柄长 5~15 mm，疏被长柔毛或近无毛。果序矩圆状圆柱形，单生，直立或微下垂，长 2~2.5 cm，直径约 1 cm；果序梗长 5~12 mm，疏被长柔毛或几无毛。小坚果阔椭圆形，两面无毛，膜质翅宽约为坚果的 1/2。

［生态习性及分布］ 产于黑龙江、辽宁北部、吉林东部、河北、山西、内蒙古，生于海拔 400~1300 m 干燥、土层较厚的阳坡，山顶石岩上，潮湿阳坡，针叶林或杂木林下。喜光，非常耐寒，在砂土等排水良好的土壤中生长良好。烟台牟平区、海阳市等有引种栽培。

［用途］ 可作园林景观树种；木材可供一般建筑及制作器具之用。

黑桦

2. **坚桦** 杵榆 *Betula chinensis* Maxim.

[形态特征] 灌木或小乔木。树皮黑灰色，纵裂或不开裂；枝条灰褐色或灰色，无毛；小枝密被长柔毛。叶厚纸质，卵形、宽卵形，较少椭圆形或矩圆形，长 1.5~6 cm，宽 1~5 cm，顶端锐尖或钝圆，基部圆形，有时为宽楔形，边缘具不规则的齿牙状锯齿，侧脉 8~9 对；叶柄长 2~10 mm，密被长柔毛。果序单生，直立或下垂，通常近球形，较少矩圆形，长 1~2 cm，直径 10~15 mm；序梗几不明显，长 1~2 mm。小坚果阔倒卵圆形，长 2~3 mm，疏被短柔毛，有极窄的翅。

坚桦

[生态习性及分布] 产于黑龙江、辽宁、河北、山西、山东、河南、陕西、甘肃等省份。生于海拔 150~3500 m 的山坡、山脊、石山坡及沟谷等的林中。烟台牟平区、蓬莱区、昆嵛山、招远市、栖霞市、海阳市等有分布。

[用途] 可用于园林绿化；木质坚硬，为华北木材之冠，俗有“南紫檀、北杵榆”之称。

3. **白桦** *Betula platyphylla* Suk.

[形态特征] 落叶乔木。树皮灰白色，成层剥裂；枝条暗灰色或暗褐色，无毛；小枝暗灰色或褐色。叶厚纸质，三角状卵形、三角状菱形、三角形，少有菱状卵形和宽卵形，长 3~9 cm，宽 2~7.5 cm，顶端锐尖、渐尖至尾状渐尖，基部截形，宽楔形或楔形，有时微心形或近圆形，边缘具重锯齿，有时具缺刻状重锯齿或单齿，侧脉 5~7 对；叶柄细瘦，长 1~2.5 cm，无毛。果序单生，圆柱形或矩圆状圆柱形，通常下垂，长 2~5 cm，直径 6~14 mm；序梗细瘦，长 1~2.5 cm，密被短柔毛，成熟后近无毛。小坚果长圆形，长 1.5~3 mm，背面疏被短毛，翅与坚果等宽或稍突。

[生态习性及分布] 喜光，不耐阴，耐严寒。对土壤适应性强，分布甚广，尤喜湿润、喜酸性土壤，沼泽地、干燥阳坡及湿润阴坡都能生长。深根性，耐瘠薄。国内分布于黑龙江、吉林、内蒙古、河北、山西、陕西、甘肃、宁夏、青海、河南、江苏、四川、云南、西藏等省份。烟台牟平区、昆嵛山等有分布。

[用途] 可为景观绿化树种，孤植、丛植于庭园、公园的草坪、池畔、湖滨或列植于道旁均颇美观；木材可供一般建筑及制作器具之用，树皮可提桦油，白桦皮在民间常用以编制日用器具。

白桦

（二）桤木属 *Alnus*

1. 辽东桤木 *Alnus sibirica* Fisch. ex Turcz.

［形态特征］ 落叶乔木。树皮灰褐色，光滑；枝条暗灰色，具棱，无毛；小枝褐色，密被灰色短柔毛，很少近无毛；叶近圆形，长 4~9 cm，宽 2.5~9 cm，顶端圆，很少锐尖，基部圆形或宽楔形，边缘具波状缺刻，缺刻间具不规则的粗锯齿，上面暗褐色，疏被长柔毛，下面淡绿色或粉绿色，侧脉 5~10 对；叶柄长 1.5~5.5 cm，密被短柔毛。雄花穗状，雌花球状；果序 2~8 枚，呈总状或圆锥状排列，近球形或矩圆形，长 1~2 cm；序梗极短，长 2~3 mm，或几无梗。

辽东桤木

［生态习性及分布］ 产于黑龙江、吉林、辽宁、山东等省份。生于海拔 700~1500 m 的山坡林中、岸边或潮湿地。烟台牟平区、蓬莱区、昆嵛山、招远市、栖霞市、海阳市等有分布。

［用途］ 可作景观树种，树形高大，树干光滑，树冠伞状，株形可与南方榕树媲美，春季来临，叶片尚未展开之际，鲜红的穗状雄花挂满树枝，与球状雌花交相辉映，观赏效果较好；木材坚实，可做家具或农具。

2. 日本桤木　赤杨 *Alnus japonica* (Thunb.) Steud.

［形态特征］ 落叶乔木。树皮灰褐色，平滑；枝条暗灰色或灰褐色，无毛，具棱；小枝褐色；短枝上的叶倒卵形或长倒卵形，长 4~6 cm，宽 2.5~3 cm，顶端骤尖、锐尖或渐尖，基部楔形，边缘具疏细齿；长枝上的叶披针形，较少与短枝上的叶同形，较大，长可达 15 cm，侧脉 7~11 对；叶柄长 1~3 cm。雄花序 2~5 枚排成总状，下垂，春季先叶开放。果序矩圆形，长约 2 cm，直径 1~1.5 cm，2~9 枚呈总状或圆锥状排列；序梗粗壮，长约 10 mm。

日本桤木

［生态习性及分布］ 产于吉林、辽宁、河北、山东等省份。生于山坡林中、河边、路旁。江苏北部有栽培。烟台蓬莱区、昆嵛山、栖霞市等有分布。

［用途］ 木材作建筑、家具、火柴等用材；可作为护岸、固堤、涵养水源树种。

（三）鹅耳枥属 *Carpinus*

1. **鹅耳枥** *Carpinus turczaninowii* Hance

［形态特征］落叶乔木。树皮暗灰褐色，粗糙，浅纵裂；枝细瘦，灰棕色，无毛；小枝被短柔毛。叶卵形、宽卵形、卵状椭圆形或卵状披针形，长 2.5~5 cm，宽 1.5~3.5 cm，顶端锐尖或渐尖，基部近圆形或宽楔形，有时微心形或楔形，边缘具重锯齿，侧脉 8~12 对；叶柄长 4~10 mm，疏被短柔毛。果序长 3~5 cm，果序下垂；果苞变异较大，半宽卵形、半卵形、半矩圆形至卵形，长 6~20 mm，宽 4~10 mm，疏被短柔毛。花期 4~5 月，果期 8~9 月。

［生态习性及分布］耐寒、耐旱，适应性强，稍耐阴，喜肥沃湿润土壤。生于海拔 500~2000 m 的山坡或山谷林中，山顶及贫瘠山坡亦能生长。国内分布于辽宁、河北、山西、陕西、甘肃、河南、江苏等省份。烟台福山区、牟平区、昆嵛山、招远市、龙口市等有分布。

［用途］枝叶茂密，叶形秀丽，可作庭院树种；木材坚韧，可制器具。

鹅耳枥

2. **小叶鹅耳枥**（鹅耳枥 变种）*Carpinus turczaninowii* Hance var. *stipulata* (H. Winkl.) H. Winkl.

［形态特征］与原变种区别：叶较小，顶端渐尖，边缘具单锯齿。

［生态习性及分布］生于山坡林中；国内分布于陕西、甘肃、湖北等省份。烟台蓬莱区等有分布。

［用途］同鹅耳枥。

小叶鹅耳枥

3. **千金榆**（原变种）*Carpinus cordata* Blume var. *cordata*

[形态特征] 落叶乔木。树皮灰色；小枝棕色或橘黄色，具沟槽；叶厚纸质，卵形或矩圆状卵形，长 8~15 cm，宽 4~5 cm，顶端渐尖，具刺尖，基部斜心形，边缘具不规则的刺毛状重锯齿，侧脉 15~20 对；叶柄长 1.5~2 cm；果序长 5~12 cm，直径约 4 cm；序梗长约 3 cm；果苞宽卵状矩圆形，长 15~25 mm，宽 10~13 mm，无毛，外侧的基部无裂片，内侧的基部具一矩圆形内折的裂片，全部遮盖着小坚果。

千金榆

[生态习性及分布] 阳性树种，喜水、喜光、喜肥、喜通风。产于东北、华北省份以及河南、陕西、甘肃。生于海拔 500~2500 m 的较湿润、肥沃的阴山坡或山谷杂木林中。烟台牟平区、昆嵛山、栖霞市等有分布。

[用途] 叶色翠绿，可作景观绿化树种。

（四） 榛属 *Corylus*

1. **榛**（原变种）*Corylus heterophylla* Fisch. ex Trautv. var. *heterophylla*

[形态特征] 灌木或小乔木。树皮灰色；枝条暗灰色，无毛，小枝黄褐色，密被短柔毛，兼被疏生的长柔毛。叶的轮廓为矩圆形或宽倒卵形，长 4~13 cm，宽 2.5~10 cm，顶端凹缺或截形，中央具三角状突尖，基部心形，有时两侧不相等，边缘具不规则的重锯齿，中部以上具浅裂，上面无毛，下面于幼时疏被短柔毛，以后仅沿脉疏被短柔毛，其余无毛，侧脉 3~5 对；叶柄纤细，长 1~2 cm，疏被短毛或近无毛。雄花序单生，长约 4 cm。果单生或 2~6 枚簇生成头状；坚果近球形，长 7~15 mm。

榛

[生态习性及分布] 较喜光，抗寒性强，喜欢湿润气候。国内分布于黑龙江、吉林、辽宁、河北、山西、陕西等省份。烟台芝罘区、牟平区、蓬莱区、昆嵛山、栖霞市、莱阳市、海阳市等有分布。

[用途] 种子可食，可榨油。

2. 毛榛 *Corylus mandshurica* Maxim. et Rupr

［形态特征］ 灌木，高可达 6 m。树皮灰褐色，开裂；小枝被短柔毛、长柔毛及具柄腺体，后脱落。叶片宽卵形、长圆形或倒卵状长圆形，长 6~12 cm，宽 4~9 cm，背面特别是沿脉具柔毛或无毛，基部心形，边缘有粗锯齿，中部以上有不规则浅裂，先端短尖或尾状渐尖；中脉两侧各 9~10 条侧脉；叶柄长 1~3 cm，纤细，被短柔毛及长柔毛，具柄腺体。雄花序 2~4 朵成总状，花序梗短；苞片三角状卵形，密被短柔毛；雌花 2~4 朵成簇；苞片成一管状鞘，长 3~6 cm，密被黄色刚毛、白色短柔毛和具柄腺体，多在坚果以上缢裂，在先端分为披针形的裂片。坚果藏于果苞内，卵球形，直径约 15 cm，被白色短柔毛。花期 5 月，果期 7~9 月。

毛榛

［生态习性及分布］ 生于山坡灌丛中或林下。国内分布于黑龙江、吉林、辽宁、河北、山西、陕西、甘肃、四川等省份。烟台昆嵛山等有分布。

［用途］ 坚果可食用。

十八、芍药科 Paeoniaceae

芍药属 *Paeonia*

1. 牡丹（原变种）*Paeonia suffruticosa* Andr. var. *suffruticosa*

牡丹

［形态特征］ 落叶灌木至小乔木；分枝短而粗；叶常为二回三出复叶；顶生小叶宽卵形，长 7~8 cm，3 裂至中部，裂片不裂或 2~3 浅裂，上面绿色，无毛，下面淡绿色，有时具白粉，无毛，小叶柄长 1.2~3 cm；侧生小叶窄卵形或长圆状卵形，长 4.5~6.5 cm，不等 2 裂至 3 浅裂或不裂，近无柄；叶柄长 5~11 cm，叶柄和叶轴均无毛；花单生枝顶，花瓣 5 或为重瓣。花色有红、白、黄、紫、黑、绿等。蓇葖果长圆形，密生黄褐色硬毛。根肉质，深可达 1 m。花期 5 月，果期 6 月。

［生态习性及分布］ 喜光，也耐阴。耐寒，不耐湿热，喜温凉气候。耐旱，喜肥沃、排水良好的沙质壤土。较耐碱，pH 为 8 的土壤上可正常生长，但中性土最宜。国内分布于黑龙江、吉林、辽宁、内蒙古、河北、山西、陕西、甘肃、宁夏等省份。烟台芝罘区、莱山区、牟平区、福山区、蓬莱区、莱州市、招远市、栖霞市、海阳市、龙口市等有分布。

［用途］ 被誉为花“中之王”，园林中常作专类园，也可植于花坛内，或孤植、丛植于山石旁、草地边、庭院内，也可作切花和盆栽供室内观赏；根皮供药用；有专门用于种子榨油的牡丹品种。

2. 矮牡丹（变种）*Paeonia suffruticosa* var. *spontanea* Rehder

[形态特征] 落叶灌木，株高 2 m；茎皮褐灰色，有纵纹；二年生枝灰色，皮孔黑色。叶为二回三出复叶，具 9 小叶，稀较多；小叶圆形或卵圆形，长 2.5~5.5 cm，先端急尖或钝，基部圆、宽楔形或稍心形，下面疏被长柔毛，通常 3 裂至近中部，裂片通常 2~3 裂，稀全缘。花单生枝顶；苞片 3（4），萼片 3；花瓣 6~8（10），白色，稀边缘或基部带粉色；雄蕊多数，花药黄色；花丝紫红色或下部紫红色、上部白色；花盘紫红色。蓇葖果圆柱状，长 2.0~2.5 cm。种子黑色，有光泽。花期 4~5 月，果期 8~9 月。

矮牡丹

[生态习性及分布] 性喜温暖、凉爽、干燥、阳光充足的环境。喜阳光，也耐半阴，耐寒，耐干旱，耐弱碱，忌积水，怕热，怕烈日直射。适宜在疏松、深厚、肥沃、排水良好的中性沙壤土中生长。我国陕西延安有栽培。烟台海阳市等有栽培。

[用途] 药用或观赏。

十九、山茶科 Theaceae

山茶属 *Camellia*

1. 茶 *Camellia sinensis* (L.) Kuntze

[形态特征] 灌木或小乔木，嫩枝无毛。叶革质，长圆形或椭圆形，长 4~12 cm，宽 2~5 cm，先端钝或尖锐，基部楔形，上面发亮，下面无毛或初时有柔毛，侧脉 5~7 对，边缘有锯齿，叶柄长 3~8 mm，无毛。花 1~3 朵腋生，白色，花柄长 4~6 mm，有时稍长；萼片 5，阔卵形至圆形，长 3~4 mm，无毛，宿存；花瓣 5~6，阔卵形，长 1~1.6 cm。蒴果 3 球形或 1~2 球形，高 1.1~1.5 cm，每球有种子 1~2。花期 9~10 月，果期次年秋季。

茶

[生态习性及分布] 喜光怕晒，喜湿怕涝，不耐寒。在疏松、深厚、排水、透气好的微酸性土壤中生长良好。国内分布于陕西、河南、安徽、江苏、浙江、福建、台湾、江西、湖北、湖南、广东、广西、海南、四川、云南、贵州、西藏等省份。烟台莱州市、招远市、莱阳市、海阳市、龙口市等有分布。

[用途] 茶叶为优良饮料，内含鞣质、维生素、咖啡因、茶碱等，有益于人类健康。

2. **山茶** 耐冬 *Camellia japonica* Linn.

[形态特征] 灌木或小乔木。叶革质，椭圆形，长 5~10 cm，宽 2.5~5 cm，先端略尖，或急短尖而有钝尖头，基部阔楔形，上面深绿色，下面浅绿色，侧脉 7~8 对，在上下两面均能见，边缘有相隔 2~3.5 cm 的细锯齿。叶柄长 8~15 mm。花顶生，红色，无柄；苞片及萼片约 10，组成长 2.5~3 cm 的杯状苞被；花瓣 6~7，外侧 2 片近圆形，长 2 cm，外面有毛，内侧 5 片基部连生约 8 mm，倒卵圆形，长 3~4.5 cm，无毛；蒴果圆球形，直径 2.5~3 cm，2~3 室，每室有种子 1~2。花期 12 月至次年 5 月，果秋季成熟。

山茶

[生态习性及分布] 喜光怕晒，喜湿怕涝，不耐寒。在疏松、深厚、排水、透气好的微酸性土壤中生长良好。耐寒，可在北方室外越冬。国内分布于浙江、台湾等省份。烟台蓬莱区、芝罘区、昆嵛山、蓬莱区、招远市、栖霞市、海阳市等有引种栽培。

[用途] 品种多，为著名花卉，供绿化观赏；种子可榨油。

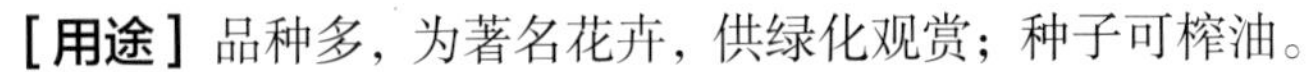

二十、猕猴桃科 Actinidiaceae

猕猴桃属 *Actinidia*

1. **中华猕猴桃** *Actinidia chinensis* Planch.

[形态特征] 大型落叶藤本。幼枝被灰白色茸毛；隔年枝完全秃净无毛，直径 5~8 mm，皮孔长圆形，比较显著或不甚显著；叶纸质，倒阔卵形，长 6~8 cm，宽 7~8 cm，顶端大多截平形并中间凹入，背面苍绿色，密被灰白色或淡褐色星状绒毛，侧脉 5~8 对；叶柄长 3~6 cm。聚伞花序 1~3 花，花序柄长 7~15 mm，花柄长 9~15 mm；花初放时白色，放后变淡黄色，有香气，直径 1.8~3.5 cm；萼片 3~7，通常 5，花瓣 5，有时少至 3~4 或多至 6~7，阔倒卵形。果近球形，长 4~4.5 cm，被柔软的茸毛。花期 4 月中旬至 5 月中下旬，南方较早、北方较晚，果期 8~10 月。

[生态习性及分布] 喜光，但怕暴晒，在北方地区喜生于温暖湿润、背风向阳环境，对土壤的酸碱度要求不严，喜欢腐殖质丰富、排水良好的土壤，不耐涝。国内分布于陕西、河南、安徽、江苏、浙江、福建、湖北、湖南、广东、广西等省份。烟台牟平区、福山区、昆嵛山、蓬莱区、招远市、栖霞市、龙口市等有分布。

中华猕猴桃

[用途] 果实为优质水果，每 100 g 鲜样中含维生素一般为 100~200 mg，高可达 400 mg，糖类 8%~14%，有机酸 1.4%~2.0%，氨基酸 12 种，可酿酒。

2. **葛枣猕猴桃** 木天蓼 *Actinidia polygama* (Sieb. et Zucc.) Maxim.

[形态特征] 大型落叶藤本。皮孔不很显著；髓白色，实心。叶膜质（花期）至薄纸质，卵形或椭圆卵形，长 7~14 cm，宽 4.5~8 cm，顶端急渐尖至渐尖，基部圆形或阔楔形，边缘有细锯齿，侧脉约 7 对；叶柄近无毛，长 1.5~3.5 cm。花序 1~3 花，花序柄长 2~3 mm，花柄长 6~8 mm，均薄被微绒毛；花白色，芳香，直径 2~2.5 cm，花药黄色；萼片 5，花瓣 5，倒卵形至长方倒卵形，长 8~13 mm，最果成熟时淡橘色，卵珠形或柱状卵珠形，长 2.5~3 cm，无毛，无斑点，顶端有喙，基部有宿存萼片。花期 6 月中旬至 7 月上旬，果熟期 9~10 月。

葛枣猕猴桃

[生态习性及分布] 生于山沟、山坡较阴湿处。国内分布于黑龙江、吉林、辽宁、河北、陕西、甘肃、河南、湖北、湖南、四川、云南、贵州等省份。烟台昆嵛山、蓬莱区、招远市等有分布。

[用途] 果实可食及酿酒；茎皮可造纸；虫瘿可药用；从果实中提取新药葛枣醇为强心利尿的注射药；可保持水土。

3. **软枣猕猴桃** *Actinidia arguta* (Sieb.et Zucc.) Planch. ex Miq.

[形态特征] 大型落叶藤本。皮孔长圆形至短条形，不显著。叶膜质或纸质，卵形、长圆形、阔卵形至近圆形，长 6~12 cm，宽 5~10 cm，顶端急短尖，基部圆形至浅心形，边缘具繁密的锐锯齿，侧脉稀疏，6~7 对，分叉或不分叉；叶柄长 3~6 cm。花序腋生或腋外生，为 1~2 回分枝，花 1~7，花序柄长 7~10 mm，花柄 8~14 mm。花绿白色或黄绿色，芳香，直径 1.2~2 cm；萼片 4~6，花瓣 4~6，花药黑色或暗紫色。果圆球形至柱状长圆形，长 2~3 cm，有喙或喙不显著，无毛，无斑点，不具宿存萼片，成熟时绿黄色或紫红色。花期 5~6 月，果期 9~10 月。

软枣猕猴桃

[生态习性及分布] 喜光，稍耐阴，喜凉爽、湿润的气候，在土壤疏松、土层深厚、腐殖质含量高的土壤中生长良好。国内分布于黑龙江、吉林、辽宁、云南等省份。烟台昆嵛山、牟平区、蓬莱区、招远市、栖霞市、海阳市、龙口市等有分布。

[用途] 果实可食用、药用、酿酒、制果酱。

4. **狗枣猕猴桃** *Actinidia kolomikta* (Maxim & Rupr.) Maxim.

[形态特征] 落叶木质藤本。小枝紫褐色，隔年枝褐色，直径约 5 mm，有光泽，皮孔相当显著，稍凸起。叶膜质或薄纸质，阔卵形、长方卵形至长方倒卵形，长 6~15 cm，宽 3~10 cm，顶端急尖至短渐尖，基部心形，少数圆形至截形，两侧不对称，边缘有单锯齿或重锯齿，叶脉不发达，侧脉 6~8 对；叶柄长 2.5~5 cm。聚伞花序，花柄长 4~8 mm，花白色或粉红色，芳香，直径 15~20 mm，萼片 5，花瓣 5，长方倒卵形，花药黄色。果柱状长圆形、卵形或球形，长 2.5 cm，果皮洁净无毛，无斑点，未熟时暗绿色，成熟时淡橘红色，并有深色的纵纹。花期 5~7 月，果熟期 9~10 月。

狗枣猕猴桃

[生态习性及分布] 喜生于土壤腐殖质肥沃的半阴坡针叶、阔叶混交林及灌木林中。通风良好、较湿润的自然环境中生长更好。国内分布于黑龙江、吉林、辽宁、云南等省份。烟台昆嵛山等有分布。

[用途] 果实可食、酿酒及入药。

二十一、藤黄科 Clusiaceae(Guttiferae)

金丝桃属 *Hypericum*

1. **金丝梅** *Hypericum patulum* Thunb.

[形态特征] 丛状灌木，具开张的枝条。茎淡红至橙色；节间长 0.8~4 cm，短于或稀有长于叶；皮层灰褐色。叶片披针形或长圆状披针形至卵形或长圆状卵形，长 1.5~6 cm，宽 0.5~3 cm，先端钝形至圆形，常具小尖突，基部狭或宽楔形至短渐狭，边缘平坦，坚纸质，上面绿色，下面较为苍白色，主侧脉 3 对，中脉在上方分枝；花序具 1~15 花，花直径 2.5~4 cm，花瓣金黄色，多少内弯，雄蕊 5 束，每束有雄蕊 50~70，最长者 7~12 mm，长为花瓣的 2/5~1/2，花药亮黄色；蒴果宽卵珠形。花期 6~7 月，果期 8~10 月。

金丝梅

[生态习性及分布] 适应性强，中等喜光，有一定耐寒能力，喜湿润土壤，忌积水，在轻壤土上生长良好。国内分布于陕西、安徽、江苏、浙江、福建、台湾、江西、湖北、湖南、广西、四川、贵州等省份。烟台蓬莱区等有分布。

[用途] 花美丽，供绿化观赏；根可药用。

2. 金丝桃 *Hypericum monogynum* Linn.

金丝桃

[形态特征] 丛状灌木，通常有疏生的开张枝条。茎红色。叶对生，无柄或具短柄，叶片倒披针形或椭圆形至长圆形，长 2~11.2 cm，宽 1~4.1 cm，先端锐尖至圆形，通常具细小尖突，基部楔形至圆形或上部者有时截形至心形，边缘平坦，坚纸质，上面绿色，下面淡绿但不呈灰白色，主侧脉 4~6 对；花序呈疏松的近伞房状，花直径 3~6.5 cm，星状，花瓣金黄色至柠檬黄色，开张，三角状倒卵形，长 2~3.4 cm，宽 1~2 cm，雄蕊 5 束，每束有雄蕊 25~35，最长者 1.8~3.2 cm，与花瓣几等长，花药黄至暗橙色。蒴果宽卵珠形，稀为卵珠状圆锥形至近球形。花期 5~8 月，果期 8~9 月。

[生态习性及分布] 喜湿润半阴之地，不甚耐寒，北方地区应将植株种植于向阳处。国内分布于河北、陕西、河南、安徽、江苏、浙江、福建、台湾、江西、湖北、湖南、广东、广西、四川、贵州等省份。烟台栖霞市、龙口市等有分布。

[用途] 花美丽，供绿化观赏；果实及根可入药。

二十二、杜英科 Elaeocarpaceae

杜英属 *Elaeocarpus*

山杜英 *Elaeocarpus sylvestris* (Lour.) Poir.

山杜英

[形态特征] 小乔木。小枝纤细，老枝干后暗褐色。叶纸质，倒卵形或倒披针形，长 4~8 cm，宽 2~4 cm，幼态叶长达 15 cm，宽达 6 cm，上下两面均无毛，干后黑褐色，不发亮，先端钝，或略尖，基部窄楔形，侧脉 5~6 对，边缘有钝锯齿或波状钝齿；叶柄长 1~1.5 cm，无毛。总状花序生于枝顶叶腋内，长 4~6 cm，花瓣倒卵形，上半部撕裂，裂片 10~12，外侧基部有毛；核果细小，椭圆形，长 1~1.2 cm，花期 4~5 月。

[生态习性及分布] 适生于湿润而土层深厚的山谷密林环境。较耐阴，常为密林中层树。国内分布于广东、海南、广西、福建、浙江、江西、湖南、贵州、四川等省份。烟台龙口市等有分布。

[用途] 耐修剪，耐移栽，萌芽力强，深秋常挂几片红叶，是优良的园林树种；属于耐火树种，生长较快，病虫害较少，是营造生态林的良好树种。

二十三、椴树科 Tiliaceae

（一）椴树属 *Tilia*

1. 糠椴 辽椴 *Tilia mandshurica* Rupr. et Maxim.

［形态特征］ 落叶乔木。树皮暗灰色；嫩枝被灰白色星状茸毛，顶芽有茸毛。叶卵圆形，长 8~10 cm，宽 7~9 cm，先端短尖，基部斜心形或截形，上面无毛，下面密被灰色星状茸毛，侧脉 5~7 对，边缘有三角形锯齿，齿刻相隔 4~7 mm，锯齿长 1.5~5 mm；叶柄长 2~5 cm，圆柱形，较粗大。聚伞花序长 6~9 cm，有花 6~12 朵，花瓣长 7~8 mm；果实球形，长 7~9 mm，有 5 条不明显的棱。花期 6~9 月，果实 9 月成熟。

糠椴

［生态习性及分布］ 喜光，较耐阴，喜凉爽湿润气候和深厚肥沃而排水良好的中性或微酸性土壤，耐寒，深根性，主根发达，耐修剪，病虫害很少。国内分布于黑龙江、辽宁、吉林、内蒙古、河北、江苏等省份。烟台昆嵛山、蓬莱区、牟平区、招远市、栖霞市、龙口市等有分布。

［用途］ 材质轻软，可制家具、胶合板及火柴杆等；花可药用；为蜜源植物；可供绿化观赏。

2. 紫椴（原变种）*Tilia amurensis* Rupr. var. *amurensis*

［形态特征］ 落叶乔木。树皮暗灰色，片状脱落；顶芽无毛。叶阔卵形或卵圆形，长 4.5~6 cm，宽 4~5.5 cm，先端急尖或渐尖，基部心形，有时斜截形，上面无毛，下面浅绿色，脉腋内有毛丛，侧脉 4~5 对，边缘有锯齿，齿尖突出 1 mm，叶柄长 2~3.5 cm，纤细。聚伞花序长 3~5 cm，纤细，无毛，有花 3~20，花瓣长 6~7 mm；果实卵圆形，长 5~8 mm，被星状茸毛，有棱或有不明显的棱。花期 6~7 月，果期 9~10 月。

紫椴

［生态习性及分布］ 喜光也稍耐阴。对土壤要求比较严格，喜肥、喜排水良好的湿润土壤，尤其在土层深厚、排水良好的沙壤土上生长最好。国内分布于黑龙江、辽宁、吉林等省份。烟台牟平区、昆嵛山、蓬莱区、招远市、栖霞市、海阳市、莱州市等有分布。

［用途］ 木材供胶合板、家具用；种子可榨油；为重要蜜源植物；可供绿化观赏。

3. **胶东椴** *Tilia jiaodongensis* S. B. Liang

[形态特征] 落叶乔木。小枝和芽无毛。叶柄3~5 cm，无毛；叶片卵圆形，5~8 cm，只在脉腋里背面有毛，正面无毛，侧脉6~7对，聚伞花序，花瓣倒卵形，4~5 mm，无毛。果近球形，具有微小的5个角，直径约5 mm，厚革质、脆，密被棕色微柔毛，不裂。与蒙椴的主要区别为叶具细锯齿，无裂片，小苞片宿存，小花梗基部有3~4枚轮生苞片。花期6月，果期9月。

[生态习性及分布] 生长在山东烟台海拔约600 m的山坡。烟台昆嵛山、龙口市等有分布。

[用途] 木材可作家具、胶合板等用材；为蜜源植物；可供绿化观赏；可发展为乡土绿化树种。

胶东椴

4. **欧椴** 大叶椴 *Tilia platyphyllus* Scop.

[形态特征] 落叶乔木。树皮深灰色，有细小的裂缝和沟槽。树枝以大角度向上伸展。小枝呈红绿，稍具短柔毛。叶卵形至卵圆形，长6~12 cm，宽与长略等，先端短渐尖，基部斜心形或斜截形，边缘有整齐尖锯齿，上面沿脉疏生或密生白色柔毛，下面沿脉密生黄褐色柔毛，脉腋有簇毛；叶柄长2~5 cm，密生黄褐色毛。花序长8~10 cm，花3~6，花瓣黄白色，倒披针形，长7~8 mm，宽约2 mm；果近球形，密生灰褐色星状绒毛，有明显5纵棱，长6~10 mm。花期6月，果期8~9月。

[生态习性及分布] 喜光，耐半阴；深根性，对各类土壤的适应性强，喜钙质土；耐寒性强。原产于欧洲，烟台昆嵛山等有引种栽培。

[用途] 树形高大，树冠丰满，花初夏盛开，花量大而芳香，秋叶金黄。经过多年应用研究，欧洲国家已经培育出众多品种，如欧洲大叶椴“窄冠”、欧洲大叶椴“金叶”等众多品种；欧洲大叶椴在我国有上百年的种植历史，而且表现出优异的适应性，生长旺盛，适应范围广泛，越来越多地被应用在园林绿化中。

欧椴

5. **椴树** *Tilia tuan* Szyszyl.

[形态特征] 乔木。树皮灰色，直裂；顶芽无毛或有微毛。叶卵圆形，长 7~14 cm，宽 5.5~9 cm，先端短尖或渐尖，基部单侧心形或斜截形，上面无毛，下面初时有星状茸毛，以后变秃净，在脉腋有毛丛，侧脉 6~7 对，边缘上半部有疏而小的齿突，叶柄长 3~5 cm。聚伞花序长 8~13 cm，无毛，花瓣长 7~8 mm；果实球形，宽 8~10 mm，无棱，有小突起，被星状茸毛。花期 7 月。

[生态习性及分布] 喜光，幼苗、幼树较耐阴，喜温凉湿润气候。对土壤要求严格，喜肥、排水良好的湿润土壤，不耐水湿沼泽地，耐寒，抗毒性强，虫害少。深根性，生长速度中等，萌芽力强。烟台昆嵛山、招远市等有分布。

[用途] 树形美观，花朵芳香，对有害气体的抗性强，可作园林绿化树种。

椴树

6. **华东椴** *Tilia japonica* (Miq.) Simonk

[形态特征] 落叶乔木。小枝被长柔毛，不久后脱落；顶芽卵球形，无毛叶柄细长，长 3~4.5 cm，无毛；叶片圆形或近圆形，长 5~10 cm，宽 4~9 cm，正面无毛，仅在叶背叶脉处有簇毛，侧脉 6~7 对，基部心形或稀截形，顶端钝，叶缘有锐锯齿。聚伞花序有花 6~16，长 5~7 cm；苞片着生于花序梗 1~1.5 cm 处，倒披针形或狭长圆形，长 3.5~6 cm，宽 1~1.5 cm，无毛；花梗长 5~8 mm；萼片狭长圆形，长 4~4.5 mm，疏被星状毛；花瓣 5，长 6~7 mm，淡黄色；雄蕊长约 5 mm，退化雄蕊呈花瓣状，略短于花瓣；雌蕊 1，子房上位，球形，密被白色短柔毛，花柱 1，柱头 5 裂。核果，近球形，无棱角，密被短柔毛，直径 5~6 mm。花期 6~7 月，果期 9 月。

[生态习性及分布] 多分布于阴坡杂木林。国内分布于安徽、江苏、浙江等省份。烟台昆嵛山等有分布。

[用途] 木材可制作家具、胶合板等；花为良好的蜜源。

华东椴

（二）扁担杆属 *Grewia*

1. 小花扁担杆　扁担木　扁担杆子　孩儿拳头　娃娃拳（变种）*Grewia biloba* G. Don var. *parviflora* (Bge.) Hand.-Mazz.

小花扁担杆

［形态特征］ 落叶灌木。高 1~4 m，多分枝；嫩枝被粗毛。叶薄革质，椭圆形或倒卵状椭圆形，长 4~9 cm，宽 2.5~4 cm，先端锐尖，基部阔楔形至圆形，两面有稀疏星状粗毛，基出脉 3 条，两侧脉上行过半，中脉有侧脉 3~5 对，边缘有细锯齿；叶柄被粗毛。聚伞花序腋生，多花，花瓣长 1~1.5 mm；核果红色，有 2~4 颗分核。花期 6~7 月，果期 9~10 月。

［生态习性及分布］ 中性树种，喜光，稍耐阴。对土壤要求不严。在肥沃、排水良好的土壤中生长旺盛。耐寒，耐干旱，耐修剪，耐瘠薄。国内分布于河北、山西、陕西、江苏、浙江、江西、湖北、湖南、广东、广西、四川、云南、贵州等省份。烟台蓬莱区、牟平区、福山区、莱州市、莱阳市等有分布。

［用途］ 果实橙红鲜丽，且可宿存枝头达数月之久，为良好的观果树种；茎皮可代麻；种子可榨油用于工业；根、枝、叶可药用。

2. 小叶扁担杆（变种）*Grewia biloba* var. *microphylla* (Maxim.) Hand.-Mazz.

［形态特征］ 与原变种的区别在于叶片细小，近圆形，长 1~1.5 cm，下面有稀疏柔毛。

［生态习性及分布］ 烟台芝罘区、蓬莱区、招远市、栖霞市、海阳市等有分布。

3. 大叶扁担杆 *Grewia permagna* C. Y. Wu ex H. T. Chang

［形态特征］ 落叶灌木或小乔木。树皮灰褐色；嫩枝有黄褐色粗糙茸毛。叶革质，近圆形，长 21~28 cm，宽 18~22 cm，先端宽而有一个急短尖头，基部圆形或微心形，稍偏斜，上面有短粗毛，下面有黄褐色软茸毛，三出脉的两侧脉上行到达先端附近，各离边缘 3.5~5 cm，每条边脉有第二次支脉 8~11 条，中脉有侧脉 5~6 对，边缘有粗齿；叶柄长 1.7~2.5 cm，有粗的星状毛。花序腋生，长约 1.5 cm，花序柄长 7~11 mm，有粗毛。核果球形，直径 7~8 mm，略被毛。果期冬季。

大叶扁担杆

［生态习性及分布］ 生长于海拔 1200 m 的山地灌丛中。分布于我国西南、西北、东部至东北地区。烟台莱阳市等有分布。

二十四、梧桐科 Sterculiaceae

梧桐属 *Firmiana*

梧桐 青桐 *Firmiana simplex* (Linn.) W. Wight.

梧桐

[形态特征] 落叶乔木。树皮青绿色，平滑。叶心形，掌状 3~5 裂，直径 15~30 cm，裂片三角形，顶端渐尖，基部心形，基生脉 7 条，叶柄与叶片等长。雌雄同株，圆锥花序顶生，长 20~50 cm，下部分枝长达 12 cm，花淡黄绿色；萼 5，深裂几至基部，萼片条形，向外卷曲，长 7~9 mm，外面被淡黄色短柔毛，内面仅在基部被柔毛；花梗与花几等长；蓇葖果膜质，有柄，成熟前开裂成叶状，长 6~11 cm、宽 1.5~2.5 cm，外面被短茸毛或几无毛。花期 6~9 月，果期 9~10 月。

[生态习性及分布] 喜光，喜温暖湿润气候；喜肥沃、湿润、深厚且排水良好的土壤，在酸性、中性及钙质土上均能生长，不耐水湿、盐碱、草荒，畏强风；深根性，主根粗壮；萌芽力弱，一般不宜修剪，生长较快，寿命较长，萌芽晚而落叶早。国内分布于山西、陕西、安徽、江苏、浙江、福建、台湾、江西、湖北、湖南、广东、广西、海南、云南、贵州等省份。烟台芝罘区、蓬莱区、莱山区、牟平区、福山区等有分布。

[用途] 供绿化观赏；木材质地轻软，适宜作箱盒、乐器用；花、果、根皮及叶均可药用；种子煨炒后可食用。

二十五、锦葵科 Malvaceae

（一）瓜栗属 *Pachira*

马拉巴栗 发财树 瓜栗 *Pachira macrocarpa* (Cham. et. Schlecht.) Walp.

马拉巴栗

[形态特征] 小乔木。树干直立，枝条轮生，掌状复叶，具小叶 5~7 枚。小叶长椭圆形至倒卵状，基部楔形，全缘，具有较长的叶柄。花单生枝顶叶腋，花瓣淡黄绿色，狭披针形至线形，雄蕊管分裂为多数雄蕊束，花丝白色。蒴果椭圆形近梨形，木质化。

[生态习性及分布] 喜高温和半阴环境，茎能储存水分和养分，耐旱、耐阴性强，不耐水湿，喜肥沃、排水良好的砂质壤土。生长适宜温度 20~30 ℃，温度低于 10 ℃也能生长，低于 5 ℃容易受冻害。原产于墨西哥至哥斯达黎加一带，云南西双版纳有栽培，生长正常。烟台蓬莱区等有栽培。

[用途] 热带观叶植物。

（二）木槿属 *Hibiscus*

1. 木槿（原变种）*Hibiscus syriacus* L. var. *syriacus*

［形态特征］ 落叶灌木，高可至 3~4 m，小枝密被黄色星状绒毛。叶菱形至三角状卵形，长 3~10 cm，宽 2~4 cm，具深浅不同的 3 裂或不裂，先端钝，基部楔形，边缘具不整齐齿缺，下面沿叶脉微被毛或近无毛；叶柄长 5~25 mm，上面被星状柔毛；托叶线形，长约 6 mm，疏被柔毛。花单生于枝端叶腋间，花梗长 4~14 mm，被星状短绒毛；花萼钟形，长 14~20 mm，密被星状短绒毛，裂片 5，三角形；花钟形，花瓣倒卵形，长 3.5~4.5 cm，外面疏被纤毛和星状长柔毛；蒴果卵圆形，直径约 12 mm，密被黄色星状绒毛。花期 7~10 月。果熟期 9~11 月。

木槿

［生态习性及分布］ 喜光，耐半阴。喜温暖湿润气候，耐寒性不强。耐干旱及瘠薄土壤；耐修剪。国内分布于安徽、江苏、浙江、福建、台湾、广东、广西、四川、云南等省份。烟台芝罘区、蓬莱区、莱山区、牟平区、福山区等有分布。

［用途］ 优良观花灌木；常作绿篱或基础种植，也宜丛植于草坪或林边缘，还可以盘扎或编结各种造型；同时对有害气体有较强的抗性和吸收能力，具有较强的阻滞烟尘的作用。

2. 粉紫重瓣木槿（变种）*Hibiscus syriacus* L. var. *amplissimus* L. F. Gagnep.

［形态特征］ 花粉紫色，花瓣内面基部洋红色，重瓣。

［生态习性及分布］ 烟台昆嵛山等有分布。

粉紫重瓣木槿

3. **大花木槿**（变型）*Hibiscus syriacus* f. *grandiflorus* Hort. ex Rehd.

[形态特征] 花桃红色，单瓣。

[生态习性及分布] 烟台牟平区、莱州市等有分布。

4. **白花单瓣木槿**（变型）*Hibiscus syriacus* f. *totus-albus* Loudon

[形态特征] 花纯白色，单瓣。

[生态习性及分布] 烟台蓬莱区、牟平区、招远市等有分布。

5. **雅致木槿**（变型）*Hibiscus syriacus* f. *elegantissimus*

[形态特征] 花粉红色，重瓣，直径 6~7 cm。

[生态习性及分布] 烟台龙口市等有分布。

6. **牡丹木槿**（变型）*Hibiscus syriacus* f. *paeoniflorus*

[形态特征] 花粉红色或淡紫色，重瓣，直径 7~9 cm。

[生态习性及分布] 烟台龙口市等有分布。

7. **紫红木槿**（变型）*Hibiscus syriacus* Linn. *'Roseatriatus'*

[形态特征] 花紫红色，单瓣。

[生态习性及分布] 烟台蓬莱区、招远市等有分布。

大花木槿

白花单瓣木槿

雅致木槿

牡丹木槿

紫红木槿

8. **紫花重瓣木槿**（变型）*Hibiscus syriacus* f. *violaceus*

[形态特征] 花青紫色，重瓣。

[生态习性及分布] 烟台蓬莱区、龙口市等有分布。

玫瑰木槿

9. **玫瑰木槿**（变型）*Hibiscus syriacus 'Duede Brabaul'*

[形态特征] 花深玫瑰红色，雄蕊完全瓣化，花大重瓣，开花能力强，着花繁密。

[生态习性及分布] 烟台莱州市等有分布。

10. **木芙蓉** 芙蓉花 *Hibiscus mutabilis* Linn.

[形态特征] 落叶灌木或小乔木。小枝、叶柄、花梗和花萼均密被星状毛与直毛相混的细绵毛。叶宽卵形至圆卵形或心形，直径 10~15 cm，常 5~7 裂，裂片三角形，先端渐尖，具钝圆锯齿，上面疏被星状细毛和点，下面密被星状细绒毛；主脉 7~11 条；叶柄长 5~20 cm；托叶披针形，长 5~8 mm，常早落。花单生于枝端叶腋间，花梗长 5~8 cm，近端具节；花初开时白色或淡红色，后变深红色，直径约 8 cm，花瓣近圆形，直径 4~5 cm，外面被毛，基部具髯毛；雄蕊柱长 2.5~3 cm，无毛；花柱枝 5，疏被毛。蒴果扁球形，直径约 2.5 cm，被淡黄色刚毛和绵毛。花期 8~10 月。

木芙蓉

[生态习性及分布] 喜光，喜温暖湿润气候，畏寒。在北方露地栽植时，冬季地上部分常冻死，但次年春季从根部重新萌发；喜肥沃湿润而排水良好的砂壤土。国内分布于福建、台湾、湖南、广东、云南等省份。烟台福山区、莱州市、栖霞市等有分布。

[用途] 花大色丽，为我国久经栽培的公园、庭院绿化观赏植物；花、叶、根可药用；茎皮纤维可作为缆绳和造纸的原料。

台湾芙蓉

11. **台湾芙蓉** *Hibiscus taiwanensis* S . Y . Hu

[形态特征] 与木芙蓉近似，不同处在于小枝、叶、叶柄及花梗被长刚毛状糙毛，而后者则密被星状绒毛。

[生态习性及分布] 原产于我国台湾。烟台莱州市等有引种栽培。

[用途] 冬季开白色或粉红花，为台湾最美的原生花卉之一。因为花色从早到晚一日三变，有“千面美人”之称，被誉为“秋冬季里最迷人的宝岛野花”。

12. **朱槿** 扶桑 *Hibiscus rosa-sinensis* Linn.

［形态特征］常绿灌木，小枝圆柱形，疏被星状柔毛。叶阔卵形或狭卵形，长 4~9 cm，宽 25 cm，先端渐尖，基部圆形或楔形，边缘具粗齿或缺刻，叶柄长 5~20 mm，上面被长柔毛；托叶线形，长 5~12 mm，被毛。花单生于上部叶腋间，常下垂，花梗长 3~7 cm，疏被星状柔毛或近平滑无毛，近端有节；花冠漏斗形，直径 6~10 cm，玫瑰红色或淡红、淡黄等色，花瓣倒卵形，先端圆，外面疏被柔毛；雄蕊柱长 4~8 cm，平滑无毛；花柱枝 5。蒴果卵形，长约 2.5 cm，平滑无毛，有喙。花期全年。

［生态习性及分布］强阳性植物，性喜温暖、湿润，要求日光充足，不耐阴，不耐寒、旱，气温低于 5 ℃时叶片转黄脱落，低于 0 ℃时，即遭冻害。耐修剪，发枝力强。在富含有机质、pH 为 6.5~7 的微酸性壤土生长最好。在华南地区栽培很普遍，烟台蓬莱区、招远市等有栽培。

朱槿

［用途］ 花大色艳，四季常开，主供园林观赏。在全世界尤其是热带及亚热带地区多有种植。我国长江流域及以北地区只能盆栽。

13. **白花重瓣木槿**（变种）*Hibiscus syriacus* L. var. *albus-plenus* Loud.

［形态特征］落叶灌木或小乔木，株高 3~6 m；茎直立，多分枝，稍披散；树皮灰棕色，枝干上有根须或根瘤；幼枝被毛，后渐脱落。单叶互生，在短枝上也有 2~3 片簇生者，叶卵形或菱状卵形，有明显的 3 条主脉，而常 3 裂，基部楔形，下面有毛或近无毛，先端渐尖，边缘具圆钝或尖锐锯齿；叶柄长 2~3 cm；托叶早落。花单生于枝梢叶腋，花瓣 5 片，花形有单瓣、重瓣之分，花色有浅蓝紫色、粉红色或白色之别。蒴果长椭圆形，先端具尖嘴，被茸毛，黄褐色，基部有宿存花萼 5 裂，外面有星状毛；蒴果 5 室。种子三角状卵形或略为肾形而扁，灰褐色。花期 6~11 月。

［生态习性及分布］喜阳光也能耐半阴。耐寒，在华北和西北大部分地区都能露地越冬，在广西南宁以南地区可终年常绿。对土壤要求不严，较耐瘠薄，能在黏重或碱性土壤中生长，唯忌干旱。我国分布于江苏、福建、安徽、浙江、湖南、广西、广东、江西、贵州、四川、云南、湖北等省份。烟台海阳市等有分布。

［用途］观赏，可食用、药用。

白花重瓣木槿

二十六、大风子科 Flacourtiaceae

柞木

柞木属 *Xylosma*

柞木 *Xylosma congesta* (Lour.) Merr.

[形态特征] 落叶灌木或小乔木。树皮棕色灰色；叶宽卵形或椭圆状卵形，长 3~8 cm，宽 2.5~3.5 cm，革质，通常下面苍白，先端短尖或渐尖，基部宽楔形或圆，有钝齿，无毛，侧脉 4~6 对；叶柄长 0.4~1 cm；花单性，雌雄异株；总状花序，腋生，长 1~2 cm，被柔毛；萼片 4~6，淡黄或黄绿色；无花瓣。花期 5~7 月，果期 9~10 月。

[生态习性及分布] 喜光、耐寒、能抗 −50 ℃超低温，喜凉爽气候；耐干旱，耐瘠薄，喜中性至酸性土壤，耐火烧、根系发达、不耐盐碱。国内分布于陕西、安徽、江苏、浙江、福建、台湾、江西、湖北、湖南、广东、广西、四川、云南、贵州、西藏等省份。烟台牟平区、栖霞市等有分布。

[用途] 材质坚实，纹理细密，材色棕红，可供家具、农具等用；叶、刺可供药用；种子含油；可供绿化观赏。

二十七、柽柳科 Tamaricaceae

柽柳属 *Tamarix*

柽柳　三春柳　红荆条 *Tamarix chinensis* Lour.

[形态特征] 乔木或灌木。老枝直立，暗褐红色，光亮，幼枝稠密细弱，常开展而下垂，红紫色或暗紫红色，有光泽；叶鲜绿色，叶长圆状披针形或长卵形，长 1.5~1.8 mm，稍开展，先端尖，基部背面有龙骨状隆起，常呈薄膜质；上部绿色营养枝上的叶钻形或卵状披针形，半贴生，先端渐尖而内弯，基部变窄，长 1~3 mm，背面有龙骨状突起。每年开花两三次，春季开花，总状花序侧生在去年生木质化的小枝上，花大而少，较稀疏而纤弱，夏、秋季开花；总状花序较春生者细，生于当年生幼枝顶端，组成顶生大圆锥花序，疏松而通常下弯，花瓣 5，粉红色。花期 5~8 月，果期 7~10 月。

柽柳

[生态习性及分布] 喜光，耐旱、耐寒，较耐水湿，极耐盐碱，能在含盐碱 0.5%~1% 的盐碱地上生长；是最能适应干旱沙漠生活的树种之一，被流沙埋住后，枝条能顽强地从沙包中探出头来，继续生长。国内分布于辽宁、河北、河南、安徽、江苏等省份。烟台芝罘区、莱山区、蓬莱区、牟平区、福山区等有分布。

[用途] 盐碱地土壤改良及绿化树种；枝条可编制筐篮；嫩枝及叶可药用；是蜜源植物。

二十八、杨柳科 Salicaceae

（一）杨属 *Populus*

1. 毛白杨（原变种）*Populus tomentosa* Carr. var. *tomentosa*

[形态特征] 落叶乔木。树皮幼时暗灰色，壮时灰绿色，渐变为灰白色，老时基部黑灰色，纵裂，粗糙，干直或微弯，皮孔菱形散生，或 2~4 连生；树冠圆锥形至卵圆形或圆形。侧枝开展，雄株斜上，老树枝下垂。芽卵形，花芽卵圆形或近球形，微被毡毛。长枝叶阔卵形或三角状卵形，长 10~15 cm，宽 8~13 cm，先端短渐尖，基部心形或截形，边缘深齿牙缘或波状齿牙缘，上面暗绿色，光滑，下面密生毡毛，后渐脱落；叶柄上部侧扁，长 3~7 cm，顶端通常有 2~4 腺点；短枝叶通常较小，卵形或三角状卵形，先端渐尖，上面暗绿色有金属光泽，下面光滑，具深波状齿牙缘；叶柄稍短于叶片，侧扁，先端无腺点。雄花序长 10~14 cm，花药红色；雌花序长 4~7 cm，柱头，粉红色。果序长达 14 cm。花期 3 月，果期 4~5 月。

毛白杨

[生态习性及分布] 喜光，喜凉爽和较湿润气候，深根性，耐旱力较强；黏土、壤土、砂壤或低湿轻度盐碱土上均能生长。国内分布于辽宁、河北、山西、陕西、甘肃、河南、安徽、江苏、浙江等省份，以黄河中下游为分布中心。烟台各地均有分布。

[用途] 生长快，寿命长，较耐干旱和盐碱，树姿雄壮，冠形优美，为优良庭园绿化或行道树和华北地区速生用材造林树种。

2. 抱头毛白杨（毛白杨 变种）*Populus tomentosa* Carr. var. *fastigiata* Y. H. Wang

[形态特征] 主干明显，树冠狭长，侧枝紧抱主干。

[生态习性及分布] 产于夏津、苍山、武城等地。国内分布于河北、山西、河南等省份。烟台莱阳市、龙口市等有分布。

[用途] 生长较快，根深冠窄不胁地，适农田林网及四旁绿化栽培；木材可作建筑、家具用。

3. **银白杨**（原变种）*Populus alba* Linn. var. *alba*

［形态特征］ 落叶乔木。树干不直，树冠宽阔。树皮白色至灰白色，平滑，下部常粗糙。萌枝和长枝叶卵圆形，掌状 3~5 浅裂，长 4~10 cm，宽 3~8 cm，裂片先端钝尖，基部阔楔形、圆形或平截，或近心形，中裂片远大于侧裂片，边缘呈不规则凹缺，侧裂片几呈钝角开展，不裂或凹缺状浅裂，初时两面被白绒毛，后上面脱落；短枝叶较小，边缘有不规则且不对称的钝齿牙；上面光滑，下面被白色绒毛；叶柄短于或等于叶片，略侧扁，被白绒毛。雄花序长 3~6 cm；花药紫红色，雌花序长 5~10 cm。花期 4~5 月，果期 5 月。

［生态习性及分布］ 喜光，耐寒，不耐湿热，深根性，根孽力强，抗风力强，对土壤条件要求不严，但以湿润肥沃的沙质土生长良好。国内分布于新疆等省份。烟台芝罘区、莱山区、牟平区、福山区、蓬莱区、昆嵛山、栖霞市、龙口市等有栽培。

［用途］ 树形高耸，枝叶美观，幼叶红艳，可作绿化树种；为西北地区平原沙荒造林树种。

银白杨

新疆杨

4. **新疆杨**（银白杨 变种）*Populus alba* Linn. var. *pyramidalis* Bunge

［形态特征］ 树冠窄圆柱形或尖塔形。树皮灰白或青灰色，光滑少裂。萌条和长枝叶掌状深裂，基部平截；短枝叶圆形，有粗缺齿，侧齿几对称，基部平截，下面绿色几无毛。仅见雄株。

［生态习性及分布］ 中湿性树种，抗寒性较差。国内分布于新疆。烟台莱州市等有引种栽培。

［用途］ 可供建筑、家具及造纸等用。

5. **五莲杨** *Populus wulianensis* S. B. Liang et X. W. Li

[形态特征] 本种介于山杨与响叶杨之间，可能是这两个品种的杂交种。与山杨的主要区别为：叶缘具细锯齿，叶柄先端均具两个腺体。与响叶杨的主要区别为：叶卵圆形，先端短尖，基部心形，子房无毛。

[生态习性及分布] 山东特有植物，属于极小种群野生植物，烟台昆嵛山等有分布。

[用途] 木材可供家具、建筑等用。

五莲杨

6. **山杨** *Populus davidiana* Dode

[形态特征] 落叶乔木。树皮光滑灰绿色或灰白色，老树基部黑色粗糙；树冠圆形。芽卵形或卵圆形，无毛，微有黏质。叶三角状卵圆形或近圆形，长宽近等，长 3~6 cm，先端钝尖、急尖或短渐尖，基部圆形、截形或浅心形，边缘有密波状浅齿，发叶时显红色，萌枝叶大，三角状卵圆形，下面被柔毛；叶柄侧扁，长 2~6 cm。花序轴有疏毛或密毛；雄花序长 5~9 cm，花药紫红色；雌花序长 4~7 cm，柱头带红色。果序长达 12 cm。花期 3~4 月，果期 4~5 月。

[生态习性及分布] 强阳性树种，耐寒冷，耐干旱瘠薄土壤，在微酸性至中性土壤皆可生长，天然更新能力强。国内分布于黑龙江、吉林、辽宁、内蒙古、河北、山西、陕西、甘肃、宁夏、青海、河南、安徽、江西、湖北、湖南、广西、四川、云南、贵州、西藏等省份。烟台牟平区、昆嵛山、海阳市、龙口市等有分布。

[用途] 幼叶红艳，可作景观绿化树种，对绿化荒山、保持水土有较大作用。

山杨

7. **小叶杨** *Populus simonii* Carr.

[形态特征] 落叶乔木，树皮幼时灰绿色，老时暗灰色，沟裂；树冠近圆形。幼树小枝及萌枝有明显棱脊，常为红褐色，后变黄褐色，老树小枝圆形，细长而密，无毛。芽细长，先端长渐尖，褐色，有黏质。叶菱状卵形、菱状椭圆形或菱状倒卵形，长3~12 cm，宽2~8 cm，中部以上较宽，先端突急尖或渐尖，基部楔形、宽楔形或窄圆形，边缘平整，细锯齿，上面淡绿色，下面灰绿或微白；叶柄圆筒形，长0.5~4 cm。雄花序长2~7 cm。雌花序长2.5~6 cm；花期3~5月，果期4~6月。

小叶杨

[生态习性及分布] 喜光树种，适应性强，对气候和土壤要求不严，耐旱，抗寒，耐瘠薄或弱碱性土壤，在砂地、荒地和黄土沟谷也能生长，根系发达，抗风力强。生于山谷两旁；平原地区有栽培。国内分布于黑龙江、吉林、辽宁、内蒙古、河北、山西、陕西、江苏、四川、云南等省份。烟台牟平区、蓬莱区、莱州市、招远市、莱阳市等有分布。

[用途] 防风固沙、护堤固土、绿化观赏树种，也是东北和西北防护林和用材林主要树种之一。

8. **黑杨**（原变种）*Populus nigra* Linn. var. *nigra*

[形态特征] 落叶乔木，树冠阔椭圆形。树皮暗灰色，老时沟裂。小枝圆形，淡黄色。芽长卵形，富黏质，赤褐色，花芽先端向外弯曲。叶在长短枝上同形，薄革质，菱形、菱状卵圆形或三角形，长5~10 cm，宽4~8 cm，先端长渐尖，基部楔形或阔楔形，稀截形，边缘具圆锯齿，有半透明边，无缘毛，上面绿色，下面淡绿色；叶柄略等于或长于叶片，侧扁，无毛。雄花序长5~6 cm，花药紫红色；果序长5~10 cm。花期4~5月，果期6月。

[生态习性及分布] 喜光，抗寒，不耐盐碱，不耐干旱，在冲积沙质土上生长良好。国内分布于新疆。烟台牟平区、昆嵛山、莱州市、莱阳市、海阳市、龙口市等有引种栽培。

[用途] 可作绿化树种，也是杨树育种的优良亲本之一。

黑杨

9. **箭杆杨**（黑杨 变种）*Populus nigra* Linn. var. *thevestina* (Dode) Bean

[形态特征] 本变种极似钻天杨，但树冠更为狭窄；树皮灰白色，较光滑。叶较小，基部楔形；萌枝叶长宽近相等。只见雌株，有时出现两性花。

[生态习性及分布] 西北、华北地区广为栽培。烟台龙口市等有分布。

钻天杨

10. **钻天杨**（黑杨 变种）*Populus nigra* Linn. var. *italica* (Moench.) Koehne

[形态特征] 落叶乔木，树皮暗灰褐色，老时沟裂，黑褐色；树冠圆柱形。侧枝成20° ~30° 开展，小枝圆，光滑，黄褐色。芽长卵形，先端长渐尖，淡红色，富黏质。长枝叶扁三角形，通常宽大于长，长约7.5 cm，先端短渐尖，基部截形或阔楔形，边缘钝圆锯齿；短枝叶菱状三角形，或菱状卵圆形，长5~10 cm，宽4~9 cm，先端渐尖，基部阔楔形或近圆形；叶柄上部微扁，长2~4.5 cm，顶端无腺点。雄花序长4~8 cm，雌花序长10~15 cm。花期4月，果期5月。

[生态习性及分布] 喜光，抗寒，抗旱，耐干旱气候，稍耐盐碱及水湿。起源不明，长江及黄河流域广为栽培。烟台蓬莱区、昆嵛山、龙口市等有分布。

[用途] 木材可供建筑、造纸等用。

11. **加杨** 欧美杨 *Populus* × *canadensis* Moench.

[形态特征] 落叶大乔木。干直，树皮粗厚，深沟裂，下部暗灰色，上部褐灰色，大枝微向上斜伸，树冠卵形；萌枝及苗茎棱角明显，小枝圆柱形，稍有棱角，稀微被短柔毛。芽大，先端反曲，初为绿色，后变为褐绿色，富黏质。叶三角形或三角状卵形，长7~10 cm，长枝和萌枝叶较大，长10~20 cm，一般长大于宽，先端渐尖，基部截形或宽楔形，边缘半透明，有圆锯齿，近基部较疏，具短缘毛，上面暗绿色，下面淡绿色；叶柄侧扁而长，带红色。雄花序长7~15 cm，花序轴光滑，花盘淡黄绿色，全缘，花丝细长，白色，超出花盘；果序长达27 cm。雄株多，雌株少。花期4月，果期5~6月。

[生态习性及分布] 喜温暖湿润气候，耐瘠薄及微碱性土壤；速生。烟台芝罘区、莱山区、牟平区、福山区、蓬莱区、昆嵛山、莱州市、招远市、栖霞市、莱阳市、海阳市、龙口市等有分布。

[用途] 良好的绿化树种，品种较多。

加杨

12. **小钻杨** *Populus* × *xiaozhuanica* W. Y. Hsu et Liang

［形态特征］ 落叶大乔木，树冠圆锥形或塔形；树干通直，尖削度小；幼树皮光滑，灰绿色、灰白色或绿灰色；老树主干基部浅裂，褐灰色，皮孔分布密集，呈菱状，侧枝与主干分枝角度较小，常小于 45°，斜上生长，幼枝呈圆筒状，微有棱，灰黄色，有毛；芽长椭圆状圆锥形，先端钝尖，长 8~14 mm，赤褐色，有黏质，腋芽较顶芽细小；萌枝或长枝叶较大，菱状三角形，稀倒卵形，先端突尖，基部广楔形至圆形，短枝叶形多变化；叶柄长 1.5~3.5 cm，圆柱形，先端微扁，略有疏毛；雄花序长 5~6 cm，雌花序长 4~6 cm；果序长 10~16 cm；蒴果较大，卵圆形。花期 4 月，果期 5 月。

［生态习性及分布］ 喜光，耐干旱，耐寒冷，耐盐碱，抗病虫害能力强，材质良好，生长快，适应性强，优于一般的小叶杨和小青杨的生长。国内分布于辽宁、吉林、河南、江苏等省份。烟台牟平区等有分布。

［用途］ 适于干旱地区、沙地、轻碱地或沿河两岸营造用材林或农田防护林，也是四旁绿化的优良树种。

小钻杨

I-214 杨

13. **I-214 杨 意大利杨** *Populus* × *euramericana* cv. *'I-214'*

［形态特征］ 主干通直或微弯；侧枝发达，密集；树皮初光滑，后变厚，沟裂。幼叶红色，叶长 15 cm，叶柄带红色。果序长 16~25 cm；蒴果较小，柱头 2 裂。本变种与晚花杨 *P.* × *canadensis* Moench cv. *'Serotina'* 很相似。仅有雌株。

［生态习性及分布］ 生长较迅速，抗病性较强，抗寒性差。烟台莱阳市等有分布。

［用途］ 绿化、用材树种。

14. I-107 欧美杨 *Populus × euramericana 'Neva'*

I-107 欧美杨

［形态特征］ 树体高大，通直，分枝角度小，侧枝细，叶片小而密，1~4 年生树皮是绿褐色，叶基波状心形，叶端钝尖，叶基腺点 2 个，中叶脉颜色肉色至粉红色。茎有棱但无沟槽，无毛，皮孔呈卵圆形团状分布。腋芽长 5~6 mm，褐色，形状为尖端宽，贴近枝条。

［生态习性及分布］ 生长较迅速，抗病性较强，抗寒性差。抗天牛性明显优于三倍体毛白杨。烟台蓬莱区、莱州市、招远市、莱阳市、海阳市、龙口市等有分布。

［用途］ 用材树种，是由我国林科院张绮纹研究员等人从我国 1984 年引自意大利的“美洲黑杨 × 欧洲黑杨”无性系中选育而成的。

15. 中林 46 杨 *Populus × euramericana* cv. *'Zhonglin 46'*

［形态特征］ 树冠较大，枝条开张，叶片较大。

［生态习性及分布］ 耐寒性较差，耐盐碱，喜光，适合在沙壤土中生长，扦插繁衍容易，育苗成活率高，适应性很强，成长速度极快，比新疆杨、银白杨、一般毛白杨的成长速度和成林速度快 1~2 倍。因为成长速度快，蛀杆害虫在树皮内产的卵很快被“挤”出树皮，减轻了危害。其缺点是易风折，但成林后风折现象大大减轻。烟台莱阳市等有栽培。

［用途］ 用材造林树种，是由中国林科院黄东森研究员等人培养出的优良品种，其母本是美洲黑杨 I-69 杨，父本是欧亚黑杨。

16. 中荷 1 号美洲黑杨 *Populus deltoids 'Zhong He 1'*

中荷 1 号美洲黑杨

［形态特征］ 树冠广卵形；树干通直，分枝角度适中；树皮深褐色，中裂，只有雄株，不飞絮。

［生态习性及分布］ 喜光，喜温，耐旱，早期速生，多年生生长中速。在沙壤土中生长良好。烟台招远市、海阳市等有栽培。

［用途］ 用材树种，是 2002 年山东省审定的美洲黑杨优良品种，丰产性、适应性和抗性均较强。

17. **中华红叶杨** *Populus deltoids* cv. *'zhonghuahongye'*

中华红叶杨

[形态特征] 速生杨2025的芽变品种。树干通直，树冠丰满，枝五棱线明显，芽体紫黑色，芽尖内弯，顶芽粗壮饱满，叶面宽12~23 cm，长12~25 cm，叶片颜色随季节变化显著，呈玫瑰红色，可持续到6月下旬，7~9月变为紫绿色，10月为暗绿色，11月变为杏黄或金黄色。雄性，无飞絮。

[生态习性及分布] 强阳性树种，喜水肥，耐盐碱，耐旱、耐涝，生长迅速。烟台蓬莱区、招远市、海阳市等有栽培。

[用途] 高大彩色落叶乔木，宽冠，雄性无飞絮；单叶互生，叶片大而厚，叶面颜色三季四变，是优良的彩叶绿化树种，也可作为用材树种。

三倍体毛白杨

18. **三倍体毛白杨**（*Populus tomentosa* × *P.bolleana*）× *P. tomentosa*

[形态特征] 三倍体毛白杨是中国工程院院士朱之悌教授为首的课题组，采用细胞染色体部分替换和染色体加倍等技术，经过15年的艰苦攻关所取得的系列新品种（自然界存在天然三倍体）。树干通直，树皮青，叶片大而浓绿，落叶期晚，比普通毛白杨推迟2~3周。

[生态习性及分布] 生长迅速，当年出圃、1年成树（原需2~3年）、3年成林（原需5~6年）、5年成材（原需10年以上）。烟台招远市等有栽培。

[用途] 速生用材树种。

鲁林 1 号杨

19. **鲁林 1 号杨** *Populus* × *'Lulin-1'*

［形态特征］大树干形圆满通直；树皮光滑；尖削度小；顶端优势明显；树冠阔卵形；分枝数量多，侧枝较细，枝角 70°，分布较均匀，成层不明显，冠幅较宽；叶芽锥形，长 0.6~0.7 cm，褐色，贴近茎干；叶三角形；长与宽基本相等，叶基截形；叶端宽尖；腺体多为 2 个。

［生态习性及分布］速生，耐涝性较强，抗病虫性、抗旱性和抗盐性与 I-107 杨相当。烟台招远市等有栽培。

［用途］速生用材树种。

20. **鲁林 3 号杨** *Populus deltoides* cv. *'Lulin-3'*

［形态特征］树干通直圆满，顶端优势明显；树皮浅纵裂；树冠长卵形，冠幅较窄；分枝粗度中等，较密集，枝角 45°左右。叶较小，数量多。

［生态习性及分布］速生，耐涝性较强，对杨树溃疡病的抗性强，耐涝性和抗旱性均与中荷 1 号相当。烟台招远市等有栽培。

［用途］速生用材树种。

鲁林 3 号杨

（二）柳属 *Salix*

1. **旱柳**（原变型）*Salix matsudana* Koidz. f. *matsudana*

［形态特征］落叶乔木。大枝斜上，树冠广圆形；树皮暗灰黑色，有裂沟；枝细长，直立或斜展，黄绿色后变褐色，幼枝有毛。芽微有短柔毛。叶披针形，长 5~10 cm，宽 1~1.5 cm，先端长渐尖，基部窄圆形或楔形，上面绿色，有光泽，下面白色，有细腺锯齿缘，幼叶有丝状柔毛；叶柄短，长 5~8 mm，在上面有长柔毛；托叶披针形，边缘有细腺锯齿。花序与叶同时开放；雄花序圆柱形，长 1.5~2.5 cm，粗 6~8 mm，轴有长毛，花药黄色；雌花序较雄花序短，长达 2 cm，粗 4 mm，有 3~5 小叶生于短花序梗上，轴有长毛，果序长达 2 cm。花期 4 月，果期 4~5 月。

旱柳

［生态习性及分布］喜光，发芽早，落叶晚。耐寒冷、干旱及水湿，为平原地区常见树种。国内分布于辽宁、内蒙古、河北、陕西、甘肃、青海、河南、安徽、江苏、浙江、福建、四川等省份。烟台各地均有分布。

［用途］早春蜜源树，又为固沙保土四旁绿化树种。

2. 馒头柳（旱柳 变型）*Salix matsudana* Koidz. f. *umbraculifera* Rehd.

[形态特征] 与原变型主要区别为树冠半圆形，如同馒头状。

[生态习性及分布] 烟台莱阳市、龙口市等有分布。

[用途] 供绿化观赏。

3. 龙爪柳（旱柳 变型）*Salix matsudana* Koidz. f. *tortuosa* (Vilm.) Rehd.

[形态特征] 与原变型主要区别为枝卷曲。

[生态习性及分布] 烟台牟平区、莱州市、招远市、莱阳市、海阳市、龙口市等有分布。

[用途] 供绿化观赏。

4. 垂柳（原变型）*Salix babylonica* Linn. f. *babylonica*

[形态特征] 落叶乔木，树冠开展而疏散。树皮灰黑色，不规则开裂；枝细，下垂，淡褐黄色、淡褐色或带有紫色，无毛。芽线形，先端急尖。叶狭披针形或线状披针形，长9~16 cm，宽0.5~1.5 cm，先端长渐尖，基部楔形两面无毛或微有毛，上面绿色，下面色较淡，锯齿缘；叶柄长5~10 mm，有短柔毛；托叶仅生在萌发枝上，斜披针形或卵圆形，边缘有齿牙。花序先叶开放，或与叶同时开放；雄花序长1.5~2 cm，轴有毛，花药红黄色；雌花序长达2~3 cm，有梗，基部有3~4小叶，轴有毛；蒴果长3~4 mm。花期3~4月，果期4~5月。

[生态习性及分布] 喜光，喜湿，较耐寒，特耐水湿，但亦能生于土层深厚的干燥地区。国内分布于各省份。烟台各地均有分布。

[用途] 四旁绿化树种。

馒头柳

龙爪柳

垂柳

5. **曲枝垂柳**（变型）*Salix babylonica* Linn. f. *tortuosa* Y. L. Chou

[形态特征] 与原变型主要区别为枝卷曲。

[生态习性及分布] 烟台蓬莱区、招远市等有分布。

[用途] 供绿化观赏。

曲枝垂柳

河柳

6. **河柳** 腺柳 *Salix chaenomeloides* Kimura

[形态特征] 落叶小乔木。枝暗褐色或红褐色，有光泽。叶椭圆形、卵圆形至椭圆状披针形，长 4~8 cm，宽 1.8~3.5 cm，先端急尖，基部楔形，稀近圆形，两面光滑，上面绿色，下面苍白色或灰白色，边缘有腺锯齿；叶柄长 5~12 mm，先端具腺点；托叶半圆形或肾形，边缘有腺锯齿。雄花序长 4~5 cm，粗 8 mm，花序梗和轴有柔毛，花药黄色，球形；雌花序长 4~5.5 cm，粗达 10 mm；花序梗长达 2 cm，轴被绒毛，蒴果卵状椭圆形。花期 4 月，果期 5 月。

[生态习性及分布] 喜光，不耐阴，较耐寒。喜潮湿肥沃的土壤。萌芽力强，耐修剪。国内分布于辽宁、河北、陕西、江苏、四川等省份。烟台牟平区、昆嵛山、莱州市、栖霞市、海阳市等有分布。

7. **山东柳**（朝鲜柳 变种）*Salix koreensis* Anderss. var. *shandongensis* C. F. Fang

[形态特征] 与原变种的区别：幼叶发红色，下面有绢质柔毛，后无毛，叶基部楔形；花柱较短，等于子房长的 1/3~1/2；苞片宽卵形，不为长圆形，外面被柔毛，上部近无毛。

[生态习性及分布] 喜光，不耐阴，较耐寒。喜潮湿肥沃的土壤。萌芽力强，耐修剪。山东特有树种。烟台龙口市等有分布。

[用途] 早春蜜源植物，又为四旁绿化树种。

山东柳

8. **金丝垂柳** *Salix* × *aureo-pendula*

[形态特征] 落叶乔木。树冠长卵圆形或卵圆形，枝条细长下垂。小枝黄色或金黄色。叶狭长披针形，长 9~14 cm，缘有细锯齿。生长季节枝条为黄绿色，落叶后至早春则为黄色，经霜冻后颜色尤为显眼，幼年树皮黄色或黄绿色。秋天，新梢、主干逐渐变黄，冬季通体金黄色。与普通柳树相比金丝垂柳有很多优点：一是春夏季不飞柳絮；二是年生长量是普通柳树的两倍，一年可抽 3~4 次副梢；三是枝条与树干均光滑，且为金黄色，观赏价值高。

[生态习性及分布] 喜光，较耐寒，性喜水湿，也能耐干旱，耐盐碱，以湿润、排水良好的土壤为宜。烟台福山区、蓬莱区、牟平区、莱州市、招远市、栖霞市、莱阳市、龙口市等有分布。

[用途] 景观绿化树种，适合种植于河岸、池边、湖畔、路旁、庭院等处，也可作为行道树和湖泊固堤树种。

金丝垂柳

9. **三蕊柳**（原变种）*Salix nipponica* Franch. et Sava. var. *nipponica*

[形态特征] 灌木或乔木。树皮暗褐色或近黑色，有沟裂；小枝褐色或灰绿褐色，幼枝稍有短柔毛。芽卵形，急尖，有棱，无毛，褐色，紧贴枝上。叶阔长圆状披针形，披针形至倒披针形，长 7~10 cm，宽 1.5~3 cm，先端常为突尖，基部圆形或楔形，上面深绿色，有光泽，下面苍白色，边缘锯齿有腺点，叶柄托叶斜阔卵形或卵状披针形，有明显齿牙缘，上面常密被黄色腺点；萌发枝的叶披针形，先端长渐尖，可长达 15 cm，宽 2 cm；花序与叶同时开放，有梗，基部具有 2~3 锯齿缘的叶；雄花序长 3~5 cm；轴有长毛；雄蕊 3（稀为 2、4、5）；雌花序长 3.5 cm，有梗，着生有锯齿缘的叶。花期 4 月，果期 5 月。

[生态习性及分布] 阳性树种，喜湿耐旱，多沿河生长；喜温暖高温的生长环境。国内分布于黑龙江、吉林、辽宁、内蒙古、河北、江苏、浙江、湖南等省份。烟台海阳市等有分布。

[用途] 早春蜜源树，又为护岸用绿化树种。

三蕊柳

10. **杞柳** *Salix intega* Thunb.

[形态特征] 落叶灌木，树皮灰绿色。小枝淡黄色或淡红色，有光泽。芽卵形，尖，黄褐色，无毛。叶近对生或对生，萌枝叶有时3叶轮生，椭圆状长圆形，长2~5 cm，宽1~2 cm，先端短渐尖，基部圆形或微凹，全缘或上部有尖齿，幼叶发红褐色，成叶上面暗绿色，下面苍白色，中脉褐色；叶柄短或近无柄而抱茎。花先叶开放，花序长1~2 cm，基部有小叶。蒴果长2~3 mm，有毛。花期4月，果期4~5月。

杞柳

[生态习性及分布] 阳性树种，喜肥水，抗雨涝，耐盐碱性能较差。国内分布于黑龙江、吉林、辽宁、河北等省份。烟台牟平区、福山区等有分布。

[用途] 枝条可制作柳编制品；可用于防风固沙，保持水土，固堤护岸。

11. **银芽柳** 棉花柳 *Salix* × *leucopithecia* Kimura

[形态特征] 落叶大灌木。高可至4~5 m，树皮灰色。小枝淡黄至褐色，嫩枝有短绒毛。芽卵圆形，钝，褐色，初有短绒毛，后脱落。叶倒卵形，长圆状倒卵形，稀长圆状披针形或阔披针形，长4~10 cm，宽1.5~3 cm，先端短渐尖，基部楔形，边缘有细腺锯齿，上面绿色，下面密被绒毛，有光泽，中脉淡褐色，侧脉8~18对；叶柄长5~10 mm，褐色有绒毛；花先叶开放，雄花序几无梗，长约2 cm，雌花序具短花序梗，长2~4 cm，果期伸长。花期3~4月，果期5~6月。

银芽柳

[生态习性及分布] 喜光，也耐阴、耐湿、耐寒，喜肥，适应性强。烟台海阳市等有分布。

[用途] 在园林中常配植于池畔、河岸、湖滨、堤防绿化，冬季可剪取枝条观赏；观花，银色花序十分美观，是春节主要的切花品种。

12. 爆竹柳 *Salix fragilis* L.

[形态特征] 乔木。树冠圆形或长圆形，树皮厚，纵沟裂，暗黑色；小枝粗壮，无毛，淡褐绿色，有光泽；萌发枝初生有短柔毛，后光滑。芽长圆形，先端急尖。叶披针形或宽披针形，长 8~10 cm，宽 1~1.6 cm，先端渐尖，基部楔形，上面暗绿色，有光泽，沿中脉生短柔毛，下面苍白色，无毛，边缘具有腺锯齿；花序与叶同时开放；雄花序长 3~5 cm。花期 5 月。

[生态习性及分布] 喜生于湿地、河边，在干旱地也能生长，颇能耐寒。哈尔滨多栽培，辽宁也有引种。烟台莱阳市等有分布。

[用途] 可作绿化树种。

爆竹柳

13. 黄龙柳 *Salix liouana* C. Wang et Ch. Y. Yang

[形态特征] 灌木。小枝红褐色或黄褐色，1~2 年生枝密被灰绒毛；芽卵形，密被灰绒毛。单叶，互生；叶片倒披针形、披针形、椭圆状披针形，常上部较宽，长 5~10 cm，宽 1.5~2.5 cm，短枝叶较小，先端短渐尖，基部阔楔形，边缘微外卷，有腺齿，下面苍白色，幼叶有短绒毛，成叶仅脉上有毛；叶柄长 5~10 mm，被绒毛；托叶披针形，有腺齿，长于叶柄。花几与叶同放；雄花序长 2~3 cm，粗 0.8~1 cm，花序轴被柔毛，近无柄，基部有 0~3 苞叶，长椭圆形，背面密被白色长柔毛，苞片倒卵形、倒卵状圆形，长 1.7 mm，宽约 1 mm，上部紫红色，下部黄绿色，两面被长柔毛，雄花具 2 雄蕊，花丝合生，长 3 cm，基部无毛或被疏毛，花药 4 室，红色，具 1 腹生腺体；雌花序卵圆形至短圆柱形，长 1~2.5 cm，粗 6~7 mm，无梗，基部有鳞片，鳞片有毛，苞片倒卵圆形，先端圆，暗褐色，两面有灰色长柔毛，雌花具雌蕊，子房上位，子房圆锥形，密被绒毛，无柄，花柱短至缺，柱头全缘或 2 裂，具 1 腹生腺体。花期 4 月，果期 5 月。

[生态习性及分布] 生于山谷溪流水湿处。产于蒙山、徂徕山、鲁山、五莲山、艾山。烟台蓬莱区、栖霞市等有分布。

[用途] 枝条可供编织筐篓；可作为河堤护岸树种。

14. 朝鲜柳（原变种）*Salix koreensis* Anderss. var. *koreensis*

［形态特征］ 落叶乔木。树皮暗灰色，纵裂；树冠广卵形；小枝褐绿色，有毛或无毛。单叶，互生；叶片披针形、卵状披针形或长圆状披针形，长 5~13 cm，宽 1~1.8 cm，先端渐尖，基部楔形，边缘锯齿有腺体，上面绿色，近无毛，下面苍白色，沿中脉有短柔毛；叶柄长 0.5~1.5 cm，初有短柔毛；托叶卵状披针形，先端长尾尖，缘有锯齿。花序先叶开放，近无梗；雄花序长 1~3 cm，粗 6~7 mm，基部有 3~5 小叶，花序轴有毛，苞片卵状长圆形，先端急尖，淡黄绿色，两面有毛或上面近无毛，雄花具 2 雄蕊，花丝下部有长毛；雌花序长 1~2 cm，基部有 3~5 小叶，苞片卵状长圆形，先端急尖或钝，淡绿色，两面有毛或内面及外面上端无毛。花期 5 月，果期 6 月。

朝鲜柳

［生态习性及分布］ 生于河边及山坡湿润处。国内分布于黑龙江、吉林、辽宁、河北、陕西、甘肃等省份。烟台昆嵛山等有分布。

［用途］ 木材供建筑、造纸等用；枝条可编筐篮；可作为四旁绿化树种。

15. 簸箕柳 *Salix suchowensis* Cheng

［形态特征］ 落叶灌木。小枝淡黄绿色或淡紫红色，无毛；当年生嫩枝有疏绒毛，仅芽附近有绒毛。单叶，互生；叶片披针形，长 7~12 cm，宽约 1.5 cm，先端短渐尖，基部楔形，边缘有细腺齿，上面暗绿色，下面白色，幼叶密被绒毛；叶柄长约 5 mm，上面常有短绒毛；托叶披针形，长 1~1.5 cm，边缘有疏腺齿。花序先叶开放，长 3~4 cm，无梗或近无梗，基部有鳞片；花序轴有毛；苞片长倒卵形，褐色，先端圆，色较暗，外面有长柔毛。蒴果有毛。花期 3 月，果期 4~5 月。

簸箕柳

［生态习性及分布］ 国内分布于河南、江苏、浙江等省份。烟台昆嵛山等有分布。

［用途］ 枝条供编柳条箱及筐篮等；可作为固沙和护堤造林树种。

二十九、杜鹃花科 Ericaceae

（一）杜鹃花属 *Rhododendron*

1. 杜鹃花 映山红 *Rhododendron simsii* Planch.

［形态特征］落叶灌木。分枝多而纤细，密被亮棕褐色扁平糙伏毛。叶革质，常集生枝端，卵形、椭圆状卵形或倒卵形至倒披针形，长 1.5~5 cm，宽 0.5~3 cm，先端短渐尖，基部楔形或宽楔形，边缘微反卷，具细齿，上面深绿色，疏被糙伏毛，下面淡白色，密被褐色糙伏毛，中脉在上面凹陷，下面凸出；花簇生枝顶，花梗长 8 mm，密被亮棕褐色糙伏毛；花萼 5 深裂，被糙伏毛，边缘具睫毛；花冠阔漏斗形，玫瑰色、鲜红色或暗红色，长 3.5~4 cm，宽 1.5~2 cm，裂片 5，倒卵形，上部裂片具深红色斑点；蒴果卵球形，长达 1 cm，密被糙伏毛；花萼宿存。花期 4~6 月，果期 9~10 月。

［生态习性及分布］喜凉爽、湿润、通风的半阴环境。喜酸性土壤，在钙质土中生长得不好。国内分布于安徽、江苏、浙江、福建、台湾、江西、湖北、湖南、广东、广西、四川、云南、贵州等省份。烟台牟平区、昆嵛山、莱州市、蓬莱区、栖霞市、海阳市等有栽培。

［用途］供绿化观赏；根、花、叶可药用。

杜鹃花

2. **迎红杜鹃** 尖叶杜鹃 *Rhododendron mucronulatum* Turcz.

[形态特征] 落叶灌木，分枝多。幼枝细长，疏生鳞片。叶片椭圆形或椭圆状披针形，长 3~7 cm，宽 1~3.5 cm，顶端锐尖、渐尖或钝，边缘全缘或有细圆齿，基部楔形。花序腋生枝顶或假顶生，花 1~3，先叶开放，伞形着生；花芽鳞宿存；花梗长 5~10 mm，花萼 5 裂，被鳞片；花冠宽漏斗状，径 3~4 cm，淡红紫色，花柱光滑，长于花冠。蒴果长圆形，长 1~1.5 cm，径 4~5 mm，先端 5 瓣开裂。花期 4~6 月，果期 9~10 月。

[生态习性及分布] 喜凉爽、湿润、半阴环境；喜酸性土壤，抗旱、怕涝。国内分布于安徽、江苏、浙江、福建、台湾、江西、湖北、湖南、广东、广西、四川、云南、贵州等省份。烟台莱山区、牟平区、福山区、蓬莱区、昆嵛山、招远市、栖霞市、莱阳市、海阳市、龙口市等有栽培。

[用途] 供绿化观赏；叶可药用。

迎红杜鹃

3. **照山白** *Rhododendron micranthum* Turcz.

[形态特征] 常绿灌木，茎灰棕褐色；枝条细瘦。幼枝被鳞片及细柔毛。叶近革质，倒披针形、长椭圆形至披针形，长 3~4 cm，宽 0.8~1.5 cm，顶端钝，急尖或圆，叶基部狭楔形，花冠钟状，长 4~8 mm，外面被鳞片，花裂片 5。蒴果长圆形，长 5~6 mm，被疏鳞片。花期 5~6 月，果期 8~11 月。

[生态习性及分布] 喜酸性土壤，耐干旱、耐寒、耐瘠薄，适应性强。国内分布于东北三省和湖北、湖南、四川等省份。烟台昆嵛山、蓬莱区、招远市、栖霞市、龙口市、福山区等有栽培。

[用途] 枝、叶可药用；可供绿化观赏；可保持水土；花、叶有毒，牛羊食之能致命。

照山白

4. **羊踯躅**　黄杜鹃 *Rhododendron molle* (Blume) G. Don.

[形态特征] 落叶灌木。叶纸质，长圆形至长圆状披针形，长 5~11 cm，宽 1.5~3.5 cm，先端钝，具短尖头，基部楔形，边缘具睫毛，幼时上面被微柔毛，下面密被灰白色柔毛，中脉和侧脉凸出；总状伞形花序顶生，花可多达 13，先花后叶或与叶同时开放；花梗长 1~2.5 cm，被微柔毛；花冠阔漏斗形，长 4~5 cm，直径 5~6 cm，金黄色，内有深红色斑点，外面被微柔毛；蒴果长圆形，长 2.5~3.5 cm，具 5 条纵肋，被微柔毛和疏刚毛。花期 3~5 月，果期 7~8 月。

[生态习性及分布] 喜温暖、阳光充足的生长环境，喜湿、耐旱、不耐涝，最适宜生长在酸性肥沃土壤和沙土地。烟台蓬莱区等有栽培。

[用途] 可入药；全株有毒；花大艳丽，是众多杜鹃园艺品种的母本。

羊踯躅

5. **石岩杜鹃**　钝叶杜鹃 *Rhododendron obtusum* (Lindl.) Planch.

[形态特征] 常绿矮灌木。小枝纤细，分枝繁多，假轮生状，有时近于平卧，密被锈色糙伏毛；叶膜质，常簇生枝端，形状多变，长 1~2.5 cm，宽 4~12 mm，先端钝尖或圆形，有时具短尖头，基部宽楔形，边缘被纤毛，上面鲜绿色，下面苍白绿色，沿中脉更明显，中脉在上面凹陷，叶柄长约 2 mm，被灰白色糙伏毛。伞形花序，通常有花 2~3 朵；花萼裂片 5，被糙伏毛；花冠漏斗状钟形，红色至粉红色或淡红色，直径 2.5 cm，裂片 5；蒴果圆锥形至阔椭圆球形，长 6 mm，密被锈色糙伏毛。花期 4~5 月。

[生态习性及分布] 原产于日本。喜凉爽、湿润、通风的环境，喜欢酸性土壤，在钙质土中生长得不好，甚至不生长。烟台芝罘区、海阳市等有引种栽培。

[用途] 杜鹃花属中著名的栽培种，变种及园艺品种甚多。

石岩杜鹃

6. **白花杜鹃** 毛白杜鹃 *Rhododendron mucronatum* (Blume) G. Don.

[形态特征] 半常绿灌木。幼枝开展，分枝多，密被灰褐色开展的长柔毛，混生少数腺毛；叶纸质，披针形至卵状披针形或长圆状披针形，长 2~6 cm，宽 0.5~1.8 cm，先端钝尖至圆形，基部楔形，上面深绿色，混生短腺毛，中脉、侧脉及细脉在上面凹陷，在下面凸出或明显可见；伞形花序顶生，花 1~3；花梗长达 1.5 cm，密被淡黄褐色长柔毛和腺头毛；花萼绿色，裂片 5，披针形，长 1.2 cm，密被腺状短柔毛；花冠白色，有时淡红色，阔漏斗形，长 3~4.5 cm。蒴果圆锥状卵球形，长约 1 cm。花期 4~5 月，果期 6~7 月。

白花杜鹃

[生态习性及分布] 喜凉爽、湿润、通风的环境，怕酷热又怕严寒。喜酸性土壤，在钙质土中生长得不好，甚至不生长。国内分布于江苏、浙江、福建、江西、四川、云南等省份。烟台莱州市等有栽培。

[用途] 著名的花卉植物，具有较高的观赏价值。

7. **锦绣杜鹃** *Rhododendron* × *pulchrum* Sweet

[形态特征] 半常绿灌木。枝开展，淡灰褐色，被淡棕色糙伏毛；叶薄革质，椭圆状长圆形至椭圆状披针形或长圆状倒披针形，长 2~7 cm，宽 1~2.5 cm，先端钝尖，基部楔形，边缘反卷，上面深绿色，初时淡黄褐色，后近无毛，下面淡绿色，被微柔毛和糙伏毛，中脉和侧脉在上面下凹、下面凸出；叶柄长 3~6 mm，密被棕褐色糙伏毛；花芽卵球形，鳞片外面沿中部具淡黄褐色毛，内有黏质。伞形花序顶生，花梗长 0.8~1.5 cm，密被淡黄褐色长柔毛；花萼大，绿色，5 深裂，裂片披针形，长约 1.2 cm，被糙伏毛；花冠玫瑰紫色，阔漏斗形，长 4.8~5.2 cm，宽 6 cm，裂片 5，阔卵形，长约 3.3 cm，具深红色斑点；雄蕊 10，长 3.5~4 cm，花丝线形，下部被微柔毛；子房卵球形，密被黄褐色刚毛状糙伏毛，花柱长约 5 cm。蒴果长圆状卵球形，被刚毛状糙伏毛，花萼宿存。花期 4~5 月，果期 9~10 月。

[生态习性及分布] 该种是 *R. ledifolium* G. Don 与 *R. indicum* (L.) Sweet 的杂交种。栽培品种繁多。江苏、浙江、福建、江西、湖北、湖南、广东、广西等省份广泛栽培。烟台芝罘区等有栽培。

[用途] 著名观赏花灌木。

锦绣杜鹃

8. **毛叶杜鹃** *Rhododendron radendum* Fang

[形态特征] 常绿小灌木。小枝细瘦，幼枝密被鳞片和刚毛；叶革质，长圆状披针形、倒卵状披针形至卵状披针形，长 1~1.8 cm，宽 3~6 mm，先端急尖或圆钝，基部圆钝，边缘反卷，上面绿色，有光泽，被鳞片，沿中脉有刚毛；叶柄长 2~3 mm，被鳞片和刚毛。花序顶生，花 8~10，花萼小，5 裂，裂片卵形，外面被鳞片和刚毛；花冠狭管状，长 8~12 mm，粉红至粉紫色，5 裂，裂片圆形，覆瓦状，开展，外面密被鳞片。花期 5~6 月。

[生态习性及分布] 畏强光，喜温暖、湿润、通风好的环境，喜酸性的土壤。烟台莱山区等有栽培。

[用途] 著名观赏花灌木。

毛叶杜鹃

（二）喜冬草属 *Chimaphila*

喜冬草 *Chimaphila japonica* Miq.

[形态特征] 常绿草本状小灌木，具根状茎。单叶，对生或 3~4 轮生，革质，阔披针形，长 1.6~3 cm，宽 0.6~1.2 cm，先端急尖，基部圆楔形或近圆形，边缘有锯齿，上面绿色，下面苍白色，叶脉羽状；叶柄长 2~8 mm。花单生或有时两朵，顶生或叶腋处着生，半下垂，白色；萼片膜质，卵状长圆形或长圆状卵形，先端急尖，边缘有不整齐的锯齿；花瓣倒卵圆形，5 枚，先端圆形；雄蕊 10，花丝短，下半部膨大并有缘毛，花药长约 2 mm，宽约 1 mm，有小角，黄色；花柱极短，倒圆锥形，柱头大，圆盾形。蒴果扁球形。花期 6~9 月，果期 7~10 月。

[生态习性及分布] 多分布于林下及灌丛中。国内分布于吉林、辽宁、山西、陕西、安徽、台湾、湖北、四川、云南、贵州、西藏等省份。烟台昆嵛山等有分布。

[用途] 可保持水土，也可用于绿化观赏。

喜冬草

（三）鹿蹄草属 *Pyrola*

鹿蹄草

鹿蹄草 *Pyrola calliantha* H. Andr.

[形态特征] 常绿草本状小灌木，高 10~30 cm。根茎细长，横生，有分枝。叶 4~7，革质，基生，椭圆形或圆卵形，稀近圆形，长 2.5~5 cm，宽 1.5~3.5 cm，先端钝或圆钝，基部阔楔形或近圆形，边缘近全缘或有疏齿，上面绿色，下面常有白霜，有时带紫色；叶柄长 2~5.5 cm，有时带紫色；花莛有 1~4 枚鳞片状叶，卵状披针形或披针形，长 7.5~8 mm，宽 4~4.5 mm，先端渐尖或短渐尖，基部稍抱花莛；总状花序长 12~16 cm，花 9~13，密生；花倾斜，稍下垂，花冠广开，较大，直径 1.5~2 cm，白色，有时稍带淡红色；花梗长 5~10 mm，腋间有长舌形苞片，长 6~7.5 mm，宽 1.6~2 mm，先端急尖；萼片舌形，长 3~7.5 mm，宽 2~3 mm，先端急尖或钝尖，边缘近全缘；花瓣倒卵状椭圆形或倒卵形，长 6~10 mm，宽 5~8 mm；雄蕊 10，花丝无毛，花药长圆柱形，黄色；花柱长 6~8 mm，常带淡红色，倾斜，近直立或上部稍向上弯曲，伸出或稍伸出花冠，顶端增粗，有不明显的环状突起，柱头 5 裂。蒴果扁球形。花期 6~8 月，果期 8~9 月。

[生态习性及分布] 多分布于林下低矮的草丛。国内分布于陕西、青海、甘肃、山西、山东、河北、河南、安徽、江苏、浙江、福建、湖北、湖南、江西、四川、贵州、云南、西藏等省份。烟台昆嵛山等有分布。

[用途] 全草可入药；可用于栽培观赏。

（四）越橘属 *Vaccinium*

1. 腺齿越橘 *Vaccinium oldhamii* Miq.

[形态特征] 落叶灌木。幼枝褐色，密被灰色短柔毛，杂生腺毛，老枝暗褐色，渐变无毛。叶片纸质，卵形、椭圆形或长圆形，长 2.5~9 cm，宽 1.2~4.5 cm，顶端锐尖，基部楔形，边缘有细齿，齿端有具腺细刚毛，表面沿中脉和侧脉被短柔毛，背面沿中脉和侧脉被刚毛或具腺刚毛，总状花序生于当年生枝的枝顶，长 3~6 cm，序轴被短柔毛及腺毛；花冠棕黄带淡红色，钟状；浆果近球形，直径 0.7~1 cm。花期 5~6 月，果期 7~10 月。

[生态习性及分布] 产于崂山、昆嵛山山坡灌丛。国内分布于山东、江苏等省份。烟台昆嵛山、牟平区等有分布。

[用途] 2015 年被列为我国稀有树种，与美国蓝莓相比，果实大、花青素含量高，经济价值亟待开发。

腺齿越橘

2. **蓝莓**　笃斯越橘 *Vaccinium corymbosum* L.

蓝莓

［形态特征］ 落叶灌木。多分枝，幼枝有微柔毛，老枝无毛。叶散生，叶片纸质，倒卵形，椭圆形至长圆形，长 1~2.8 cm，宽 0.6~1.5 cm，顶端圆形，有时微凹，基部宽楔形或楔形，背面微被柔毛，中脉、侧脉和网脉均纤细；叶柄短，长 1~2 mm。花下垂，1~3 朵着生于去年生枝顶叶腋；花梗 0.5~1 cm，萼无毛，三角状卵形，长约 1 mm；花冠绿白色，宽坛状，长约 5 mm，4~5 浅裂；浆果近球形或椭圆形，直径约 1 cm，成熟蓝紫色，被白粉。花期 6 月，果期 7~8 月。

［生态习性及分布］ 喜光，抗旱、怕涝，喜酸性土壤。原产于北美。烟台昆嵛山、牟平区等广泛栽培。

［用途］ 具有较高经济价值和广阔开发前景的小浆果树种。

三十、柿科 Ebenaceae

柿属 *Diospyros*

1. **柿**　柿子树　柿树（原变种）*Diospyros kaki* Thunb. var. *kaki*

［形态特征］ 落叶乔木。树皮深灰色至灰黑色，裂成长方形状；树冠球形或长圆球形，光绿色至褐色，纵裂的长圆形或狭长圆形皮孔；叶纸质，卵状椭圆形至倒卵形或近圆形，长 5~18 cm，宽 2.8~9 cm，先端渐尖或钝，基部楔形，钝圆形或近截形，新叶疏生柔毛，老叶上面有光泽，深绿色，侧脉每边 5~7；叶柄长 8~20 mm。花雌雄异株，间或有雄株中有少数雌花、雌株中有少数雄花的，聚伞状花序腋生，雄花序小，长 1~1.5 cm，弯垂，雄花小，长 5~10 mm，花冠钟状；雌花单生叶腋，长约 2 cm；果柄粗壮，长 6~12 mm。花期 5~6 月，果期 10~11 月。

柿

［生态习性及分布］ 阳性、深根性树种；喜温暖气候，耐寒，耐瘠薄，抗旱性强，不耐盐碱。国内分布于山西、甘肃、河南、安徽、江苏、浙江、福建、台湾、云南、贵州等省份。烟台芝罘区、福山区、莱山区、蓬莱区、牟平区、昆嵛山、莱州市、蓬莱区、招远市、栖霞市、莱阳市、海阳市、龙口市等有分布。

［用途］ 重要经济树种；优良景观树种。

2. **野柿**（柿 变种）*Diospyros kaki* Thunb. var. *silvestris* Makino

[形态特征] 小枝及叶柄常密被黄褐色柔毛，叶片下面的毛较多，花较小，果亦较小，直径 2~5 cm。

[生态习性及分布] 生于山坡、沟谷杂木林。国内分布于江苏、福建、江西、湖北、四川、云南等省份。烟台昆嵛山等有分布。

[用途] 未成熟柿子用于提取柿漆；果脱涩后可食；木材用途同柿；树皮亦含鞣质；实生苗可作栽培柿的砧木。

野柿

3. **君迁子** 软枣 黑枣 *Diospyros lotus* Linn.

[形态特征] 落叶乔木。树冠近球形或扁球形；树皮灰黑色或灰褐色，深裂或不规则的块状剥落；小枝褐色或棕色，有纵裂的皮孔；嫩枝通常淡灰色，有时带紫色，平滑或有黄灰色短柔毛。冬芽狭卵形，先端急尖。叶近膜质，椭圆形至长椭圆形，长 5~13 cm，宽 2.5~6 cm，先端渐尖或急尖，宽楔形以至近圆形，上面深绿色，有光泽，下面绿色或粉绿色，有柔毛，侧脉纤细，每边 7~10，连接成不规则的网状；叶柄长 7~15 mm，上面有沟。雄花腋生 1~3，簇生；花冠壶形，粉红色或淡黄色；果近球形或椭圆形，直径 1~2 cm，初熟时为淡黄色，后则变为蓝黑色，常被白色薄蜡层。花期 4~5 月，果期 9~10 月。

[生态习性及分布] 阳性树种，枝叶多呈水平伸展，抗寒、抗旱能力较强，速生，寿命较长。国内分布于辽宁、河北、山西、陕西、甘肃、河南、安徽、江苏、浙江、江西、湖北、湖南、四川、云南、贵州、西藏等省份。烟台芝罘区、福山区等有分布。

[用途] 果实可食；木材可做家具；是嫁接柿树的良好砧木。

君迁子

三十一、安息香科（野茉莉科）Styracaceae

安息香属 *Styrax*

玉铃花 *Styrax obassis* Sieb. et Zucc.

[形态特征] 落叶乔木或灌木。树皮灰褐色，平滑；小枝圆柱形，紫红色；叶纸质，生于小枝最上部，宽椭圆形或近圆形，长 5~15 cm，宽 4~10 cm，顶端急尖或渐尖，基部近圆形或宽楔形，边缘具粗锯齿，下面密被灰白色星状绒毛，侧脉每边 5~8；叶柄长 1~1.5 cm，被黄棕色长柔毛，生于小枝最下部的两叶近对生；花白色或粉红色，芳香，长 1.5~2 cm，总状花序顶生或腋生，长 6~15 cm，有花 10~20 朵，花冠裂片膜质，椭圆形，长 1.3~1.6 cm，宽 4~5 mm，外面密被白色星状短柔毛；果实卵形或近卵形，直径 10~15 mm，顶端具短尖头，密被黄褐色星状短绒毛。花期 5~7 月，果期 8~9 月。

[生态习性及分布] 阳性树种，喜温暖湿润、光照充足的环境，有一定的耐旱能力，怕涝。国内分布于辽宁、安徽、浙江、江西等省份。烟台牟平区等有分布。

[用途] 树形美观，色泽艳丽，叶、花、果、姿均具有较高的观赏价值；木材可作建筑用材、制作器具、雕刻等，是良好的用材树种。

玉铃花

三十二、山矾科 Symplocaceae

山矾属 *Symplocos*

1. 白檀 锦织木 *Symplocos paniculata* (Thunb.) Miq.

[形态特征] 落叶灌木或小乔木。嫩枝有灰白色柔毛，老枝无毛；叶膜质或薄纸质，阔倒卵形、椭圆状倒卵形，长 3~11 cm，宽 2~4 cm，基部阔楔形或近圆形，边缘有细尖锯齿，叶面无毛或有柔毛，叶背通常有柔毛或仅脉上有柔毛；中脉在叶面凹下，侧脉在叶面平坦或微凸起，每边 4~8；叶柄长 3~5 mm。圆锥花序长 5~8 cm，通常有柔毛；苞片早落，通常条形，有褐色腺点；花萼长 2~3 mm，萼筒褐色，无毛或有疏柔毛，裂片半圆形或卵形，稍长于萼筒，淡黄色，有纵脉纹，边缘有毛；花冠白色，雄蕊 40~60，子房 2 室，花盘具 5 个凸起的腺点。核果熟时蓝色。花期 5 月，果期 10 月。

白檀

[生态习性及分布] 喜温暖湿润气候和深厚肥沃的砂质壤土，喜光，耐寒，抗旱，耐瘠薄。产自我国东北、华北、华中、华南、西南等地。烟台海阳市等有分布。

[用途] 良好的园林绿化点缀树种；种子可榨油，供制油漆、肥皂等用；根皮与叶可作农药用。

2. 华山矾 *Symplocos chinensis* (Lour.) Druce

[形态特征] 落叶灌木。嫩枝、叶柄、叶背均被灰黄色柔毛。叶纸质，椭圆形或倒卵形，长 4~10 cm，宽 2~5 cm，先端急尖或短尖，基部楔形或圆形，边缘有细尖锯齿，叶面有短柔毛；中脉在叶面凹下，侧脉每边 4~7。圆锥花序顶生或腋生，长 4~7 cm，花序轴、苞片、萼外面均密被灰黄色柔毛；花萼长 2~3 mm。裂片长圆形，长于萼筒；雄蕊 50~60，花丝基部合生成五体雄蕊；花盘无毛；子房 2 室。核果卵状圆球形，歪斜，长 5~7 mm，被紧贴柔毛，熟时蓝色，顶端宿萼裂片向内伏。花期 4~5 月，果期 10 月。

华山矾

[生态习性及分布] 产自浙江、福建、安徽、江西、湖南、广东、广西、云南、贵州、四川等省份。生于海拔 1000 m 以下的丘陵、山坡、杂林中。烟台海阳市等有分布。

[用途] 叶根可药用；种子油可制肥皂。

三十三、海桐花科 Pittosporaceae

海桐花属 *Pittosporum*

海桐 *Pittosporum tobira* (Thunb.) Ait.

海桐

[形态特征] 常绿灌木或小乔木。嫩枝被褐色柔毛，有皮孔；叶聚生于枝顶，二年生，革质，倒卵形或倒卵状披针形，长 4~9 cm，宽 1.5~4 cm，上面深绿色，发亮、先端圆形或钝，基部窄楔形，侧脉 6~8 对，叶柄长达 2 cm。伞形花序顶生或近顶生，密被黄褐色柔毛，花白色，有芳香，后变黄色；蒴果圆球形，3 片裂开；种子多数红色。花期 5 月，果期 10 月。

[生态习性及分布] 喜光，喜温暖湿润气候和肥沃润湿土壤。能抗风防潮。国内分布于江苏、福建、浙江、台湾、湖北、广东、广西、海南、四川、云南、贵州等省份。烟台芝罘区、莱山区、蓬莱区、莱州市、海阳市、龙口市等有栽培。

[用途] 枝叶繁茂，树冠球形，萌芽力强，耐修剪，易造型，广泛用于灌木球、绿篱及造型树等。

三十四、虎耳草科 Saxifragaceae

（一）溲疏属 *Deutzia*

1. 溲疏　齿叶溲疏（原变种）*Deutzia crenata* Sieb. et Zucc. var. *crenata*

[形态特征] 落叶灌木。老枝灰色，表皮片状脱落；小枝长 8~12 cm，具 4~6 叶，具棱，红褐色；叶纸质，卵形或卵状披针形，长 5~8 cm，宽 1~3 cm，先端渐尖或急渐尖，基部圆形或阔楔形，边缘具细圆齿，上面疏被辐线星状毛，叶脉上常具中央长辐线，侧脉每边 3~5；圆锥花序长 5~10 cm，直径 3~6 cm，多花，疏被星状毛；花瓣白色，狭椭圆形，长 8~15 mm，宽约 6 mm，先端急尖，外面被星状毛；蒴果半球形，直径约 4 mm，疏被星状毛。花期 4~5 月，果期 7~8 月。

溲疏

[生态习性及分布] 喜光，耐阴，较耐寒，喜微酸性至中性土壤。烟台牟平区、昆嵛山、莱州市、龙口市、海阳市等有分布。

[用途] 花枝伸展，花色皎洁如雪，繁密而素净，是常见的园林观赏灌木；可孤植、丛植、群植于草坪、坡地、水畔、山石旁，也可列植成花篱。

2. **白花重瓣溲疏**（齿叶溲疏 栽培变种）*Deutzia crenata* Sieb. et Zucc. var. *candidissima* Rehd.

[形态特征] 与原变种区别在于花重瓣。

[生态习性及分布] 烟台龙口市等有分布。

[用途] 供绿化观赏。

白花重瓣溲疏

3. **大花溲疏** *Deutzia grandiflora* Bunge

[形态特征] 落叶灌木。老枝紫褐色或灰褐色，表皮片状脱落；花枝具 2~4 叶，黄褐色，被具中央星状毛；叶纸质，菱形或椭圆状卵形，长 2~5.5 cm，宽 1~3.5 cm，先端急尖，基部楔形或阔楔形，边缘具大小相间或不整齐锯齿，上面被 4~6 星状毛，下面灰白色，被 7~11 星状毛，沿叶脉具中央长辐线，侧脉每边 5~6；聚伞花序长和直径均 1~3 cm，花 2~3；花冠直径 2~2.5 cm；花瓣白色，长圆形或倒卵状长圆形。花期 4~5 月，果期 6 月。

大花溲疏

[生态习性及分布] 喜光，耐阴，耐寒，耐旱，对土壤要求不严。国内分布于辽宁、内蒙古、河北、山西、陕西、甘肃、河南、湖北等省份。烟台芝罘区、牟平区、福山区、蓬莱区、昆嵛山、招远市、栖霞市、海阳市、龙口市等有分布。

[用途] 园林观赏树种；可植于草坪、路边及山坡，也可作花篱或岩石园种植材料。

4. **光萼溲疏** 崂山溲疏（原变种）*Deutzia glabrata* Kom. var. *glabrata*

[形态特征] 落叶灌木。老枝灰褐色，表皮常脱落；花枝长 6~8 cm，红褐色。叶薄纸质，卵形或卵状披针形，长 5~10 cm，宽 2~4 cm，先端渐尖，基部阔楔形或近圆形，边缘具细锯齿，上面无毛或疏被 3~4 辐线星状毛，下面无毛；侧脉每边 3~4。伞房花序直径 3~8 cm，花 5~20；花冠直径 1~1.2 cm；萼筒杯状，无毛；裂片三角形，长约 1 mm，先端稍钝；花瓣白色，圆形或阔倒卵形，长约 6 mm，宽约 4 mm，两面被细毛；蒴果球形，直径 4~5 mm，无毛。花期 5 月，果期 8~9 月。

[生态习性及分布] 适应性强，耐干旱、耐瘠薄。国内分布于黑龙江、吉林、辽宁、河南等省份。烟台昆嵛山、牟平区等有分布。

[用途] 花朵素雅，可作绿篱，是良好的景观绿化树种。

光萼溲疏

5. **钩齿溲疏**　李叶溲疏 *Deutzia baroniana* Diels

［形态特征］ 落叶灌木。老枝灰褐色；花枝长 1~4 cm，具 2~4 叶，具棱，浅褐色，被星状毛；叶纸质，菱形或椭圆形，长 2~5 cm，宽 1.5~3 cm，先端急尖，基部楔形或阔楔形，边缘具不整齐或大小相间锯齿，上面疏被 4~5 辐线星状毛，有时具中央长辐线，下面疏被 5~6 辐线星状毛；叶脉上具中央长辐线，侧脉每边 4~5；聚伞花序长和宽均 1~1.5 cm，具 2~3 花或花单生；花冠直径 1.5~2.5 cm；花瓣白色，倒卵状长圆形或倒卵状披针形，长 15~20 mm，宽 5~7 mm，先端圆形，外面被星状毛；蒴果半球形，直径约 4 mm，密被星状毛。花期 4~5 月，果期 8~9 月。

钩齿溲疏

［生态习性及分布］ 适应性强，常生于沟谷、岩石缝中，耐旱、耐瘠薄、抗寒。国内分布于辽宁、山西、河北、河南、江苏等省份。烟台昆嵛山等有分布。

［用途］ 可作景观绿化树种。

（二）茶藨子属 *Ribes*

1. **香茶藨子**　黄花茶藨子 *Ribes odoratum* Wendl.

［形态特征］ 落叶灌木。小枝圆柱形，灰褐色，嫩枝灰褐色或灰棕色；叶圆状或卵圆形，长 2~5 cm，宽与长相似，基部楔形，稀近圆形或截形，掌状 3~5 深裂，裂片形状不规则，边缘具粗钝锯齿；叶柄长 1~2 cm，被短柔毛；花两性，芳香；总状花序长 2~5 cm，常下垂，花 5~10 朵；花瓣近匙形或近宽倒卵形，长 2.5~3.5 mm，宽 2~3 mm，先端圆钝而浅缺刻状，浅红色，无毛；果实球形或宽椭圆形，长 8~10 mm，宽几与长相等，熟时黑色，无毛。花期 4 月，果期 7~8 月。

香茶藨子

［生态习性及分布］ 喜温暖湿润的气候，耐寒、耐阴，怕湿热，有一定的耐盐碱力。烟台芝罘区等有分布。

［用途］ 花朵繁密，花期较长，花色鲜艳，具有较高的观赏价值。

2. **东北茶藨子**（原变种）*Ribes mandshuricum* (Maxim.) Kom. var. *mandshuricum*

［形态特征］落叶灌木。小枝灰色或褐灰色，皮纵向或长条状剥落，嫩枝褐色；叶宽大，长 5~10 cm，宽与长几等，基部心脏形，掌状 3 裂，稀 5 裂，裂片卵状三角形，先端急尖至短渐尖，顶生裂片比侧生裂片稍长，边缘具不整齐粗锐锯齿或重锯齿；叶柄长 2~8 cm，具短柔毛；花两性，开花时直径 3~5 mm；总状花序长 2.5~10 cm，稀达 20 cm，初直立后下垂，具花多达 40~50；花瓣近匙形，长约 1~1.5 mm，浅黄绿色。果实球形，直径 7~9 mm，红色。花期 5~6 月，果期 7~8 月。

东北茶藨子

［生态习性及分布］喜光，耐寒性强，萌蘖性强，耐修剪。适宜生存环境为混交林下。国内分布于黑龙江、吉林、辽宁、内蒙古、河北、山西、陕西、甘肃、河南等省份。烟台昆嵛山等有分布。

［用途］果实营养极为丰富，同时也可用于绿化，具有较高的经济价值和生态价值。

3. **华蔓茶藨子**（变种）*Ribes fasciculatum* Sieb. et Zucc. var. *chinense* Maxim

［形态特征］落叶灌木，高约 1.5 m；小枝灰褐色，片状裂，无毛或有疏柔毛，老时脱落，无刺；叶近圆形，长 3~4 cm，宽 3.5~5 cm，基部截形至浅心形，两面无毛或疏生柔毛，边缘掌状 3~5 裂，裂片宽卵圆形，先端稍钝或急尖，顶生裂片与侧生裂片近等长或稍长，具粗钝单锯齿；叶柄长 1~3 cm，被疏柔毛。花单性，雌雄异株，组成伞形花序，总花梗短或无；苞片长圆形，长 5~8 mm，宽 2~3.5 mm，先端钝或稍微尖，微被短柔毛，早落。花萼黄绿色，外面无毛，有香味；萼筒杯形，长 2~3 mm，宽大于长或几相等，萼片卵圆形或舌形，长 2~4 mm，宽 1.5~3 mm，先端圆钝，花期反折；雄蕊 5，长于花瓣，花药扁椭圆形；雄花不发育，花药无花粉；子房下位，无毛，梨形，雄花中子房退化，花柱先端 2 裂。浆果近球形，直径 7~10 mm，红褐色，无毛，顶端有宿存的花萼。花期 4~5 月，果期 8~9 月。

华蔓茶藨子

［生态习性及分布］多生于山坡疏林中。国内分布于辽宁、河北、山西、陕西、河南、江苏、浙江、湖北、四川等省份。烟台昆嵛山、海阳市等有分布。

［用途］用于绿化观赏；果实可食用，也可用于酿酒。

三十五、蔷薇科 Rosaceae

（一）绣线菊属 *Spiraea*

1. 绣线菊 柳叶绣线菊 *Spiraea salicifolia* Linn.

［形态特征］ 落叶灌木。枝条密集，小枝稍有棱角，黄褐色，嫩枝具短柔毛；叶片长圆披针形至披针形，长 4~8 cm，宽 1~2.5 cm，先端急尖或渐尖，基部楔形，边缘密生锐锯齿或重锯齿，两面无毛；花序为长圆形或金字塔形的圆锥花序，长 6~13 cm，直径 3~5 cm，被细短柔毛，花朵密集；花梗长 4~7 mm；花直径 5~7 mm；花瓣卵形，先端圆钝，长 2~3 mm，宽 2~2.5 mm，粉红色；雄蕊约长于花瓣 2 倍。蓇葖果直立。花期 6~8 月，果期 8~9 月。

绣线菊

［生态习性及分布］ 喜光、耐阴，喜温暖湿润的气候和深厚肥沃的土壤。国内分布于黑龙江、吉林、辽宁、内蒙古等省份。烟台牟平区、昆嵛山、莱州市、招远市、莱阳市、海阳市、龙口市等有分布。

［用途］ 良好的园林观赏植物和蜜源植物，亦可作绿篱材料和观花灌木。

2. 笑靥花 李叶绣线菊（原变种）*Spiraea prunifolia* Sieb. et Zucc. var. *prunifolia*

［形态特征］ 落叶灌木。小枝细长，幼时被短柔毛。叶片卵形至长圆披针形，长 1.5~3 cm，宽 0.7~1.4 cm，先端急尖，基部楔形，边缘有细锐齿，具羽状脉；伞形花序，花 3~6，基部着生数枚小形叶片；花梗有短柔毛；花重瓣，白色。花期 4~5 月。

笑靥花

［生态习性及分布］ 耐寒、耐旱、耐贫瘠，可在山坡岩石或石砾间，甚至石缝里生长。国内分布于陕西、安徽、江苏、浙江、湖北、湖南、四川、贵州等省份。烟台龙口市等有分布。

［用途］ 园林造景，可丛植或片植。

珍珠绣线菊

3. **珍珠绣线菊** 珍珠花 喷雪花 *Spiraea thunbergii* Sieb. et Bl.

[形态特征] 落叶灌木。枝条细长开张，呈弧形弯曲，小枝有棱角，幼时被短柔毛，褐色，老时转红褐色，无毛；叶片披针形，长 2.5~4 cm，宽 0.3~0.7 cm，先端长渐尖。基部狭楔形，边缘自中部以上有尖锐锯齿，两面无毛，具羽状脉；伞形花序无总梗，花 3~7，基部簇生数枚小叶片；花梗细，无毛；花直径 6~8 mm；花瓣倒卵形或近圆形，先端微凹至圆钝，长 2~4 mm，宽 2~3.5 mm，白色；蓇葖果开张。花期 4~5 月，果期 7 月。

[生态习性及分布] 喜光，耐半阴，耐寒，耐旱，耐贫瘠，抗病虫害。国内分布于陕西、安徽、江苏、浙江、湖北、湖南、四川、贵州等省份。烟台芝罘区等有分布。

[用途] 园林观赏花灌木。

4. **粉花绣线菊** 日本绣线菊（原变种）*Spiraea japonica* Linn. f. var. *japonica*

[形态特征] 落叶灌木。枝条细长，开展，小枝近圆柱形，无毛或幼时被短柔毛；叶片卵形至卵状椭圆形，长 2~8 cm，宽 1~3 cm，先端急尖至短渐尖，基部楔形，边缘有缺刻状重锯齿或单锯齿，上面暗绿色，无毛或沿叶脉微具短柔毛，下面色浅或有白霜，通常沿叶脉有短柔毛；复伞房花序生于当年生的直立新枝顶端，花朵密集，密被短柔毛；花梗长 4~6 mm；花直径 4~7 mm；花瓣卵形至圆形，先端通常圆钝，长 2.5~3.5 mm，宽 2~3 mm，粉红色；雄蕊较花瓣长；蓇葖果半开张。花期 6~7 月，果期 8~9 月。

[生态习性及分布] 喜光，耐半阴，耐寒，耐旱，耐贫瘠，抗病虫害。国内分布于黑龙江、吉林、辽宁、内蒙古等省份。烟台莱山区、牟平区、蓬莱区、海阳市等有分布。

[用途] 园林观赏花灌木。

粉花绣线菊

5. **金山绣线菊**（日本绣线菊 栽培变种）*Spiraea japonica 'Gold Mound'*

［形态特征］ 叶菱状披针形，叶缘具深锯齿，叶面稍感粗糙。由于其春季萌动后，新叶金黄、明亮，株型丰满呈半圆形，好似一座小小的金山，故名金山绣线菊。

［生态习性及分布］ 烟台栖霞市、海阳市、龙口市等有分布。

金山绣线菊

6. **华北绣线菊**（原变种）*Spiraea fritschiana* Schneid. var. *fritschiana*

［形态特征］ 落叶灌木。枝条粗壮，小枝具明显棱角，有光泽，紫褐色至浅褐色；叶片卵形、椭圆卵形或长圆形，长 3~8 cm，宽 1.5~3.5 cm，先端急尖或渐尖，基部宽楔形，边缘有不整齐重锯齿或单锯齿，上面深绿色，下面浅绿色，具短柔毛；复伞房花序顶生于当年生直立新枝上，多花；花梗长 4~7 mm；花瓣卵形，先端圆钝，长 2~3 mm，宽 2~2.5 mm，白色，在芽中呈粉红色，雄蕊长于花瓣；蓇葖果几直立、开张。花期 6 月，果期 7~8 月。

［生态习性及分布］ 喜光，耐半阴，耐寒，耐旱，耐修剪。国内分布于河北、山西、陕西、甘肃、河南、江苏、浙江、湖北、四川等省份。烟台芝罘区、莱山区、牟平区、福山区、蓬莱区、昆嵛山、招远市、栖霞市、海阳市、龙口市等有分布。

［用途］ 小花密集，花期长，是良好的园林观赏花灌木。

华北绣线菊

7. **大叶华北绣线菊**（华北绣线菊 变种）*Spiraea fritschiana* Schneid. var. *angulata* (Schneid.) Rehd.

［形态特征］ 与原变种主要区别为叶片长圆卵形，长 2.5~8 cm，宽 1.5~3 cm，两面无毛，基部圆形。

［生态习性及分布］ 国内分布于黑龙江、辽宁、河北、甘肃、安徽、江西、湖北等省份。烟台龙口市等有分布。

8. **麻叶绣线菊** *Spiraea cantoniensis* Lour.

[形态特征] 落叶灌木。小枝圆柱形，呈拱形弯曲，幼时暗红褐色；叶片菱状披针形至菱状长圆形，长 3~5 cm，宽 1.5~2 cm，先端急尖，基部楔形，边缘自近中部以上有缺刻状锯齿，上面深绿色，下面灰蓝色，两面无毛，有羽状叶脉；伞形花序具多数花朵；花梗长 8~14 mm，无毛；花瓣近圆形或倒卵形，先端微凹或圆钝，长与宽 2.5~4 mm，白色；雄蕊短于花瓣或几与花瓣等长。蓇葖果直立开张。花期 4~5 月，果期 7~9 月。

[生态习性及分布] 喜温暖和阳光充足的环境。稍耐寒、耐阴，耐干旱；分蘖力强。国内分布于福建、浙江、江西、广东、广西等省份。烟台牟平区、蓬莱区、莱阳市、龙口市等有分布。

[用途] 花序密集，花色洁白，是良好的园林观赏花灌木。

麻叶绣线菊

9. **三裂绣线菊 三桠绣球（原变种）** *Spiraea trilobata* Linn. var. *trilobata*

[形态特征] 落叶灌木。小枝暗灰褐色，细瘦，开展，呈“之”字形弯曲。叶片近圆形，长 1.7~3 cm，宽 1.5~3 cm，先端钝，常 3 裂，基部圆形、楔形或亚心形，边缘自中部以上有少数圆钝锯齿，下面色较浅，基部具显著 3~5 脉；伞形花序具总梗，有花 15~30；花梗长 8~13 mm；花瓣宽倒卵形，先端常微凹，长与宽各 2.5~4 mm；雄蕊比花瓣短。蓇葖果开张，具柔毛或无毛。花期 5~6 月，果期 7~8 月。

[生态习性及分布] 喜光，耐阴，耐寒，耐旱，耐盐碱，耐瘠薄，不耐涝。生于岩石缝、向阳坡地或灌木丛中。国内分布于黑龙江、辽宁、内蒙古、河北、山西、陕西、甘肃、河南、安徽等省份。烟台蓬莱区、昆嵛山、招远市、栖霞市、龙口市等有分布。

[用途] 花色洁白，是良好的园林观赏花灌木。

三裂绣线菊

10. 菱叶绣线菊 *Spiraea* × *vanhouttei* (Briot.) Carr.

[形态特征] 麻叶绣线菊和三裂绣线菊的杂交种。落叶灌木。小枝红褐色；冬芽小，卵形，有数片芽鳞片。单叶，互生；叶片菱状卵形至菱状倒卵形，长 1.5~3.5 cm，宽 0.9~1.8 cm，基部楔形，常 3~5 裂，边缘有缺刻状重锯齿，两面无毛，上面暗绿色，下面浅蓝灰色；叶柄长 3~5 mm，无毛。伞形花序有总梗，基部有数片叶；花梗长 0.7~1.2 cm，无毛；苞片条形，无毛；花萼片 5，萼筒及萼片外面无毛；花瓣 5，近圆形，长与宽各 3~4 mm，白色；雄蕊多数，不育，长约为花瓣的 1/2 或 1/3；雌蕊 5，离生，子房上位，无毛。花期 5~6 月。

菱叶绣线菊

[生态习性及分布] 国内分布于江苏、广东、广西、四川等省份，烟台招远市、龙口市等有分布。

11. 土庄绣线菊 *Spiraea pubescens* Turcz.

[形态特征] 落叶灌木。小枝开展，稍弯曲，嫩时被短柔毛，褐黄色，老时无毛，灰褐色。叶片菱状卵形至椭圆形，长 2~4.5 cm，宽 1.3~2.5 cm，先端急尖，基部宽楔形，边缘自中部以上有深刻锯齿，有时 3 裂，上面有稀疏柔毛，下面被灰色短柔毛；伞形花序具总梗，花 15~20；花梗长 7~12 mm；花瓣卵形、宽倒卵形或近圆形，先端圆钝或微凹，长与宽各 2~3 mm，白色，雄蕊约与花瓣等长；蓇葖果开张，仅腹缝线微被短柔毛。花期 5~6 月，果期 7~8 月。

[生态习性及分布] 喜光、耐寒，喜水肥，对土壤要求不高，生长快，分枝力强。分布于黑龙江、吉林、辽宁、河北、山西、甘肃、安徽等省份。烟台招远市、栖霞市等有分布。

[用途] 乡土植物，可作绿化材料。

土庄绣线菊

12. **金焰绣线菊**（粉花绣线菊 栽培变种）*Spiraea japonica* 'Gold flame'

[形态特征] 落叶灌木。枝叶较松散，呈球状，叶色鲜艳夺目，叶芽小，芽鳞 2~8；单叶互生，具锯齿、缺刻或分裂，羽状脉，或基部具 3~5 出脉；叶柄短，无托叶。花两性；花色为玫瑰红，花序较大，聚成复伞形花序 10~35，直径 10~20 cm，也可为伞形、伞形总状、伞房状或圆锥状花序；萼筒钟状，萼片 5，花瓣 5，常圆形，雄蕊 15~60，心皮 5（3~8）。蓇葖果 5，沿腹缝线开裂，内具数粒细小种子，种皮膜质。花期 6~9 月。

[生态习性及分布] 喜光，耐阴，抗寒，抗旱，喜温暖湿润的气候和深厚肥沃的土壤。原产于美国，现我国各地均有种植。烟台海阳市等有分布。

[用途] 可用于建植大型图纹、花带、彩篱等园林造型，也可布置花坛、花景，点缀园林小品，亦可丛植、孤植或列植，也可作绿篱。

金焰绣线菊

（二）珍珠梅属 *Sorbaria*

1. **珍珠梅** 东北珍珠梅 *Sorbaria sorbifolia* (Linn.) A. Br.

[形态特征] 落叶灌木。枝条开展，小枝圆柱形，稍屈曲，无毛或微被短柔毛。冬芽卵形，先端圆钝；羽状复叶，小叶片 11~17，对生，连叶柄长 13~23 cm，宽 10~13 cm，披针形至卵状披针形，长 5~7 cm，宽 1.8~2.5 cm，先端渐尖，基部近圆形或宽楔形，稀偏斜，边缘有尖锐重锯齿，羽状网脉，具侧脉 12~16 对，下面明显。顶生大型密集圆锥花序，长 10~20 cm，直径 5~12 cm，花直径 10~12 mm；花瓣长圆形或倒卵形，长 5~7 mm，宽 3~5 mm，白色；雄蕊长于花瓣 1.5~2 倍。蓇葖果长圆形，果梗直立。花期 7~8 月，果期 9 月。

[生态习性及分布] 喜阳光充足，喜湿润气候，耐阴，耐寒。喜肥沃湿润土壤，对环境适应性强，生长较快，耐修剪，萌发力强。国内分布于黑龙江、吉林、辽宁、内蒙古等省份。烟台福山区、海阳市等有分布。

[用途] 花序大而茂盛，花期长，花蕾圆润如粒粒珍珠，是优良的观花灌木。

珍珠梅

2. **华北珍珠梅** *Sorbaria kirilowii* (Regel) Maxim.

[形态特征] 落叶灌木，枝条开展；小枝圆柱形，稍有弯曲，光滑无毛。冬芽卵形，先端急尖。羽状复叶，具有小叶片13~21，宽7~9 cm，光滑无毛；小叶片对生，相距1.5~2 cm，披针形至长圆披针形，长4~7 cm，宽1.5~2 cm，先端渐尖，基部圆形至宽楔形，边缘有尖锐重锯齿，羽状网脉，侧脉15~23对近平行。顶生大型密集圆锥花序，直径7~11 cm，长15~20 cm，无毛，微被白粉；花瓣倒卵形或宽卵形，先端圆钝，基部宽楔形，长4~5 mm，白色；雄蕊与花瓣等长或稍短于花瓣。蓇葖果长圆柱形，果梗直立。花期6~7月，果期9~10月。

[生态习性及分布] 中性树种，喜温暖湿润气候，喜光，稍耐阴，抗寒能力强。国内分布于内蒙古、河北、山西、陕西、甘肃、青海、河南等省份。烟台芝罘区、莱山区、牟平区、蓬莱区、莱州市、招远市、栖霞市、莱阳市、龙口市等有分布。

[用途] 花期长，供绿化观赏。

华北珍珠梅

（三）风箱果属 *Physocarpus*

紫叶风箱果（无毛风箱果 栽培品种） *Physocarpus opulifolius* 'Summer Wine'

[形态特征] 落叶灌木。叶三角状卵形，具浅裂，先端尖，基部楔形，缘有复锯齿。生长季枝叶紫红色，春季和初夏颜色略浅，中夏至秋季为深紫红色。顶生伞形总状花序，花20~60，直径0.5~1 cm；花白色。萼片三角形，蓇葖果膨大，夏末时呈红色。花期6~7月，果熟期9~10月。

[生态习性及分布] 喜光，喜肥沃湿润及深厚土壤，亦耐寒，耐瘠薄。烟台莱州市等有分布。

[用途] 树形优美、叶色典雅，是优良彩叶灌木，适合庭院观赏。

紫叶风箱果

（四）小米空木属 *Stephanandra*

小米空木 小野珠兰 *Stephanandra incisa* (Thunb.) Zabel

[形态特征] 落叶灌木。小枝细弱，弯曲，圆柱形，微被柔毛，幼时红褐色，老时紫灰色；叶片卵形至三角卵形，长 2~4 cm，宽 1.5~2.5 cm，先端渐尖或微尖，基部心形或楔形，边缘常深裂，有 4~5 对裂片，上面具稀疏柔毛，下面微被柔毛，沿叶脉较密，侧脉 5~7 对；叶柄长 3~8 mm，被柔毛；顶生疏松的圆锥花序，长 2~6 cm；花梗长 5~8 mm，总花梗与花梗均被柔毛；花瓣倒卵形，先端钝，白色；蓇葖果近球形，直径 2~3 mm，外被柔毛，具宿存直立或开展的萼片。花期 6~7 月，果期 8~9 月。

小米空木

[生态习性及分布] 喜散射光，喜温暖。国内分布于台湾等省份。烟台昆嵛山等有引种栽培。

[用途] 枝条紫红，叶形美丽，是良好的园林观赏树种。

（五）蔷薇属 *Rosa*

1. **多花蔷薇** 野蔷薇（原变种）*Rosa multiflora* Thunb. var. *multiflora*

[形态特征] 落叶攀援灌木。小枝圆柱形，通常无毛，有短、粗弯曲皮刺。小叶片倒卵形、长圆形或卵形，长 1.5~5 cm，宽 8~28 mm，先端急尖或圆钝，基部近圆形或楔形，边缘有尖锐单锯齿，稀混有重锯齿，下面有柔毛；托叶篦齿状，贴生于叶柄。花排成圆锥状花序；花梗长 1.5~2.5 cm，有时基部有篦齿状小苞片；花直径 1.5~2 cm，花瓣白色，宽倒卵形，先端微凹，基部楔形；花柱结合成束，无毛，比雄蕊稍长。果近球形，直径 6~8 mm，红褐色或紫褐色，有光泽，无毛。

多花蔷薇

[生态习性及分布] 喜光，耐寒，耐旱，也耐水湿，对土壤要求不严。国内分布于河南、江苏等省份。烟台芝罘区、莱山区、牟平区、福山区、蓬莱区、昆嵛山、莱州市、招远市、栖霞市、莱阳市、海阳市、龙口市等有分布。

[用途] 常用景观植物，攀援篱垣、棚架、山石等；可作嫁接月季类的砧木；花、果、根均可药用。

2. **粉团蔷薇**（野蔷薇 变种）*Rosa multiflora* Thunb. var. *cathayensis* Rehder. et Wils.

[形态特征] 本变种花粉红色，单瓣，果红色。

[生态习性及分布] 烟台芝罘区、莱山区、牟平区、福山区、莱州市、栖霞市、龙口市等有分布。

[用途] 供绿化观赏。

粉团蔷薇

3. **七姊妹**（野蔷薇 栽培变种）*Rosa multiflora* Thunb. var. *platyphylla* Thory

[形态特征] 本变种叶片稍大，花重瓣，深红色，扁伞状花序。

[生态习性及分布] 烟台芝罘区等有分布。

[用途] 供绿化观赏。

七姊妹

4. **荷花蔷薇**（野蔷薇 变种）*Rosa multiflora* Thunb. var. *carnea* Thory

[形态特征] 也叫粉花十姊妹，花重瓣，粉红色，叶片较小。

[生态习性及分布] 烟台莱阳市等有分布。

[用途] 供绿化观赏。

荷花蔷薇

5. **白玉堂**（野蔷薇 变种）*Rosa multiflora* Thunb. var. *albo-plena* Yü et Ku

[形态特征] 花白色，重瓣。

[生态习性及分布] 烟台芝罘区、福山区、莱州市、招远市等有分布。

[用途] 供绿化观赏。

白玉堂

6. **伞花蔷薇** *Rosa maximowicziana* Regel

[形态特征] 落叶小灌木。具长匍匐枝，成弓形弯曲，与多花蔷薇形似，主要区别在于无毛或在中脉上有稀疏柔毛；托叶大部贴生于叶柄，离生部分披针形，花数朵成伞房状排列，花直径 3~3.5 cm，果实卵球形，直径 8~10 mm，而多花蔷薇小叶片下面常被短柔毛，托叶具明显篦齿状分裂，圆锥状花序，花朵和果实均较小。花期6~7月，果期9~10月。

伞花蔷薇

[生态习性及分布] 生于山区路边、沟旁、林缘或灌丛中。国内分布于辽宁、河北等省份。烟台牟平区、招远市等有分布。

[用途] 可栽培供绿化观赏；果实可药用；茎、根为月季砧木。

7. **光叶蔷薇** *Rosa luciae* Franch. & Roch.

[形态特征] 与多花蔷薇形似，主要特点在于植株平卧，有长匍枝，花期较长，叶片光亮，上下无毛；花朵较密，并有香气；托叶大部贴生于叶柄，离生部分披针形；花柱外被柔毛。花期 6~7 月，果期 7~9 月。

光叶蔷薇

[生态习性及分布] 国内分布于浙江、福建、台湾、广东、广西等省份。烟台招远市、牟平区等有分布。

[用途] 供绿化观赏。

紫月季花

8. **紫月季花** 月月红（月季花 变种）*Rosa chinensis* Jacq. var. *semperflorens* (Curtis) Koehne

[形态特征] 本变种枝条纤细，有短皮刺；小叶 5~7，较薄，常带紫红色；花大部单生或 2~3，深红色或深紫色，重瓣，有细长花梗。

[生态习性及分布] 烟台招远市、龙口市等有分布。

[用途] 供绿化观赏。

9. **月季花**（原变种）*Rosa chinensis* Jacq. var. *chinensis*

[形态特征] 落叶直立灌木。小枝粗壮，圆柱形，有短粗的钩状皮刺或无刺。小叶3~5，稀7，连叶柄长5~11 cm；小叶片宽卵形至卵状长圆形，长2.5~6 cm，宽1~3 cm，先端长渐尖或渐尖，基部近圆形或宽楔形，边缘有锐锯齿，两面近无毛，上面暗绿色，常带光泽，下面颜色较浅，顶生小叶片有柄，侧生小叶片近无柄，总叶柄较长，有散生皮刺和腺毛；托叶边缘常有腺毛。花几朵集生，稀单生，直径4~5 cm；花梗长2.5~6 cm；花瓣重瓣至半重瓣，红色、粉红色至白色，倒卵形，先端有凹缺，基部楔形；花柱离生，伸出萼筒口外，约与雄蕊等长。果卵球形或梨形，长1~2 cm，红色，萼片脱落。花期4~10月，果期7~11月。

月季花

[生态习性及分布] 喜光，喜温暖湿润气候及肥沃土壤。温度过高影响花芽分化；耐寒性不强，在华北地区需灌水、重剪并堆土保护过冬。国内分布于湖北、四川、贵州等省份。烟台芝罘区、莱山区、牟平区、福山区、蓬莱区、昆嵛山、莱州市、招远市、栖霞市、莱阳市、海阳市、龙口市等有分布。

[用途] 著名庭院景观花木，园艺品种丰富，可作鲜切花。

10. **小月季**（月季花 变种）*Rosa chinensis* Jacq. var. *minima* (Sims) Voss.

[形态特征] 落叶矮小直立灌木，叶小而狭，花较小，径约3 cm，花瓣玫瑰红色，单瓣或重瓣。

[生态习性及分布] 烟台莱州市、海阳市、龙口市等有分布。

小月季

11. **单瓣黄刺玫**（黄刺玫 变型）*Rosa xanthina* Lindl. f. *normalis* Rehd. et Wils.

[形态特征] 单瓣黄色。

[生态习性及分布] 烟台蓬莱区等有分布。

单瓣黄刺玫

12. **黄刺玫**（原变型）*Rosa xanthina* Lindl. f. *xanthina*

［形态特征］ 落叶直立灌木。枝粗壮，密集，披散；小枝有散生皮刺，无针刺。小叶7~13，连叶柄长3~5 cm；小叶片宽卵形或近圆形，先端圆钝，基部宽楔形或近圆形，边缘有圆钝锯齿，上面无毛，幼嫩时下面有稀疏柔毛，逐渐脱落；叶轴、叶柄有稀疏柔毛和小皮刺；托叶带状披针形，边缘有锯齿和腺毛。花单生于叶腋，重瓣或半重瓣，黄色；花梗长1~1.5 cm；花直径3~4 cm；花瓣黄色，宽倒卵形，先端微凹，基部宽楔形；果近球形或倒卵圆形，紫褐色或黑褐色，直径8~10 mm，无毛，花后萼片反折。花期4~6月，果期7~8月。

黄刺玫

［生态习性及分布］ 喜光，稍耐阴，耐寒力强，耐干旱和瘠薄，在盐碱土中也能生长，以疏松、肥沃土地为佳，不耐水涝。国内分布于黑龙江、吉林、辽宁、内蒙古、河北、山西、陕西、甘肃等省份。烟台芝罘区、牟平区、招远市、栖霞市、莱阳市、龙口市等有分布。

［用途］ 供绿化观赏；果实可食、制果酱；花可提取芳香油；花、果可药用。

13. **黄蔷薇** *Rosa hugonis* Hemsl.

［形态特征］ 落叶矮小灌木。枝粗壮，常呈弓形；小枝皮刺扁平，常混生细密针刺。小叶5~13，连叶柄长4~8 cm；小叶片卵形、椭圆形或倒卵形，长8~20 mm，宽5~12 mm，先端圆钝或急尖，边缘有锐锯齿，两面无毛，托叶狭长，边缘有稀疏腺毛。花单生于叶腋；花梗长1~2 cm，无毛；花直径4~5.5 cm；萼筒、萼片外面无毛，萼片披针形，先端渐尖，全缘，有明显的中脉，内面有稀疏柔毛；花瓣黄色，宽倒卵形，先端微凹，基部宽楔形，果实扁球形，直径12~15 mm，紫红色至黑褐色，有光泽，萼片宿存反折。形态近似黄刺玫，特点为小枝有皮刺和针刺；小叶片下面无毛，叶边锯齿较尖锐，花直径比较大。花期5~6月，果期7~8月。

黄蔷薇

［生态习性及分布］ 性强健，不择土壤，耐寒、耐旱，怕湿忌涝。国内分布于山西、陕西、甘肃、青海、四川等省份。烟台招远市等有分布。

［用途］ 园林观赏树种。

14. **玫瑰** *Rosa rugosa* Thunb.

玫瑰

［形态特征］ 落叶直立灌木。茎粗壮，丛生；小枝密被绒毛，并有针刺和腺毛，有直立或弯曲、淡黄色的皮刺，皮刺外被绒毛。小叶5~9，连叶柄长5~13 cm；小叶片椭圆形或椭圆状倒卵形，长1.5~4.5 cm，宽1~2.5 cm，先端急尖或圆钝，基部圆形或宽楔形，边缘有尖锐锯齿，上面深绿色，叶脉下陷，有褶皱，下面灰绿色，中脉突起，网脉明显，密被绒毛和腺毛；叶柄和叶轴密被绒毛和腺毛；托叶边缘有带腺锯齿，下面被绒毛。花单生于叶腋，或数朵簇生，苞片卵形，边缘有腺毛，外被绒毛；花梗密被绒毛和腺毛；花直径4~5.5 cm；萼片卵状披针形，先端尾状渐尖，常有羽状裂片而扩展成叶状，上面有稀疏柔毛，下面密被柔毛和腺毛；花瓣倒卵形，重瓣至半重瓣，芳香，紫红色至白色；果扁球形，直径2~2.5 cm，砖红色，肉质平滑，萼片宿存。花期5~6月，果期8~9月。

［生态习性及分布］ 喜光，耐寒、耐旱。国内分布在吉林、辽宁等省份。烟台蓬莱区、昆嵛山、莱州市、招远市、栖霞市、海阳市、龙口市等有分布。

［用途］ 著名绿化观赏花木；花瓣含芳香油，可提供香精工业原料，为世界名贵香精，用于化妆品及食品工业：花瓣制玫瑰膏，供食用；果实可提维生素C及各种糖类；花蕾可药用。

15. **紫花重瓣玫瑰**（玫瑰　变型）*Rosa rugosa* Thunb. f. *plena* (Regel) Byhouwer

［形态特征］ 花玫瑰紫色，重瓣，香气馥郁，多不结实或种子瘦小。

［生态习性及分布］ 烟台龙口市等有分布。

紫花重瓣玫瑰

16. **粉红单瓣玫瑰**（玫瑰　变型）*Rosa rugosa* Thunb. f. *rosea* Rehd.

［形态特征］ 单瓣。

［生态习性及分布］ 烟台蓬莱区、招远市、龙口市等有分布。

白花单瓣玫瑰

17. **白花单瓣玫瑰**（玫瑰　变型）*Rosa rugosa* Thunb. f. *alba* (Ware) Rehd.

［形态特征］ 花白色，单瓣。

［生态习性及分布］ 烟台招远市等有分布。

18. **百叶蔷薇** 洋蔷薇 *Rosa centifolia* Linn.

[形态特征] 落叶小灌木。小枝上有不等皮刺；小叶 5~7，小叶片薄，长圆形，先端急尖，基部圆形或近心形，边缘通常有单锯齿，上面无毛或偶有毛，下面有柔毛；小叶柄和叶轴有腺毛；托叶边缘有腺毛。花单生，无苞片；常重瓣；香味浓，微垂，着生在弯曲的长花梗上，花瓣直立重叠如包心菜状；花梗细长、弯曲，密被腺毛；萼片卵形，先端不明显叶状；花瓣粉红色；花柱离生，被毛。果卵球形或近球形，萼片宿存。

[生态习性及分布] 原产于高加索。品种很多。烟台牟平区等有栽培。

[用途] 园林观赏树种。

百叶蔷薇

19. **缫丝花** 刺梨 *Rosa roxburghii* Tratt.

[形态特征] 落叶灌木。树皮灰褐色，成片状剥落；小枝斜向上升，基部稍扁而成对皮刺。小叶 9~15，连叶柄长 5~11 cm；小叶片椭圆形或长圆形，长 1~2 cm，宽 6~12 mm，先端急尖或圆钝，基部宽楔形，边缘有细锐锯齿，两面无毛，下面叶脉突起，网脉明显，叶轴和叶柄有散生小皮刺；托叶边缘有腺毛。花单生或 2~3，生于短枝顶端；花直径 5~6 cm；花梗短；小苞片 2~3，卵形，边缘有腺毛；萼片通常宽卵形，先端渐尖，有羽状裂片，内面密被绒毛，外面密被针刺；花瓣重瓣至半重瓣，淡红色或粉红色，外轮花瓣大，内轮较小，花柱被毛。果扁球形，直径 3~4 cm，绿红色，外面密生针刺；萼片宿存，直立。花期 5~7 月，果期 8~10 月。

[生态习性及分布] 喜温暖湿润和阳光充足环境，适应性强，较耐寒，稍耐阴，对土壤要求不严。国内分布于江苏、湖北、广东、四川、云南、贵州等省份。烟台栖霞市等有分布。

[用途] 园林观赏树种，常作绿篱；果实可供食用及药用。

缫丝花

20. **木香花**（原变种）*Rosa banksiae* Ait. var. *banksiae*

［形态特征］ 落叶攀援灌木，小枝无毛，有短小皮刺；老枝上的皮刺较大，坚硬，经栽培后有时枝条无刺。小叶 3~5，稀 7，连叶柄长 4~6 cm；小叶片椭圆状卵形或长圆披针形，长 2~5 cm，宽 8~18 mm，先端急尖或稍钝，基部近圆形或宽楔形，边缘有紧贴细锯齿，上面无毛，深绿色，下面淡绿色，中脉突起，沿脉有柔毛；小叶柄和叶轴有稀疏柔毛和散生小皮刺；花小形，多朵成伞形花序，花直径 1.5~2.5 cm；花梗长 2~3 cm，无毛；萼片卵形，先端长渐尖，全缘；花瓣重瓣至半重瓣，白色，倒卵形，先端圆，基部楔形。花期 4~7 月，果期 10 月。

木香花

［生态习性及分布］ 喜光，亦耐半阴，耐寒性一般，不耐水湿，忌积水。国内分布于四川、云南等山区。从西北、华北南至福建，西南至四川、贵州、云南等地普遍栽培。烟台牟平区、蓬莱区等有分布。

［用途］ 园林观赏树种，常栽培供攀棚架之用。

21. **香水月季** *Rosa odorata* Sweet.

［形态特征］ 常绿或半常绿攀援灌木，有长匍匐枝，枝粗壮，无毛，有散生而粗短钩状皮刺。小叶 5~9，连叶柄长 5~10 cm；小叶片椭圆形、卵形或长圆卵形，长 2~7 cm，宽 1.5~3 cm，先端急尖或渐尖，稀尾状渐尖，基部楔形或近圆形，边缘有紧贴的锐锯齿，两面无毛，革质；托叶无毛。花单生或 2~3，直径 5~8 cm；花梗长 2~3 cm；萼片全缘，先端长渐尖，外面无毛，内面密被长柔毛；花瓣芳香，白色或带粉红色，倒卵形；果实呈压扁的球形，无毛，果梗短。花期 6~9 月。

香水月季

［生态习性及分布］ 喜光，喜凉爽气候，耐旱，对土壤要求不严。国内分布于浙江、江苏、四川、云南等省份。烟台蓬莱区等有分布。

［用途］ 园林观赏树种，是月季花优良品种的重要亲本。

22. **现代月季** 杂交月季 *Rosa hybrida* Hort.

[形态特征] 现代月季栽培品种来源于传统的杂交，经过育种家的不断培育，目前现代月季栽培品种约有33000种，由于不断的杂交和回交，造成了月季品种间亲缘关系复杂、遗传分化多样的特点。其中，比较有代表性的一类是丰花月季（Floribunda Roses）。丰花月季品种繁多，千姿百态。它们的共同特点是花期不断，中等高矮，开花时形成大而密的花束状伞房花序，花朵较小，单瓣或重瓣，花艳、花多，花色比较齐全，只有黄色品种生长势较弱。

现代月季

[生态习性及分布] 喜光，对土壤要求不严，喜肥，耐瘠薄和干旱，生长势强。烟台各区市广泛栽培。

[用途] 园林观赏植物。

23. **刺蔷薇** 大叶蔷薇 *Rosa acicularis* Lindl.

[形态特征] 落叶灌木。小枝稍微弯曲，红褐色或紫褐色，无毛；有细直皮刺，常密生针刺，有时无刺。小叶3~7，连叶柄长7~14 cm；小叶片宽椭圆形或长圆形，长1.5~5 cm，宽8~25 mm，先端急尖或圆钝，基部近圆形，稀宽楔形，边缘有单锯齿或不明显重锯齿，上面深绿色，下面淡绿色，有柔毛，沿中脉较密；叶柄和叶轴有柔毛、腺毛和稀疏皮刺；托叶下面被柔毛。花单生或2~3朵集生，苞片卵形至卵状披针形，花梗长2~3.5 cm，无毛，密被腺毛；花直径3.5~5 cm；萼片披针形，先端常扩展成叶状，外面有腺毛或稀疏刺毛，内面密被柔毛；花瓣粉红色，芳香，倒卵形，先端微凹，基部宽楔形；花柱被毛。果梨形、长椭圆形或倒卵球形，直径1~1.5 cm，有明显颈部，红色，有光泽。花期5~8月，果期9~10月。

刺蔷薇

[生态习性及分布] 喜光，对土壤要求不严，喜肥，耐瘠薄和干旱，生长势强壮。产于东北、西北、华北。烟台牟平区、福山区等有分布。

[用途] 园林观赏植物。

（六）棣棠花属 *Kerria*

1. 棣棠花（原变型）*Kerria japonica* (Linn.) DC. f. *japonica*

［形态特征］ 落叶灌木。小枝绿色，圆柱形，无毛，常拱垂，嫩枝有棱角。叶互生，三角状卵形或卵圆形，顶端长渐尖，基部圆形、截形或微心形，边缘有尖锐重锯齿，两面绿色，上面无毛或有稀疏柔毛，下面沿脉或脉腋有柔毛；叶柄长 5~10 mm，无毛；托叶膜质，带状披针形，有缘毛，早落。单花，着生在当年生侧枝顶端，花梗无毛；花直径 2.5~6 cm；萼片卵状椭圆形，顶端急尖，有小尖头，全缘，无毛，果时宿存；花瓣黄色，宽椭圆形，顶端下凹，比萼片长 1~4 倍。瘦果倒卵形至半球形，褐色或黑褐色，表面无毛，有皱褶。花期 4~6 月，果期 6~8 月。

［生态习性及分布］ 喜温暖湿润和半阴环境，耐寒性较差，对土壤要求不严。国内分布于陕西、甘肃、河南、安徽、江苏、浙江、福建、湖北、湖南、云南、贵州等省份。烟台芝罘区、蓬莱区、莱山区、牟平区、招远市、栖霞市、莱阳市、海阳市、龙口市、莱州市等有分布。

［用途］ 枝叶翠绿细柔，金花满树，别具风姿，宜作花篱、花径或群植于常绿树丛之前，尤为雅致，亦可栽在墙隅及道旁；茎髓可入药。

棣棠花

2. 重瓣棣棠花（棣棠 变型）*Kerria japonica* (Linn.) DC. f. *pleniflora* (Witte) Rehd

［形态特征］ 花重瓣。

［生态习性及分布］ 喜温暖湿润和半阴环境，耐寒性较差，对土壤要求不严。烟台福山区等有分布。

［用途］ 供绿化观赏；茎髓可药用；花有消肿、止咳及助消化的作用。

重瓣棣棠花

（七）鸡麻属 *Rhodotypos*

鸡麻 *Rhodotypos scandens* (Thunb.) Makino

[形态特征] 落叶灌木。小枝紫褐色，嫩枝绿色，光滑。叶对生，卵形，长 4~11 cm，宽 3~6 cm，顶端渐尖，基部圆形至微心形，边缘有尖锐重锯齿，上面幼时被疏柔毛，以后脱落无毛，下面被绢状柔毛，老时脱落仅沿脉被稀疏柔毛；单花顶生于新梢上；花直径 3~5 cm；萼片大，卵状椭圆形，顶端急尖，边缘有锐锯齿，外面被稀疏绢状柔毛；花瓣白色，倒卵形。核果黑色或褐色，斜椭圆形，长约 8 mm，光滑。花期 4~5 月，果期 6~9 月。

鸡麻

[生态习性及分布] 喜湿润环境，但不耐积水，喜光，耐寒，对土壤要求不严，在沙壤土上生长最为旺盛，喜肥。国内分布于辽宁、陕西、甘肃、河南、江苏、浙江、湖北等省份。烟台昆嵛山、牟平区等有分布。

[用途] 园林绿化树种；根和果可入药。

山莓

（八）悬钩子属 *Rubus*

1. 山莓 *Rubus corchorifolius* Linn. f.

[形态特征] 直立灌木。枝具皮刺，幼时被柔毛。单叶，卵形至卵状披针形，长 5~12 cm，宽 2.5~5 cm，顶端渐尖，基部微心形，上面色较浅，沿叶脉有细柔毛，下面色稍深，幼时密被细柔毛，逐渐脱落至老时近无毛，沿中脉疏生小皮刺，边缘不分裂或 3 裂，有不规则锐锯齿或重锯齿，基部具 3 脉；叶柄长 1~2 cm，疏生小皮刺，幼时密生细柔毛；花直径可达 3 cm；花萼外密被细柔毛，无刺；花瓣长圆形或椭圆形，白色，顶端圆钝，长 9~12 mm，宽 6~8 mm，长于萼片。果实由很多小核果组成，近球形或卵球形，直径 1~1.2 cm，红色，密被细柔毛。花期 2~3 月，果期 4~6 月。

[生态习性及分布] 喜光，耐旱，耐贫瘠。除东北、西北外几乎分布全国。烟台栖霞市、莱阳市等有分布。

[用途] 经济树种、荒地开发先锋树种；果、根及叶可入药。

2. **牛叠肚** 山楂叶悬钩子 *Rubus crataegifolius* Bunge

［形态特征］ 落叶直立灌木。枝具沟棱，有微弯皮刺。单叶，卵形至长卵形，长5~12 cm，宽达8 cm，开花枝上的叶稍小，顶端渐尖，稀急尖，基部心形或近截形，上面近无毛，下面脉上有柔毛和小皮刺，边缘3~5掌状分裂，裂片卵形或长圆状卵形，有不规则缺刻状锯齿，基部具掌状5脉；叶柄长2~5 cm，疏生柔毛和小皮刺。花数朵簇生或成短总状花序，常顶生；花梗长5~10 mm，有柔毛；花直径1~1.5 cm；花萼外面有柔毛，至果期近于无毛；萼片卵状三角形或卵形，顶端渐尖；花瓣椭圆形或长圆形，白色，几与萼片等长；果实近球形，直径约1 cm，暗红色，有光泽。花期5~6月，果期7~9月。

［生态习性及分布］ 喜光、耐寒，不耐水湿。国内分布于黑龙江、吉林、辽宁、内蒙古、河北、山西、河南等省份。烟台昆嵛山、蓬莱区、牟平区、福山区、芝罘区、招远市、栖霞市、海阳市、龙口市等有分布。

［用途］ 果实可生食或制果酱、酿酒；全株可提取栲胶；茎皮纤维可作造纸及纤维板的原料；果实也可药用；根可药用。

牛叠肚

3. **多腺悬钩子** *Rubus phoenicolasius* Maxim.

［形态特征］ 灌木。枝初直立后蔓生，密生红褐色刺毛、腺毛和稀疏皮刺。小叶3，稀5，卵形、宽卵形或菱形，长4~8 cm，宽2~5 cm，顶端急尖至渐尖，基部圆形至近心形，上面或仅沿叶脉有伏柔毛，下面密被灰白色绒毛，沿叶脉有刺毛、腺毛和稀疏小针刺，边缘具不整齐粗锯齿，常有缺刻；叶柄长3~6 cm，小叶柄长2~3 cm，均被柔毛、红褐色刺毛、腺毛和稀疏皮刺；花较少数，形成短总状花序；总花梗和花梗密被柔毛、刺毛和腺毛；花直径6~10 mm；花萼外面密被柔毛、刺毛和腺毛；花瓣直立，倒卵状匙形或近圆形，紫红色，基部具爪并有柔毛。果实半球形，红色。花期5~6月，果期7~8月。

［生态习性及分布］ 生长于低海拔至中海拔的林下、路旁或山沟谷底。国内分布于山西、陕西、甘肃、青海、河南、江苏、湖北、湖南、四川、贵州等省份。烟台昆嵛山、牟平区、蓬莱区、招远市、栖霞市、龙口市等有分布。

［用途］ 果实可食；根、叶可药用，可解毒及作为强壮剂；茎皮可提取栲胶。

多腺悬钩子

4. **刺毛白叶莓** *Rubus spinulosoides* Metc.

[形态特征] 灌木。小枝具带黄色长柔毛和浅红色腺毛，疏生钩状皮刺；小叶通常 3，卵形、椭圆形或菱状椭圆形，长 4~10 cm，宽 2~6 cm，顶端急尖，基部宽楔形至圆形，上面疏生平贴柔毛，下面密被灰色或黄灰色绒毛，边缘有不整齐粗钝锯齿；叶柄长 5~9 cm，顶生小叶柄长 2~3.5 cm，侧生小叶近无柄，均被长柔毛，稀疏小刺和短腺毛；大型圆锥花序顶生，侧生花序近总状；总花梗和花梗均被长柔毛、紫红色短腺毛和稀疏针状刺；花梗长 1.5~2.5 cm；花直径约 1 cm；花萼外面被长柔毛、紫红色腺毛和疏针刺；花瓣粉红色，近圆形，边缘缺刻状，基部有短爪；果实近球形，红色。

刺毛白叶莓

[生态习性及分布] 分布在湖北、山东等省份，生长于海拔 850 m 的地区，多生长在山顶杂木林，目前尚未有人工引种栽培。烟台昆嵛山等有分布。

5. **茅莓** *Rubus parvifolius* Linn.

[形态特征] 落叶灌木。枝呈弓形弯曲，被柔毛和稀疏钩状皮刺；小叶 3，菱状圆形或倒卵形，长 2.5~6 cm，宽 2~6 cm，顶端圆钝或急尖，基部圆形或宽楔形，上面伏生疏柔毛，下面密被灰白色绒毛，边缘有不整齐粗锯齿或缺刻状粗重锯齿，常具浅裂片；叶柄长 2.5~5 cm，顶生小叶柄长 1~2 cm，均被柔毛和稀疏小皮刺；伞房花序顶生或腋生，稀顶生花序成短总状，具花数朵至多朵，被柔毛和细刺；花萼外面密被柔毛和疏密不等的针刺；花瓣卵圆形或长圆形，粉红至紫红色，基部具爪；果实卵球形，直径 1~1.5 cm，红色。花期 5~6 月，果期 7~8 月。

茅莓

[生态习性及分布] 生长于海拔 400~2600 m 的山坡杂木林下、向阳山谷、路旁或荒野。国内分布于黑龙江、吉林、辽宁、河北、山西、陕西、甘肃、河南、安徽、江苏、浙江、福建、台湾、江西、湖北、湖南、广东、广西、四川、贵州等省份。烟台昆嵛山、莱山区、牟平区、福山区、芝罘区、蓬莱区、招远市、栖霞市、海阳市、龙口市等有分布。

[用途] 果实可供食用、酿酒及制醋等。

6. **覆盆子** 树莓 *Rubus idaeus* Linn.

[形态特征] 落叶灌木。枝褐色或红褐色，疏生皮刺。小叶3~7，长卵形或椭圆形，顶生小叶常卵形，有时浅裂，长3~8 cm，宽1.5~4.5 cm，顶端短渐尖，基部圆形，顶生小叶基部近心形，上面无毛或疏生柔毛，下面密被灰白色绒毛，边缘有不规则粗锯齿或重锯齿；叶柄长3~6 cm，顶生小叶柄长约1 cm，均被绒毛状短柔毛和稀疏小刺；花生于侧枝顶端成短总状花序或少花腋生，总花梗和花梗均密被绒毛状短柔毛和疏密不等的针刺；花萼外面密被绒毛状短柔毛和疏密不等的针刺；萼片卵状披针形，顶端尾尖，外面边缘具灰白色绒毛，在花果时均直立；花瓣匙形，被短柔毛或无毛，白色，基部有宽爪；果实近球形，多汁液，直径1~1.4 cm，红色或橙黄色，密被短绒毛。花期6~7月，果期8~9月。

覆盆子

[生态习性及分布] 喜光，喜温暖湿润环境，耐寒性、耐旱性一般，品种有差异。国内分布于吉林、辽宁、陕西、甘肃、新疆、河南等省份。烟台牟平区、福山区、莱州市等有分布。

[用途] 果可食用，久经栽培，为重要经济树种。

7. **空心泡** *Rubus rosaefolius* Smith

[形态特征] 直立灌木。枝细，具柔毛，疏生皮刺。小叶3，稀5，宽卵形至椭圆状卵形，长2~5 cm，宽1.5~3 cm，顶生小叶比侧生者大得多，侧生小叶顶端圆钝，顶生小叶顶端急尖，基部圆形至近心形，边缘具粗锐重锯齿或缺刻状重锯齿；叶柄长1~2 cm，顶生小叶柄长0.5~1 cm，与叶轴均被柔毛，疏生小皮刺。花单生或成对，常顶生；花梗长1~2 cm，具柔毛和稀疏小皮刺；花直径达2.5 cm；花萼外密被柔毛；花瓣近圆形或圆状椭圆形，稍长或几与萼片近等长，白色。果实椭圆形或长圆形，长1~1.5 cm，宽约8 mm，浅红色。花期3~5月，果期6~7月。

空心泡

[生态习性及分布] 喜温暖，怕严寒，耐阴。国内分布于安徽、浙江、福建、台湾、广东、广西、四川、贵州等省份。烟台各地公园有引种栽培。

[用途] 果可食；根、叶可药用。

8. 掌叶覆盆子 *Rubus chingii* Hu

［形态特征］ 落叶藤状灌木。枝细，具皮刺。单叶，近圆形，直径 4~9 cm，两面仅沿叶脉有柔毛或几无毛，基部心形，边缘掌状，深裂，稀 3 或 7 裂，裂片椭圆形或菱状卵形，顶端渐尖，基部狭缩，顶生裂片与侧生裂片近等长或稍长，具重锯齿，有掌状 5 脉；叶柄长 2~4 cm，微具柔毛或无毛，疏生小皮刺；单花腋生，直径 2.5~4 cm；花梗长 2~3.5 cm；花瓣椭圆形或卵状长圆形，白色，顶端圆钝，长 1~1.5 cm，宽 0.7~1.2 cm。果实近球形，红色，直径 1.5~2 cm，密被灰白色柔毛。花期 3~4 月，果期 5~6 月。

掌叶覆盆子

［生态习性及分布］ 喜温暖，怕严寒，耐阴。烟台莱州市等有分布。

［用途］ 果大，味甜，可食用、制糖及酿酒；果和根可入药。

9. 锈毛莓 *Rubus reflexus* Ker-Gawl.

［形态特征］ 攀援灌木。枝被锈色绒毛状毛，有稀疏小皮刺。单叶，心状长卵形，长 7~14 cm，宽 5~11 cm，上面无毛或沿叶脉疏生柔毛，有明显皱纹，下面密被锈色绒毛，沿叶脉有长柔毛，边缘 3~5 裂，有不整齐的粗锯齿或重锯齿，基部心形，顶生裂片长大，披针形或卵状披针形，比侧生裂片长很多，裂片顶端钝或近急尖；叶柄长 2.5~5 cm，被绒毛并有稀疏小皮刺。花数朵集生于叶腋或成顶生短总状花序；总花梗和花梗密被锈色长柔毛；花萼外密被锈色长柔毛和绒毛；花瓣长圆形至近圆形，白色。果实近球形，深红色；核有皱纹。花期 6~7 月，果期 8~9 月。

锈毛莓

［生态习性及分布］ 生于海拔 300~1500 m 山坡、山脚、山沟林下、林缘或较阴湿处。产于江西、湖南、浙江、福建、台湾、广东、广西等省份。烟台牟平区等有分布。

［用途］ 果可食；根可入药。

（九）栒子属 *Cotoneaster*

平枝栒子 爬地蜈蚣 *Cotoneaster horizontalis* Dcne.

［形态特征］ 落叶或半常绿匍匐灌木，高不超过 0.5 m，枝水平开张成整齐两列状；小枝圆柱形，幼时外被糙伏毛，老时脱落，黑褐色。叶片近圆形或宽椭圆形，稀倒卵形，长 5~14 mm，宽 4~9 mm，先端多数急尖，基部楔形，全缘，上面无毛，下面有稀疏平贴柔毛；叶柄长 1~3 mm，被柔毛；托叶钻形，早落。花 1~2，近无梗，直径 5~7 mm；萼筒钟状，外面有稀疏短柔毛，内面无毛；萼片三角形，先端急尖，外面微具短柔毛，内面边缘有柔毛；花瓣直立，倒卵形，先端圆钝，长约 4 mm，宽 3 mm，粉红色。果实近球形，直径 4~6 mm，鲜红色，常具 3 小核，稀 2 小核。花期 5~6 月，果期 9~10 月。

［生态习性及分布］ 喜欢湿润或半燥的气候环境，有一定耐寒性，耐干旱瘠薄，怕积水。国内分布于陕西、甘肃、湖北、湖南、四川、云南、贵州等省份。烟台牟平区、莱阳市等有分布。

［用途］ 枝叶横展，叶小而稠密，花密集枝头，晚秋时叶色红色，红果累累，是优良的庭园景观树种，也可做盆景。

平枝栒子

（十）火棘属 *Pyracantha*

1. 火棘 *Pyracantha fortuneana* (Maxim.) Li

火棘

［形态特征］ 常绿灌木。侧枝短，先端成刺状，嫩枝外被锈色短柔毛，老枝暗褐色，无毛，外被短柔毛。叶片倒卵形或倒卵状长圆形，长 1.5~6 cm，宽 0.5~2 cm，先端圆钝或微凹，有时具短尖头，基部楔形，下延连于叶柄，边缘有钝锯齿，齿尖向内弯，近基部全缘，两面皆无毛；叶柄短，无毛或嫩时有柔毛。花集成复伞房花序，直径 3~4 cm，花梗和总花梗近于无毛，花梗长约 1 cm；花直径约 1 cm；萼筒钟状，无毛；萼片三角卵形，先端钝；花瓣白色，近圆形，长约 4 mm，宽约 3 mm。果实近球形，直径约 5 mm，橘红色或深红色。花期 3~5 月，果期 8~11 月。

［生态习性及分布］ 喜强光，耐贫瘠，抗干旱，耐寒。国内分布于陕西、河南、江苏、浙江、福建、湖北、湖南、广西、四川、云南、贵州、西藏等省份。烟台蓬莱区、牟平区、福山区、栖霞市、海阳市、龙口市、招远市、莱州市等有分布。

［用途］ 景观绿化植物，春季看花，冬季观果，常作绿篱。

2. **细圆齿火棘** *Pyracantha crenulata* (D. Don) Roem.

[形态特征] 常绿灌木或小乔木。枝深灰色，短枝呈刺状。单叶，互生；叶片革质，长圆形至倒披针状长圆形，稀卵状披针形，长 2~7 cm，宽 0.8~1.8 cm，先端通常急尖，有时有小尖头，基部宽楔形或圆形，锯齿细圆，或有疏锯齿，近基部全缘，两面无毛，上面中脉凹下，暗绿色，下面淡绿色，中脉突起，羽状脉；叶柄长 3~7 mm。复伞房花序顶生，直径 3~5 cm；花序梗基部初被褐色毛，后脱落；花梗长 0.4~1 cm，初有毛，后脱落；花直径 6~9 mm；花萼筒钟状，无毛，萼片 5，裂片三角形，微被毛；花瓣 5，圆形，长 4~5 mm，雄蕊 20，花药黄色；雌蕊子房半下位，上部密被白毛，花柱 5，与雄蕊近等长。梨果球形，直径 3~8 mm，熟时橘黄或橘红色。花期 3~5 月，果期 9~10 月。

细圆齿火棘

[生态习性及分布] 喜强光，耐贫瘠，抗干旱，耐寒。国内分布于陕西、江苏、湖北、湖南、广东、广西、四川、云南、贵州等省份。烟台莱山区等有分布。

[用途] 供绿化观赏，或作为绿篱及果篱；果含淀粉，可食及酿酒用；叶可代茶。

（十一）山楂属 *Crataegus*

1. **山楂** *Crataegus pinnatifida* Bunge

[形态特征] 落叶乔木。树皮粗糙，暗灰色或灰褐色；刺长 1~2 cm，有时无刺；小枝圆柱形，冬芽三角卵形，紫色。叶片宽卵形或三角状卵形，长 5~10 cm，宽 4~7.5 cm，通常两侧各有 3~5 羽状深裂片，边缘有尖锐稀疏不规则重锯齿，侧脉 6~10 对；叶柄长 2~6 cm；伞房花序具多花，直径 4~6 cm，花直径约 1.5 cm；花瓣倒卵形或近圆形，白色。果实近球形或梨形，直径 1~1.5 cm，深红色，有浅色斑点。花期 5~6 月，果期 9~10 月。

山楂

[生态习性及分布] 喜光，耐阴，喜凉爽、湿润的环境，耐寒、耐高温、耐旱。国内分布于黑龙江、辽宁、内蒙古、河北、山西、陕西、河南、江苏等省份。烟台芝罘区、莱山区、牟平区、蓬莱区、福山区等有分布。

[用途] 果实可生食及加工成山楂食品；药用可制成饮片；可供绿化观赏。

2. 山里红（山楂 变种）*Crataegus pinnatifida* Bunge. var. *major* N. E. Br.

［形态特征］ 本变种果形较大，直径可达 2.5 cm，深亮红色；叶片大，分裂较浅；植株生长茂盛。

［生态习性及分布］ 喜光，耐阴，喜凉爽、湿润的环境，耐寒、耐高温、耐旱。烟台芝罘区、蓬莱区、牟平区、昆嵛山、莱州市、招远市、栖霞市、莱阳市、海阳市、龙口市等有分布。

［用途］ 果实供鲜吃、加工或制糖葫芦用。

山里红

3. 野山楂 *Crataegus cuneata* Sieb. et Zucc.

［形态特征］ 落叶灌木。分枝密，通常具细刺，刺长 5~8 mm；冬芽三角卵形，紫褐色。叶片卵形至倒卵状长圆形，长 2~6 cm，宽 1~4.5 cm，先端急尖，基部楔形，边缘有不规则重锯齿，顶端常有 3 浅裂片；叶柄两侧有叶翼，长 4~15 mm。伞房花序，直径 2~2.5 cm，花 5~7；花直径约 1.5 cm，花瓣近圆形或倒卵形，白色，基部有短爪；果实近球形或扁球形，直径 1~1.2 cm，红色或黄色。花期 5~6 月，果期 9~11 月。

野山楂

［生态习性及分布］ 喜光，耐阴，喜凉爽、湿润的环境，耐寒、耐高温、耐旱。国内分布于陕西、河南、安徽、江苏、福建、江西、湖北、湖南、广东、广西、贵州等省份。烟台蓬莱区、牟平区、招远市、栖霞市、龙口市、莱州市等有分布。

［用途］ 嫩叶能代茶；可作为嫁接山里红的砧木。

4. **山东山楂** *Crataegus shandongensis* F. Z. Li et W. D. Peng

［形态特征］ 落叶灌木，高可达 5 m；小枝灰褐色，无毛，刺较粗壮。单叶，互生；叶片倒卵形或长椭圆形，长 4~8 cm，宽 2~4 cm，先端渐尖，基部楔形，上部 3 裂，叶正面中脉处被稀疏柔毛，下面疏被柔毛，叶脉处较密集；叶脉羽状；具叶柄，长 2~4 cm，带狭翅；托叶纸质，早落，有腺齿。复伞房花序，直径约为 8 cm，花 7~18 ；花序梗被白色短柔毛；苞片条状披针形，边缘有腺齿，早落；花直径约 2 cm，白色；花萼钟状，背面被白色短柔毛，萼片三角形；雌蕊子房下位，子房 5 室，每室含 2 枚胚珠，花柱 5 枚，基部被白色短柔毛。梨果，球形，成熟时红色，花萼宿存反折；具 5 枚骨质核，核两侧扁平，背部有沟槽。花期 5 月，果期 9~10 月。

山东山楂

［生态习性及分布］ 多生于山坡灌丛、杂木林等地。山东特有树种。烟台昆嵛山等有分布。

［用途］ 果实可生食，也可制作各种食品，还可药用。

（十二）欧楂属 *Mespilus*

欧楂 *Mespilus germanica* Linn.

［形态特征］ 落叶小乔木。叶椭圆形，长 5~12 cm，密被灰白色短绒毛。花单生或 2~3 朵集于新枝顶，白色，直径约 3 cm。果倒卵形半球形，直径 3~4 cm，宿存萼片薄而长，熟时暗橙色。花期 4 月，果熟期 9~11 月。

［生态习性及分布］ 喜光，喜温暖湿润气候，抗逆性较强。原产于欧洲。烟台昆嵛山、牟平区等有引种栽培。

［用途］ 可作庭园景观树种；果实可直接食用，或加工成果汁、果酱以及干果。

欧楂

（十三）榅桲属 *Cydonia*

榅桲 *Cydonia oblonga* Mill.

[形态特征] 落叶小乔木。小枝细弱，无刺，圆柱形，嫩枝密被绒毛，以后脱落，紫红色；冬芽卵形，先端急尖，被绒毛，紫褐色。叶片卵形至长圆形，长 5~10 cm，宽 3~5 cm，基部圆形或近心形，上面深绿色，下面密被长柔毛，浅绿色，叶脉显著；叶柄长 8~15 mm，被绒毛。花单生，直径 4~5 cm；萼筒钟状，外面密被绒毛；花瓣倒卵形，长约 1.8 cm，白色；果实梨形，直径 3~5 cm，密被短绒毛，黄色，有香味；萼片宿存反折；果梗短粗，长约 5 mm，被绒毛。花期 4~5 月，果期 10 月。

榅桲

[生态习性及分布] 喜光而能耐半阴。适应性强，耐寒。原产于中亚、西亚。烟台昆嵛山、莱州市等有引种栽培。

[用途] 花粉红色，宛如朝霞，果黄色，具芳香；实生苗可作梨、木瓜、苹果的矮化砧木，嫁接枇杷可增强其抗寒性；果可药用。

（十四）枇杷属 *Eriobotrya*

枇杷 *Eriobotrya japonica* (Thunb.) Lindl.

枇杷

[形态特征] 常绿小乔木。小枝粗壮，黄褐色，密生锈色或灰棕色绒毛。叶片革质，披针形、倒披针形、倒卵形或椭圆长圆形，长 12~30 cm，宽 3~9 cm，先端急尖或渐尖，基部楔形或渐狭成叶柄，上部边缘有疏锯齿，基部全缘，上面光亮，多皱，下面密生灰棕色绒毛；叶柄短或几无柄，长 6~10 mm，有灰棕色绒毛；托叶钻形，长 1~1.5 cm。圆锥花序顶生，长 10~19 cm，具多花；总花梗和花梗密生锈色绒毛；花直径 12~20 mm；萼筒浅杯状，长 4~5 mm，萼片三角卵形，长 2~3 mm，先端急尖，萼筒及萼片外面有锈色绒毛；花瓣白色，长圆形或卵形，长 5~9 mm，宽 4~6 mm，基部具爪，有锈色绒毛；果实球形或长圆形，直径 2~5 cm，黄色或橘黄色，外有锈色柔毛，后脱落。花期 8~10 月，果烟台罕见。

[生态习性及分布] 喜光，稍耐阴，喜温暖湿润气候和排水良好的土壤，稍耐寒；根系分布较浅而窄，抗风能力弱。国内分布于陕西、甘肃、河南、安徽、江苏、浙江、福建、台湾、江西、湖北、湖南、广东、广西、四川、云南、贵州等省份。烟台莱州市、招远市等有引种栽培。

[用途] 供绿化观赏；果可生食或作蜜饯和酿酒；木材坚韧，结构细，适作细木工艺品用；叶、花、果、种仁及根可药用；为蜜源植物。

（十五）石楠属 *Photinia*

1. 石楠 *Photinia serratifolia* (Desf.) Kalkman

[形态特征] 常绿灌木或小乔木；枝褐灰色，无毛；冬芽卵形，鳞片褐色，无毛。叶片革质，长椭圆形、长倒卵形或倒卵状椭圆形，长 9~22 cm，宽 3~6.5 cm，先端尾尖，基部圆形或宽楔形，边缘有疏生具腺细锯齿，近基部全缘，上面光亮，幼时中脉有绒毛，成熟后两面皆无毛，中脉显著，侧脉 25~30 对；叶柄粗壮，长 2~4 cm。复伞房花序顶生，直径 10~16 cm；总花梗和花梗无毛，花梗长 3~5 mm；花密生，直径 6~8 mm；萼筒杯状，长约 1 mm，无毛；花瓣白色，近圆形，直径 3~4 mm，内外两面皆无毛。果实球形，直径 5~6 mm，红色，后成褐紫色。花期 4~5 月，果期 10 月。

[生态习性及分布] 喜光，耐阴，喜温暖湿润的气候，抗寒力不强，耐贫瘠。国内分布于陕西、甘肃、河南、江苏、浙江、福建、台湾、江西等省份。烟台芝罘区、莱山区、福山区、蓬莱区、招远市、海阳市、龙口市等有分布。

[用途] 树冠圆形，叶丛浓密，嫩叶红色，花白色、密生，冬季果实红色，是常见的景观绿化树种。

石楠

2. **光叶石楠** *Photinia glabra* (Thunb.) Maxim.

[形态特征] 常绿小乔木。老枝灰黑色，无毛，皮孔棕黑色，近圆形，散生。叶片革质，红色，椭圆形、长圆形或长圆倒卵形，长 5~9 cm，宽 2~4 cm，先端渐尖，基部楔形，边缘有浅钝细锯齿，两面无毛，侧脉 10~18 对；叶柄长 1~1.5 cm。花多数，复伞房花序，直径 5~10 cm；总花梗和花梗均无毛；花直径 7~8 mm；萼筒杯状，无毛；花瓣白色，反卷，倒卵形，长约 3 mm，先端圆钝，内面近基部有白色绒毛，基部有短爪。果实卵形，长约 5 mm，红色，无毛。花期 4~5 月，果期 9~10 月。本种和石楠、椤木石楠近似，但石楠的叶柄较长，叶片较大，花瓣近基部无毛；椤木石楠的花序有柔毛，花和果较大，易于区别。

光叶石楠

[生态习性及分布] 喜光，耐阴，喜温暖湿润的气候，抗寒力不强，耐贫瘠。国内分布于陕西、甘肃、河南、安徽、江苏、浙江、福建、台湾等省份。烟台莱山区等有引种栽培。

[用途] 景观绿化树种；根、叶可药用；种子可榨油。

3. **椤木石楠** 贵州石楠 *Photinia davidsoniae* Rehd. et Wils.

[形态特征] 常绿乔木。幼枝黄红色，后成紫褐色，老时灰色，有时具刺。叶片革质，卵形、倒卵形或长圆形，长 4.5~9 cm，宽 1.5~4 cm，先端尾尖，基部楔形，边缘有刺状齿，两面皆无毛，或脉上微有柔毛以后脱落，侧脉约 10 对；叶柄长 1~1.5 cm，无毛，上面有纵沟。复伞房花序顶生，直径约 5 cm，总花梗和花梗有柔毛；花直径约 1 cm；萼筒杯状，有柔毛；花瓣白色，近圆形，直径约 4 mm，先端微缺，无毛；果实球形或卵形，直径 7~10 mm，黄红色，无毛。花期 5 月。本种和石楠相近，但叶柄较短，花朵较大，且花柱合生，可以区别。

[生态习性及分布] 喜温暖湿润和阳光充足的环境。耐寒、耐阴、耐干旱，不耐水湿，萌芽力强，耐修剪。国内分布于陕西、安徽、江苏、浙江、福建、江西、湖北、湖南、广东、广西、四川等省份。烟台莱山区、芝罘区等有分布。

[用途] 景观绿化树种。

椤木石楠

4. **毛叶石楠** *Photinia villosa* (Thunb.) DC.

毛叶石楠

[形态特征] 落叶灌木或小乔木。叶片革质，倒卵形或长圆倒卵形，长 3~8 cm，宽 2~4 cm，先端尾尖，基部楔形，边缘上半部具密生尖锐锯齿，侧脉 5~7 对；叶柄长 1~5 mm，有长柔毛。花 10~20，成顶生伞房花序，直径 3~5 cm；总花梗和花梗有长柔毛；花梗长 1.5~2.5 cm，在果期具疣点；花直径 7~12 mm，花瓣白色，近圆形，直径 4~5 mm，内面基部具柔毛，有短爪。果实椭圆形或卵形，长 8~10 mm，直径 6~8 mm，红色或黄红色。花期 5 月，果期 8~9 月。

[生态习性及分布] 喜温暖湿润的气候，耐贫瘠。国内分布于甘肃、湖南、安徽、江苏、福建、广东等省份。烟台栖霞市等有分布。

[用途] 红果冬季不落，具景观绿化价值；根、果可药用。

红叶石楠

5. **红叶石楠** *Photinia × fraseri* Dress

[形态特征] 常绿小乔木。新枝和嫩叶鲜红色，新叶亮红色，老叶绿色。红叶石楠是石楠 *P. serratifolia* (Desf.) Kalkman 和光叶石楠 *P. glabra* (Thunb.)Maxim. 杂交选育的栽培品种总称。

[生态习性及分布] 烟台昆嵛山、海阳市等有分布。

[用途] 常见的园林景观植物。

（十六）木瓜属 *Chaenomeles*

1. **木瓜** *Chaenomeles sinensis* (Thouin) Koehne.

[形态特征] 落叶小乔木。树皮斑状薄片剥落，枝无刺，但短小枝常成棘状。单叶互生，革质，卵状椭圆形，有芒状锐齿。花单生，粉红色。果椭球形，长 10~15 cm，深黄色，有香气。花期 4~5 月，果期 9~10 月。

木瓜

[生态习性及分布] 喜光，喜温暖湿润气候及肥沃深厚、排水良好的土壤，耐寒性不强。国内分布于陕西、安徽、江苏、浙江、江西、广东、广西等省份。烟台芝罘区、莱山区、牟平区、福山区、蓬莱区、莱州市、招远市、栖霞市、海阳市、龙口市等有分布。

[用途] 供绿化观赏；果熟香气持久，可观赏及药用；果可做蜜饯、果酱等食品；木材坚硬，可做优良家具及工艺品。

2. **木瓜海棠**　毛叶木瓜 *Chaenomeles cathayensis* (Hemsl.) Schneid.

[形态特征] 落叶灌木或小乔木，高 2~6 m；枝条直立，具短枝刺。叶片椭圆形、披针形至倒卵披针形，长 5~11 cm，宽 2~4 cm，边缘有芒状细尖锯齿，上半部有时形成重锯齿，下半部锯齿较稀，有时近全缘。花先叶开放，2~3 朵簇生于二年生枝上。花直径 2~4 cm；花瓣倒卵形或近圆形，淡红色或白色。果实卵球形或近圆柱形，先端有突起，长 8~12 cm，宽 6~7 cm，黄色有红晕，味芳香。花期 3~5 月，果期 9~10 月。

[生态习性及分布] 喜光，喜湿润，耐寒力不及木瓜和皱皮木瓜。国内分布于陕西、甘肃、江西、湖北、湖南、广西、云南等省份。烟台牟平区、福山区、莱州市、招远市、栖霞市等有分布。

[用途] 庭院观赏树种；果实可作为木瓜的代用品。

木瓜海棠

3. **贴梗海棠**　皱皮木瓜 *Chaenomeles speciosa* (Sweet) Nakai

[形态特征] 落叶灌木。枝开展，光滑，有刺。叶长卵形至椭圆形，长 3~8 cm，缘有锐齿，表面无毛而有光泽，背面无毛或脉上稍有毛；托叶大，肾形或半圆形。花 3~5 朵簇生于二年生枝上，朱红、粉红或白色，花梗甚短。果卵形或近球形，黄色，有香气。

[生态习性及分布] 喜光，耐瘠薄，有一定耐寒能力，喜排水良好的深厚、肥沃土壤，不耐水湿。国内分布于陕西、甘肃、广东、四川、云南、贵州等省份。烟台芝罘区、蓬莱区、牟平区、福山区、招远市、栖霞市、海阳市、龙口市等有分布。

[用途] 供绿化观赏；果干制后可入药。

贴梗海棠

（十七）梨属 *Pyrus*

1. 白梨 *Pyrus bretschneideri* Rehd.

［形态特征］ 落叶乔木，高达 5~8 m，树冠开展；小枝粗壮，圆柱形，微屈曲，嫩时密被柔毛，不久脱落，二年生枝紫褐色，具稀疏皮孔；叶片卵形或椭圆卵形，长 5~11 cm，宽 3.5~6 cm，先端渐尖，基部宽楔形，稀近圆形，边缘有尖锐锯齿，齿尖有刺芒，微向内合拢，嫩时紫红绿色。伞形总状花序，花 7~10，直径 4~7 cm，总花梗和花梗嫩时有绒毛，不久脱落，花梗长 1.5~3 cm；花直径 2~3.5 cm；花瓣卵形，长 1.2~1.4 cm，宽 1~1.2 cm，先端常呈啮齿状，基部有短爪。果实卵形或近球形。花期 4 月，果期 8~9 月。

［生态习性及分布］ 喜光、喜温，耐寒、耐旱、耐涝、耐盐碱。国内分布于河北、山西、陕西、甘肃、青海、河南等省份。是广泛栽培的梨树种。烟台蓬莱区、莱山区、牟平区、福山区、昆嵛山、莱州市、招远市、栖霞市、莱阳市、海阳市、龙口市等有分布。

［用途］ 果肉脆甜，品质好，适于生吃，也可加工成各种梨食品，富营养，有止咳、平喘等效用；木材褐色、致密，是良好的雕刻材料；可供绿化观赏。香水梨、茌梨、莱阳梨属于本种的栽培品种。

白梨

2. 砂梨 沙梨 酥梨 雪梨 *Pyrus pyrifolia* (Burm. f.) Nakai

［形态特征］ 乔木，高达 15 m；二年生枝紫褐色或暗褐色。叶卵状椭圆形，长 7~12 cm，基部圆形或近心形，缘有刺芒状尖锯齿。花白色，花柱无毛。果近球形，褐色，果肉较脆，花萼脱落。花期 4 月，果期 8~9 月。

砂梨

［生态习性及分布］ 喜光，喜温暖湿润气候及肥沃湿润的酸性土、钙质土，耐旱，也耐水湿，根系发达。国内分布于安徽、浙江、福建、江西、湖北、湖南、广东、广西、四川、云南、贵州等省份。烟台芝罘区、莱州市、栖霞市、莱阳市、牟平区、招远市等有分布。

［用途］ 果味酸甜可口，石细胞较少，较不耐储运。黄金梨属于该品种的栽培品种。

3. 杜梨 棠梨 *Pyrus betulifolia* Bunge

［形态特征］落叶乔木，高达 10 m；小枝棘刺状，幼枝密被灰白色绒毛。叶菱状长卵形，缘有粗尖齿，幼叶两面具绒毛，老时仅背面有绒毛。花白色，花柱 2~3；花序密被灰白色绒毛。果小，径约 1 cm，褐色。花期 4 月，果期 8~10 月。

杜梨

［生态习性及分布］喜光，抗寒，抗旱力强，耐瘠薄，耐盐碱，耐涝性在梨属中最强；深根性，根萌性强，寿命长。国内分布于辽宁、内蒙古、河北、山西、陕西、甘肃、河南、安徽、江苏、湖北等省份。烟台昆嵛山、蓬莱区、莱山区、牟平区、招远市、栖霞市、莱州市、莱阳市、海阳市、龙口市等有分布。

［用途］是北方梨树的主要砧木；白花繁多而美丽，可植于庭园观赏。

4. 豆梨 *Pyrus calleryana* Decne.

［形态特征］小乔木，高达 8 m；小枝褐色，幼时有毛，后脱落。叶卵形至椭圆形卵形，长 4~8 cm。缘有细钝锯齿，通常两面无毛。花白色，径 2~2.5 cm，花柱 2；花序梗及花柄无毛。果近球形，褐色，径 1~1.5 cm，有斑点，萼片脱落。花期 4 月，果期 8~9 月。

豆梨

［生态习性及分布］喜光，喜温暖湿润气候及酸性至中性土，耐干旱瘠薄，不耐盐碱；抗病虫害。国内分布于河南、安徽、江苏、浙江、福建、江西、湖北、湖南、广东、广西等省份。烟台昆嵛山、蓬莱区、福山区、栖霞市、海阳市、招远市等有分布。

［用途］木材致密，可供制器具用；果实含糖 12%~20%，可酿酒；通常用作砂梨系品种梨的砧木；可供绿化观赏。

5. **褐梨** *Pyrus phaeocarpa* Rehd.

[形态特征] 落叶乔木，高达5~8 m；小枝幼时具白色绒毛，二年生枝条紫褐色，无毛。叶片椭圆卵形至长卵形，长6~10 cm，宽3.5~5 cm，先端具长渐尖头，基部宽楔形，边缘有尖锐锯齿，齿尖向外，幼时有稀疏绒毛，不久全部脱落。伞形总状花序，花5~8，花梗长2~2.5 cm；花瓣卵形，长1~1.5 cm，宽0.8~1.2 cm，基部具有短爪，白色。果实球形或卵形，直径2~2.5 cm，褐色，有斑点。花期4月，果期8~9月。

褐梨

[生态习性及分布] 生于山坡或黄土丘陵地杂木林中，国内分布于河北、山西、陕西、甘肃等省份。烟台昆嵛山等有分布。

[用途] 果形中等，皮粗，石细胞较多，可食；木材性质用途同其他梨树；通常作为栽培梨的砧木。

6. **秋子梨** *Pyrus ussuriensis* Maxim.

[形态特征] 落叶乔木，高达15 m，树冠宽广；二年生枝条黄灰色至紫褐色，老枝转为黄灰色或黄褐色，具稀疏皮孔；叶片卵形至宽卵形，长5~10 cm，宽4~6 cm，边缘具有带刺芒状尖锐锯齿。花序密集，花5~7，花梗长2~5 cm，总花梗和花梗在幼嫩；花直径3~3.5 cm；花瓣倒卵形或广卵形，先端圆钝，基部具短爪，白色；花药紫色。果实近球形，黄色，直径2~6 cm。花期5月，果期8~10月。

秋子梨

[生态习性及分布] 抗寒力很强，适于生长在寒冷而干燥的山区。国内分布于吉林、辽宁、内蒙古、河北、山西、甘肃等省份。烟台莱州市、龙口市等有分布。

[用途] 果肉坚硬，熟后肉软多汁，宜生食；可酿酒，也可作为嫁接梨的砧木；木材坚实，可用作家具及雕刻用材。

7. **洋梨** 茄梨 巴梨 *Pyrus communis* Linn.var. *sativa* (DC.) DC.

[形态特征] 落叶乔木，高达 15 m，稀至 30 m，树冠广圆锥形；小枝有时具刺，二年生枝灰褐色或深褐红色。叶片卵形、近圆形至椭圆形，长 2~5 cm，宽 1.5~2.5 cm，边缘有圆钝锯齿。伞形总状花序，花 6~9，总花梗和花梗具柔毛或无毛，花梗长 2~3.5 cm；花瓣倒卵形，长 1.3~1.5 cm，宽 1~1.3 cm，先端圆钝，基部具短爪，白色。果实倒卵形或近球形，绿色、黄色，稀带红晕，具斑点，萼片宿存。花期 4 月，果期 7~9 月。

[生态习性及分布] 要求冷凉干燥的气候，在年平均气温高于 15 ℃的地区不宜栽培；耐旱性强，对土壤要求不严，较耐涝和盐碱。原产于欧洲及亚洲西部。烟台莱阳市等有栽培。

[用途] 果肉初熟坚硬，后熟软多汁，味香甜，不耐储运。茄梨属于本种栽培品种。

洋梨

8. **麻梨** *Pyrus serrulata* Rehd.

[形态特征] 乔木，高达 8~10 m；二年生枝紫褐色，具稀疏白色皮孔。叶片卵形至长卵形，长 5~11 cm，宽 3.5~7.5 cm，先端渐尖，基部宽楔形或圆形，边缘有细锐锯齿，齿尖常向内合拢，侧脉 7~13 对，网脉显明。伞形总状花序，花 6~11，花瓣宽卵形，长 10~12 cm，先端圆钝，基部具有短爪，白色。果实近球形或倒卵形，长 1.5~2.2 cm，深褐色，有浅褐色果点。花期 4 月，果期 6~8 月。

[生态习性及分布] 喜光喜温，耐盐碱。烟台蓬莱区等有分布。

[用途] 重要果树。

麻梨

（十八）苹果属 *Malus*

1. 苹果 *Malus pumila* Mill.

[形态特征] 落叶乔木，高可达 15 m，多具有圆形树冠和短主干；小枝短而粗，圆柱形，幼嫩时密被绒毛，老枝紫褐色，无毛。叶片椭圆形、卵形至宽椭圆形，长 4.5~10 cm，宽 3~5.5 cm，边缘具有圆钝锯齿。伞房花序，花 3~7，集生于小枝顶端，花梗长 1~2.5 cm，密被绒毛；花直径 3~4 cm；萼筒外面密被绒毛；花瓣倒卵形，基部具短爪，白色，含苞未放时带粉红色。果实扁球形，先端常有隆起，萼洼下陷，萼片永存。花期 5 月，果期 7~10 月。

苹果

[生态习性及分布] 喜光，喜干燥气候及肥沃土壤，在湿热气候下生长不良。原产于欧洲和小亚细亚一带。国内以辽宁南部、黄河流域各省份栽培最多，华中、华南、西北等地也有引种。

[本地分布] 烟台各地广泛栽培。

[用途] 重要果树。嘎啦苹果、新红星苹果、珊夏苹果、红富士苹果为该种的栽培品种。

2. 花红 沙果 *Malus asiatica* Nakai

[形态特征] 落叶小乔木，高 4~6 m；小枝粗壮，圆柱形，嫩枝密被柔毛，老枝暗紫褐色，无毛，有稀疏浅色皮孔。叶片卵形或椭圆形，长 5~11 cm，宽 4~5.5 cm，边缘有细锐锯齿。伞房花序，花 4~7，集生在小枝顶端；花瓣倒卵形或长圆倒卵形，长 8~13 mm，宽 4~7 mm，基部有短爪，淡粉色。果实卵形或近球形，直径 4~5 cm，黄色或红色，先端渐狭，不具隆起，基部陷入，宿存萼肥厚隆起。花期 4~5 月，果期 8~9 月。

花红

[生态习性及分布] 喜光，耐寒，耐干旱，也能耐一定的水湿和盐碱。国内分布于辽宁、内蒙古、河北、陕西、山西、甘肃、新疆、河南、湖北、四川、云南、贵州等省份。烟台蓬莱区、招远市、龙口市等有栽培。

[用途] 果树，供鲜食用，并可加工制果干、果丹皮及酿果酒之用。

3. **西府海棠** 小果海棠 *Malus × micromalus* Makino

［形态特征］ 山荆子与海棠花之杂交种。树态峭立；小枝紫褐色或暗褐色，幼时有短柔毛。叶较狭长，基部楔形或近圆形，锯齿尖细，叶柄长2~3.5 cm。花粉红色，花梗及花萼均具柔毛，萼片短。果红色，径1~1.5 cm，基部柄洼下陷。花期4~5月，果期9月。

［生态习性及分布］ 喜光，耐寒，抗干旱，对土壤适应性强，较耐盐碱和水湿。根系发达，寿命较长。国内分布于辽宁、河北、山西、陕西、甘肃、云南等省份。烟台芝罘区、莱山区、牟平区、福山区、蓬莱区、招远市、栖霞市、莱阳市、海阳市、龙口市、莱州市等有分布。

［用途］ 著名观赏树种；果可生食及加工成果酱。

西府海棠

4. **八棱海棠**（西府海棠 栽培变种）*Malus robusta* Rehd.

［形态特征］ 乔木，植株高5~8 m，树皮厚，灰褐色或暗褐色，有纵裂缝；幼枝具纵条纹；叶片厚革质，宽椭圆形或倒卵状椭圆形，两面具光泽；总状花序或圆锥花序近顶生，花骨朵时呈红色，开展后由红色变粉红色，渐渐地再由粉红色变为粉白色；果圆球形，成熟时红色；花期4月，果9月熟。因其四周有明显的八个棱凸起，故而得名八棱海棠。

［生态习性及分布］ 抗寒、抗旱、抗涝、抗盐碱、抗病虫，耐瘠薄、耐水湿，适应性广。烟台招远市等有分布。

［用途］ 庭院观赏植物。

八棱海棠

5. **北美海棠** *Malus micromalus* Makino

[形态特征] 落叶小乔木，株高一般 5~7 m，呈圆丘状，或整株直立呈垂枝状；分枝多变，互生直立悬垂等，无弯曲枝；树干颜色为新干棕红色，黄绿色，老干灰棕色，有光泽，观赏性高。花朵基部合生，花色有白色、粉色、红色，花序分伞状或伞房花序的总状花序，多有香气。肉质梨果，带有脱落型或不脱落型的花萼，颜色为红色、黄色或绿色。花期4月上旬，果熟期 7~8 月。

北美海棠

[生态习性及分布] 适应性强，抗性强，耐寒、耐瘠薄。原种多来自亚洲，我国各地均有引种栽培。烟台海阳市等有分布。

[用途] 观赏价值高，花色、叶色、果色和枝条色彩丰富，是较好的观赏树种。

6. **海棠花** 海棠（原变种）*Malus spectabilis* (Ait.) Borkh. var. *spectabilis*

[形态特征] 乔木，高可达 8 m；小枝粗壮，圆柱形。叶片椭圆形至长椭圆形，长 5~8 cm，宽 2~3 cm，先端短渐尖或圆钝，基部宽楔形或近圆形，边缘有紧贴细锯齿，有时部分近于全缘。花序近伞形，花 4~6，花梗长 2~3 cm，具柔毛；花瓣卵形，长 2~2.5 cm，宽 1.5~2 cm，基部有短爪，白色，在芽中呈粉红色。果实近球形，直径 2 cm，黄色，萼片宿存，基部不下陷，梗洼隆起。花期 4~5 月，果期 9~10 月。

海棠花

[生态习性及分布] 喜光，较耐寒性，不耐热。国内分布于河北、陕西、江苏、浙江、云南等省份。烟台蓬莱区、福山区、昆嵛山、莱州市、招远市、栖霞市、海阳市、龙口市等有分布。

[用途] 著名观赏树种；常作苹果砧木。

7. **红宝石海棠**（海棠花 变种）*Malus* Makino × *micromalus* Makino cv. *'Ruby'*

［形态特征］ 花、果、枝干、叶在生长期中均表现出红宝石颜色。春季红色的枝条发芽后，其嫩芽嫩叶血红。整个生长季节叶片呈紫红色，整株色感极好，蜡质光亮。开出花朵粉红色，花期 4~5 月。

［生态习性及分布］ 烟台莱州市等有分布。

红宝石海棠

8. **湖北海棠** *Malus hupehensis* (Pamp.) Rehd.

［形态特征］ 小乔木。枝硬直斜出，小枝紫色或紫褐色，幼时有毛。叶卵状椭圆形，锯齿细尖。花蕾时粉红色，开放后白色，有香气；萼片紫色，三角状卵形，较萼筒短或等长，脱落；花柱 3，罕 4。果球形，径约 1 cm。黄绿色稍带红晕。花期 4~5 月，果熟期 8~9 月。

湖北海棠

［生态习性及分布］ 生于海拔 500~2900 m 山坡或山谷林中。国内分布于山西、陕西、甘肃、河南、安徽、江苏、浙江、江西、湖北、湖南、广东、四川、云南、贵州等省份。烟台昆嵛山、蓬莱区、招远市、栖霞市等有分布。

［用途］ 可供观赏；嫩叶可代茶。

9. **平邑甜茶**（湖北海棠 变种）*Malus hupehensis* (Pamp.) Rehd. var. *mengshanensis* G. Z. Qian & W. H. Shao

［形态特征］ 萌蘖性强；果实椭圆形或近球形；直径约 1 cm；黄绿色稍带红晕；萼片脱落；果梗长 2~4 cm。花期 4~5 月，果期 8~9 月。

［生态习性及分布］ 烟台招远市等有分布。

10. **山荆子** *Malus baccata* (L.) Borkh.

［形态特征］ 乔木，高达 10~14 m，树冠广圆形，幼枝细弱，微屈曲。叶片椭圆形或卵形，长 3~8 cm，宽 2~3.5 cm，先端渐尖，稀尾状渐尖，基部楔形或圆形，边缘有细锐锯齿。伞形花序，花 4~6，无总梗，集生在小枝顶端，直径 5~7 cm；花直径 3~3.5 cm；花瓣倒卵形，长 2~2.5 cm，先端圆钝，基部有短爪，白色。果实近球形，直径 8~10 mm，红色或黄色，柄洼及萼洼稍微陷入，萼片脱落。花期 4~6 月，果期 9~10 月。

山荆子

［生态习性及分布］ 耐寒性强，根系发达。国内分布于吉林、辽宁、内蒙古、河北、山西、陕西、甘肃等省份。烟台福山区、昆嵛山、招远市、海阳市、龙口市等有分布。

［用途］ 优良的苹果树砧木；木材可做农具、家具；叶及树皮富含鞣质，可提取栲胶；可供绿化观赏。

11. **毛山荆子** *Malus manshuricas* (Maxim.) Kom.

［形态特征］ 小枝细弱，圆柱形，幼嫩时密被短柔毛，老时逐渐脱落，紫褐色或暗褐色；叶片卵形、椭圆形至倒卵形，长 5~8 cm，宽 3~4 cm，下面中脉及侧脉上具短柔毛或近于无毛；叶柄具稀疏短柔毛。

［生态习性及分布］ 生于山坡及沟谷的杂木林。国内分布于黑龙江、吉林、辽宁、内蒙古、河北、山西、陕西、甘肃等省份。烟台昆嵛山等有分布。

［用途］ 优良的苹果树砧木；木材可做农具、家具；叶及树皮富含鞣质，可提取栲胶；可供绿化观赏。

毛山荆子

12. **海棠果**　楸子 *Malus prunifolia* (Willd.) Borkh.

［形态特征］落叶小乔木，高达 3~8 m；小枝粗壮，圆柱形，嫩时密被短柔毛，老枝灰紫色或灰褐色叶片卵形或椭圆形，长 5~9 cm，宽 4~5 cm。花 4~10 朵，近似伞形花序，花直径 4~5 cm；萼筒外面被柔毛；花瓣倒卵形或椭圆形，长 2.5~3 cm，宽约 1.5 cm，基部有短爪，白色，含苞未放时粉红色。果实卵形，直径 2~2.5 cm，红色，先端渐尖，稍具隆起，萼洼微突，萼片宿存肥厚。花期 4~5 月，果期 8~9 月。

海棠果

［生态习性及分布］适应性强，抗寒、抗旱也能耐湿。国内分布于辽宁、内蒙古、河北、山西、陕西、甘肃、河南等省份。烟台蓬莱区、莱州市、招远市、龙口市、招远市等有分布。

［用途］果肉脆、多汁，味酸甜，可生吃，也可加工成罐头、果脯、果酱等食品，果也能药用；也常为嫁接花红、苹果的砧木。

垂丝海棠

13. **垂丝海棠** *Malus halliana* Koehne

［形态特征］小乔木。枝开展，幼时紫色。叶卵形或狭卵形，基部楔形，锯齿细钝，质较厚硬；叶柄常紫红色，4~7 朵簇生小枝端，鲜玫瑰红色，花柱 4~5，花梗细长下垂，萼片深紫色，先端钝。果倒卵形，径 0.6~0.8 cm，紫色。花期 3~4 月，果熟期 9~10 月。

［生态习性及分布］喜光，喜温暖湿润气候，不耐干旱和寒冷，对土壤要求不严。国内分布于辽宁、内蒙古、河北、山西、陕西、甘肃、河南等省份。烟台芝罘区、莱山区、牟平区、福山区、蓬莱区、莱州市、招远市、栖霞市、海阳市、龙口市等有分布。

［用途］著名观赏花木。

14. **三叶海棠**　裂叶海棠 *Malus sieboldii* (Regel) Rehd.

［形态特征］落叶小乔木，高达 6 m；枝开展，幼时被柔毛。叶卵状椭圆形，先端尖，基部圆形至广楔形，常 3~5 浅裂，重锯齿，背面脉上有毛。花白色，子房基部无毛。果近球形，径 6~8 mm，红色或褐黄色，果梗长 2~3.5 cm，萼片脱落。

三叶海棠

［生态习性及分布］喜光，耐寒性强，耐干旱；深根性。国内分布于辽宁、内蒙古、河北、山西、陕西、甘肃、河南等省份。烟台昆嵛山等有分布。

［用途］庭院观赏植物。

15. **大鲜果** 洋海棠 *Malus sulardii* Britt.

[形态特征] 落叶乔木。树皮褐色，平滑；小枝灰褐色，无毛。单叶，互生；叶片质地稍厚，宽卵形、椭圆状卵形至卵圆形，先端常钝，基部圆形或宽楔形，缘有不规则的圆锯齿，有时微裂，上面有皱，下面有密生的细短毛或无毛，羽状脉；叶柄较细长。花序近伞形，花2~6；花梗粗短，约1.5 cm，有或无绒毛；花紫红色。梨果扁球形，直径3~5 cm，熟时紫红色或黄色带有红晕，上有细斑点。

[生态习性及分布] 原产于北美洲。烟台莱阳市等有引种栽培。

[用途] 苹果属的一天然杂交种。果肉白色，质脆，有苹果香味，适于生食及加工成罐头；花色美丽，有观赏价值；是苹果育种的种质材料。

（十九）花楸属 *Sorbus*

1. **水榆花楸** *Sorbus alnifolia* (Sieb. et Zucc.) K. Koch

[形态特征] 乔木。小枝圆柱形，具灰白色皮孔，幼时微具柔毛，二年生枝暗红褐色，老枝暗灰褐色，无毛；冬芽卵形，先端急尖。叶片卵形至椭圆卵形，长5~10 cm，宽3~6 cm，先端短渐尖，基部宽楔形至圆形，边缘有不整齐的尖锐重锯齿，有时微浅裂，侧脉6~10对；叶柄长1.5~3 cm。复伞房花序较疏松，花6~25，花直径10~14 mm；萼筒钟状，萼片三角形，先端急尖，内面密被白色绒毛；花瓣卵形或近圆形，白色。果实椭圆形或卵形，红色或黄色。花期5月，果期8~9月。

[生态习性及分布] 喜欢湿润、通风良好的环境，喜中性和微酸性、深厚的土壤。国内分布于黑龙江、辽宁、吉林、河北、陕西、甘肃、河南、安徽、浙江、江西、湖北、四川等省份。烟台昆嵛山、蓬莱区、招远市、栖霞市、海阳市、龙口市、牟平区、福山区等有分布。

[用途] 木材可作器具、家具、车辆等用材；果实可酿酒及制果酱；白花、红果、秋叶变色，可供绿化观赏，可作庭园景观树种。

水榆花楸

2. **裂叶水榆花楸**（水榆花楸 变种）*Sorbus alnifolia* (Sieb. et Zucc.) K. Koch var. *lobulata* Rehd.

［形态特征］ 与原变种的区别在于叶片边缘有浅裂片和重锯齿。

［生态习性及分布］ 生于海拔600~700 m 山坡杂木林。国内分布于辽宁等省份。烟台龙口市等有引种栽培。

裂叶水榆花楸

3. **花楸树** *Sorbus pohuashanensis* (Hance) Hedl.

［形态特征］ 落叶乔木。小枝粗壮，圆柱形，灰褐色，具灰白色细小皮孔；冬芽长圆卵形，先端渐尖，具数枚红褐色鳞片，外面密被灰白色绒毛。奇数羽状复叶，连叶柄在内长 12~20 cm，叶柄长 2.5~5 cm；小叶片 5~7 对，基部和顶部的小叶片常稍小，卵状披针形或椭圆披针形，长 3~5 cm，宽 1.4~1.8 cm，先端急尖或短渐尖，基部偏斜圆形，边缘有细锐锯齿，基部或中部以下近于全缘，下面苍白色，有稀疏或较密集绒毛，间或无毛，侧脉 9~16 对。复伞房花序具多数密集花朵，花直径 6~8 mm；萼筒钟状，萼片三角形，内外两面均具绒毛；花瓣宽卵形或近圆形，白色，内面微具短柔毛；果实近球形，直径 6~8 mm，红色或橘红色，具宿存闭合萼片。花期 6 月，果期 9~10 月。

花楸树

［生态习性及分布］ 喜湿，喜阴，耐寒，生长迅速，病虫害较少。多生于海拔 600 m 以上的阴坡、山顶或沟底。国内分布于黑龙江、吉林、辽宁、内蒙古、河北、山西、陕西、甘肃、河南等省份。烟台昆嵛山、蓬莱区、牟平区、招远市、栖霞市、海阳市等有分布。

［用途］ 木材可做家具；果可酿酒、制果酱及入药；花、叶美丽，入秋红果累累，可供绿化观赏。

4. **北京花楸** 白果花楸 *Sorbus discolor* (Maxim.) Maxim.

[形态特征] 落叶乔木，高可达 10 m；小枝圆柱状，多年生枝紫褐色，幼枝无毛或少毛，皮孔稀疏。冬芽长圆卵形，先端渐尖或急尖，外被数枚棕褐色鳞片，无毛或微有短柔毛。奇数羽状复叶，长 10~20 cm；叶柄 3~6 cm，托叶宿存，长 5~8 mm，边缘具粗锯齿；叶轴无毛，上面具浅沟，有翼；小叶对生，5~7 对，间隔 1.2~3 cm，基部一对通常小于其他，叶片长圆形、长梢圆形至长圆披针形，长 3~6 cm，宽 1~1.8 cm，侧脉 12~20 对，两面无毛，背面色浅，具白霜，基部通常圆形，边缘具微小锯齿，每侧锯齿 12~20 个，约占整个基部的 1/3，先端急尖至短渐尖。复伞房花序松散，长 5~8 cm，宽 5~10 cm，多花；花序轴和花梗无毛；苞片类似托叶，较小；花梗长 2~3 mm，花直径 6~8 mm，被丝托钟状，背面无毛，萼片三角形，长 1~2 mm，先端稍钝或急尖；花瓣白色，卵形、长圆卵形，长 3~5 mm，宽 2.5~3.5 mm，无毛，先端圆钝；雄蕊 15~20 ，约为花瓣的 1/2；雌蕊 1，子房下位，花柱 3~4，几与雄蕊等长，基部疏生短柔毛。果白色或黄色，卵形，直径 6~8 mm，萼片宿存，先端闭合。花期 5 月，果期 8~9 月。

[生态习性及分布] 生于阔叶混交林及山沟中。国内分布于内蒙古、河北、山西、甘肃、河南等省份。烟台昆嵛山等有分布。

[用途] 木材可做家具；果实可制作果酱，也可酿酒；果实艳丽，可供观赏。

北京花楸

5. 圆果花楸 *Sorbus globosa* Yü et Tsai

圆果花楸

[形态特征] 落叶乔木，高达 7 m；嫩枝具锈褐色柔毛，旋脱落；冬芽老时无毛。叶卵状披针形或椭圆状披针形，长 8~10 cm，先端渐尖，基部楔形，稀近圆，具稀疏尖锐锯齿，上面无毛，下面中脉和侧脉具锈褐色柔毛，侧脉 8~11 对；叶柄长 1.0~1.5 cm，微具柔毛或无毛。复伞房花序具 15~21 花；花梗长 5~9 mm；花直径 5~8 mm；花萼被锈褐色柔毛，萼片卵状三角形，先端圆钝；花瓣卵形或倒卵形，长 4~5 mm，白色；雄蕊 20，长短不齐；花柱 2~3，中部合生，无毛，短于雄蕊。果球形，径 1.0~1.2 cm，成熟时褐色，有皮孔，2~3 室，萼片脱落后留有圆穴。花期 3~5 月，果期 8~9 月。

[生态习性及分布] 适宜温暖湿润、土层深厚肥的沃壤土、沙壤土，萌蘖性强，耐寒，耐旱，喜阳光，抗病能力强，耐强修剪。不耐涝，短期积水可致死亡。产自我国云南、贵州、广西等省份。生于海拔 1000~2100 m 丛林中。烟台海阳市等有分布。

[用途] 果可食。

6. 湖北花楸（原变种）*Sorbus hupehensis* Schneider. var. *hupehensis*

[形态特征] 落叶乔木，高 5~10 m；小枝暗灰褐色，略带紫色，圆柱形，具少数椭圆形皮孔；冬芽长卵形，外被数枚红褐色鳞片，无毛。奇数羽状复叶，长 10~15 cm，叶柄长 1.5~35 cm；小叶片 4~8 对，基部和顶端的小叶片较中部的稍长，长圆披针形或卵状披针形，长 3~5 cm，宽 1~1.8 cm，先端急尖、圆钝或短渐尖。边缘有尖锐锯齿，上面无毛，下面沿中脉有白色绒毛，后逐渐脱落无毛，叶脉羽状；托叶膜质，线状披针形，早落。复伞房花序，花多数，总花梗和花梗无毛或被稀疏白色柔毛。花梗长 3~5 mm；花直径 5~7 mm；被丝托钟状，萼片 5，三角形，先端急尖，外面无毛。内面近先端微具柔毛；花瓣 5，卵形，长 3~4 mm，宽约 3 mm。先端圆钝，白色；雄蕊 20，长约为花瓣的 1/3；雌蕊 1，子房下位，花柱 4~5，基部有灰白色柔毛，稍短于雄蕊或几与雄蕊等长。梨果球形，直径 5~8 mm，成熟时白色，有时带粉红晕，先端具宿存萼片。花期 5~7 月，果期 8~9 月。

湖北花楸

[生态习性及分布] 多分布于山地阴坡及杂木林等地。国内分布于陕西、甘肃、青海、安徽、江西、湖北、四川、贵州等省份。烟台昆嵛山等有分布。

[用途] 木材可做家具、农具；可栽培用于绿化观赏。

7. **少叶花楸**（湖北花楸 变种）*Sorbus hupehensis* Schneid. var. *paucijuga* (D. K. Zang et P. C. Huang) L. T. Lu

［形态特征］ 本变种的主要特点为小叶 3~4 对，长圆形，长 4~5 cm，宽 2~3 cm，托叶线状披针形，早落。

［生态习性及分布］生于海拔 300 m 山坡。山东特有树种。烟台昆嵛山等有分布。

［用途］木材可做家具、农具；可栽培用于绿化观赏。

（二十）腺肋花楸属 *Aronia*

黑果腺肋花楸 *Aronia × prunifolia* (Marshall) Rehd.

［形态特征］ 落叶丛状灌木。芽红褐色，锥形。叶片深绿色，单叶互生，叶面光滑，卵形或椭圆形。复伞房花序，花序柄被绒毛，由 5~40 朵小花组成，冠横径 6~8 cm，果球形，梨果，果径 0.8~1.4 cm。

黑果腺肋花楸

［生态习性及分布］ 对土壤、气候适应性极强，年平均降水量不小于 400 mm、极限低温不低于 −40 ℃、土壤 pH 小于 8.0 的环境都可以生长。原产于北美，烟台海阳市等有引种栽培。

［用途］ 浆果富含营养物质，欧美广泛栽培利用；秋叶色红艳，抗寒、抗旱和抗病虫害能力极强，具有一定观赏价值。

（二十一）李属 *Prunus*

1. **梅** *Prunus mume* (Sieb.) Sieb. et Zucc.

［形态特征］落叶小乔木，稀灌木，高 4~10 m；树皮浅灰色或绿灰色，平滑；小枝绿色，光滑无毛。叶片卵形或椭圆形，先端尾尖，叶边常具小锐锯齿，灰绿色。花单生或有时 2 朵同生于 1 芽内，直径 2~2.5 cm，香味浓，先于叶开放；花梗短，长 1~3 mm；花萼通常红褐色，但有些品种的花萼为绿色或绿紫色；萼片卵形或近圆形，先端圆钝；花瓣倒卵形，白色、粉红色至大红色。果实近球形，黄色或绿白色，被柔毛，味酸。花期 2~4 月，果期 7~8 月。

［生态习性及分布］ 喜温暖、湿润气候，对土壤要求不严，耐瘠薄、半耐寒，怕积水。国内在长江流域以南各省份广泛栽培。四川、云南有野生。烟台芝罘区、莱山区、牟平区等有引种栽培。

梅

［用途］ 在我国有三千多年的栽培历史，梅花是传统名花，与兰、竹、菊一起列为“四君子”，与松、竹并称为“岁寒三友”，是重要的景观树种；其果实可食用和药用；梅又能抗根线虫危害，可作核果类果树的砧木。

2. **杏梅**（梅 变种）*Prunus mume* Sieb. var. *bungo* Makino

[形态特征] 枝和叶似山杏；花半重瓣，粉红色

[生态习性及分布] 抗寒性较强，可能是杏与梅的天然杂交种。烟台牟平区、莱阳市等有分布。

3. **杏** *Prunus armeniaca* Linn.

[形态特征] 乔木，高 5~8 m；树冠圆形、扁圆形或长圆形；树皮灰褐色，纵裂；多年生枝浅褐色，皮孔大而横生，一年生枝浅红褐色，有光泽，无毛，具多数小皮孔。叶片宽卵形或圆卵形，长 5~9 cm，宽 4~8 cm，先端急尖至短渐尖，基部圆形至近心形，叶边有圆钝锯齿。叶柄无毛，基部常具腺体。花单生，直径 2~3 cm，先于叶开放；花梗短，长 1~3 mm，被短柔毛；花萼紫绿色；萼筒圆筒形，外面基部被短柔毛；萼片卵形至卵状长圆形，先端急尖或圆钝，花后反折；花瓣圆形至倒卵形，白色或带红色，具短爪。果实球形，稀倒卵形，直径约 2.5 cm 以上，白色、黄色至黄红色，常具红晕，微被短柔毛，成熟时不开裂。花期 3~4 月，果期 6~7 月。

杏

[生态习性及分布] 喜湿，喜阴，耐寒，生长迅速，病虫害较少。国内分布于辽宁、内蒙古、河北、山西、陕西、甘肃、宁夏、青海、河南、江苏、四川等省份。烟台莱山区、牟平区、福山区、芝罘区、莱州市、蓬莱区、招远市、栖霞市、莱阳市、海阳市、龙口市等有分布。

[用途] 常见栽培果树，亦是优良景观绿化树种。

4. **野杏** *Prunus armeniaca* Lam. var. *ansu* Maxim.

[形态特征] 本变种的特点为叶基部楔形至宽楔形。花通常 2，花瓣粉红色。果实近球形，红色，离核；核卵球形，内果皮表面粗糙并具网纹。

野杏

[生态习性及分布] 生长于斜坡和沟壑，果园、庭院偶有栽培。国内分布于辽宁、内蒙古、河北、山西、陕西、甘肃、宁夏、青海、河南、江苏、四川等省份。烟台牟平区、福山区、莱州市、蓬莱区、昆嵛山、招远市、栖霞市、莱阳市、海阳市等有分布。

[用途] 果实可食用；种子可食用、药用。

5. 桃 *Prunus persica* (L.) Batsch

［形态特征］ 落叶乔木，高 5~8 m；树冠圆形、扁圆形或长圆形；树皮灰褐色，纵裂；多年生枝浅褐色，皮孔大而横生，一年生枝浅红褐色，有光泽，具多数小皮孔。叶片宽卵形或圆卵形，长 5~9 cm，宽 4~8 cm，先端急尖至短渐尖，基部圆形至近心形，叶边有圆钝锯齿。叶柄无毛，基部常具腺体。花单生，直径 2~3 cm，先于叶开放；花梗短，被短柔毛；花萼紫绿色；萼筒圆筒形，外面基部被短柔毛；萼片卵形至卵状长圆形，先端急尖或圆钝，花后反折；花瓣圆形至倒卵形，白色或带红色，具短爪。果实球形，稀倒卵形，直径约 2.5 cm 以上，白色、黄色至黄红色，常具红晕，微被短柔毛，成熟时不开裂。花期 4~5 月，果期 6~11 月。

［生态习性及分布］ 喜光，耐旱、耐寒力强，怕水涝。国内分布于华北、华中及西北各省份。烟台各区市均有分布。

［用途］ 常见栽培果树；亦是优良景观绿化树种。

桃

6. 寿星桃（栽培变种）*Prunus persica 'Densa'*

［形态特征］ 本栽培品种的主要特点为树形低矮，花重瓣。

［生态习性及分布］ 烟台昆嵛山等有分布。

［用途］ 可供观赏及作矮化砧木。

寿星桃

7. 碧桃（桃 变型）*Prunus persica* (L.) Batsch f. *duplex* (West) Rehd.

［形态特征］ 一般将桃的重瓣栽培品种叫作碧桃，有白、粉红、深红等颜色。

［生态习性及分布］ 烟台牟平区、蓬莱区、招远市、莱州市、栖霞市、莱阳市、龙口市等有栽培。

碧桃

8. **白碧桃**（桃 变型）*Prunus persica* (L.) Batsch. f. *alb-plena*

[形态特征] 花重瓣，白色。

[生态习性及分布] 烟台栖霞市、莱阳市、龙口市等有栽培。

白碧桃

9. **紫叶桃**（桃 变型）*Prunus persica* Linn. f. *atropurpurea* Schneid

[形态特征] 花粉色至深红色，重瓣或单瓣；叶上多皱褶，始终为紫红色。

[生态习性及分布] 烟台福山区、芝罘区、蓬莱区、莱州市等有栽培。

紫叶桃

10. **垂枝碧桃**（桃 变型）*Prunus persica 'pendula'*

[形态特征] 枝下垂。

[生态习性及分布] 烟台芝罘区、莱州市等有栽培。

垂枝碧桃

11. **油桃**（桃 变种） *Prunus persica* Linn. var. *nectarina* (Ait.) Maxim.

[形态特征] 果皮光滑无毛；果肉与核分离。

[生态习性及分布] 烟台牟平区、福山区、蓬莱区、招远市、龙口市、莱州市等有分布。

油桃

12. **蟠桃**（桃 变种） *Prunus persica* Linn. var. *compressa* (Loud) Yü et Lu

[形态特征] 果实扁平；核小，圆形，有深沟纹。

[生态习性及分布] 烟台蓬莱区、莱州市、招远市、海阳市等有分布。

蟠桃

13. **山桃** *Prunus davidiana* (Carr.) Franch.

[形态特征] 乔木，高可达 10 m；树冠开展，树皮暗紫色，光滑；小枝细长，直立，幼时无毛，老时褐色。叶片卵状披针形，长 5~13 cm，宽 1.5~4 cm，先端渐尖，基部楔形，两面无毛，叶边具细锐锯齿。花单生，先于叶开放，花梗极短或几无梗；花萼无毛；萼筒钟形；萼片卵形至卵状长圆形，紫色，先端圆钝；花瓣 5，倒卵形或近圆形，粉红色，先端圆钝，稀微凹。果实近球形，淡黄色，外面密被短柔毛，果梗短而深入果洼；果肉薄而干，成熟时不开裂；核球形或近球形，两侧不压扁，表面具纵、横沟纹和孔穴，与果肉分离。花期 3~4 月，果期 7~8 月。

[生态习性及分布] 喜光，耐旱、耐寒力强，耐贫瘠、耐盐碱，怕水涝。国内分布于河北、山西、陕西、甘肃、河南、四川、云南等省份。烟台各区市广泛分布。

[用途] 常作桃、梅、李等果树的砧木；也可供观赏；木材质硬而重，可做木制品。

[区别要点] 山桃与桃比较相似，主要区别有以下几点：山桃树皮光滑，呈暗紫色，而桃树皮比较粗糙，常呈灰褐色；山桃冬芽呈圆球形，芽鳞紫红色，而桃的冬芽长圆锥形，常被灰白色毛；山桃花期较早，与玉兰同期，而桃花较晚，山桃花有白花变种，而桃花鲜有白色，山桃花萼无毛，桃的花萼外被短柔毛；山桃叶两面无毛，而桃叶下面有少许柔毛。

山桃

14. **红花山桃**（山桃 变种）*Prunus davidiana* (Carr.) Franch. var. *rubra* Bean

[形态特征] 花玫瑰红色。

[生态习性及分布] 烟台招远市等有分布。

15. **榆叶梅** *Prunus triloba* Lindl.

［形态特征］ 灌木稀小乔木，高 2~3 m；树皮紫褐色，枝条开展，具多数短小枝；短枝上的叶常簇生，一年生枝上的叶互生；叶片宽椭圆形至倒卵形，先端短渐尖，常 3 裂，基部宽楔形，上面具疏柔毛或无毛，下面被短柔毛，叶边具粗锯齿或重锯齿。花 1~2 朵，粉红色，花瓣 5，先于叶开放，直径 2~3 cm，花梗长 4~8 mm。果实近球形，顶端具短小尖头，红色，外被短柔毛。花期 4~5 月，果期 5~7 月。因其叶似榆、花如梅，故名“榆叶梅”。

［生态习性及分布］ 喜光，稍耐阴，耐旱，耐寒，能在 –35 ℃下越冬，不耐涝。烟台芝罘区、福山区等有分布。

［用途］ 常见景观绿化树种。

榆叶梅

重瓣榆叶梅

16. **重瓣榆叶梅**（榆叶梅　变型）*Prunus triloba* 'Multiplex'

［形态特征］ 花重瓣，其他特征与榆叶梅基本一致。

［生态习性及分布］ 烟台栖霞市等有分布。

17. **鸾枝榆叶梅**（榆叶梅　变型）*Prunus triloba* Lindl. var. *petzoldii* (K. Koch.) Bailey

［形态特征］ 枝条斜上直立，花重瓣、密集。叶片下面无毛，叶柄为紫红色。

［生态习性及分布］ 烟台莱州市等有分布。

鸾枝榆叶梅

18. **扁桃** 巴旦木 *Prunus dulcis* (Mill.) D. A. Webb

[形态特征] 中型落叶乔木或灌木。枝直立或平展，具多数短枝，一年生枝浅褐色，多年生枝灰褐色至灰黑色；冬芽卵形，棕褐色。一年生枝上的叶互生，短枝上的叶常靠近而簇生；叶片披针形或椭圆状披针形，叶边具浅钝锯齿，在叶片基部及叶柄上常具2~4腺体。花单生，先于叶开放，萼片先端圆钝，边缘具柔毛；花瓣长圆形，先端圆钝或微凹，基部渐狭成爪，白色至粉红色。果实扁平，外面密被短柔毛；果肉薄，成熟时开裂；核卵形至宽椭圆形，核壳硬，基部斜截形或圆截形，两侧不对称，背缝较直，具浅沟或无，腹缝较弯，具多少尖锐的龙骨状突起，具蜂窝状孔穴。花期3~4月，果期7~8月。

[生态习性及分布] 喜光，耐旱，耐寒，不耐涝。国内在西北各省份栽培历史悠久。烟台牟平区、福山区、栖霞市、莱阳市、龙口市等有栽培。

[用途] 常见栽培果树，抗旱性强，可作桃和杏的砧木；种仁可食用、药用或榨油用；也可供观赏。

扁桃

19. **李** 李子 *Prunus salicina* Lindl.

[形态特征] 落叶乔木，高9~12 m；树冠广圆形，树皮灰褐色，起伏不平；老枝紫褐色或红褐色，小枝黄红色；冬芽卵圆形，红紫色，有数枚覆瓦状排列鳞片。叶片长圆倒卵形、长椭圆形，稀长圆卵形，长6~8 cm，宽3~5 cm，先端渐尖、急尖或短尾尖，基部楔形，边缘有圆钝重锯齿，常混有单锯齿，上面深绿色，有光泽，侧脉6~10对。花常3朵并生，花直径1.5~2.2 cm；萼筒和萼片外面均无毛；花瓣白色，长圆倒卵形，先端啮蚀状，基部楔形，有明显带紫色脉纹，具短爪，着生在萼筒边缘，比萼筒长2~3倍。核果球形、卵球形或近圆锥形，梗凹陷，顶端微尖，外被蜡粉。花期4月，果期7~8月。

[生态习性及分布] 喜光，也能耐半阴。耐寒，不耐干旱和瘠薄。国内分布于陕西、甘肃、江苏、浙江、福建、台湾、江西、湖北、湖南、广东、广西、四川、云南、贵州等省份。烟台各区市均有分布。

[用途] 常见果树之一，果鲜食，也可加工成各种食品；根、叶、种核和树胶等均可入药；种仁可榨油。

李

20. **紫叶李**（李 栽培品种）*Prunus cerasifera 'Pissardii'*

［形态特征］ 落叶小乔木。树皮灰紫色；小枝红褐色，光滑无毛；芽单生于叶腋，外被紫红色的芽鳞。单叶，互生；幼叶在芽内席卷；叶片卵圆形、倒卵形或长圆状披针形，长 4.5~6 cm，宽 2~4 cm，先端短尖，基部楔形或近圆形，边缘有尖或钝的单锯齿或重锯齿，上下两面无毛或仅在叶脉处微被短柔毛，紫红色，羽状脉，侧脉 5~8 对；叶柄长 0.5~2.5 cm，无毛或稍有毛，在近叶基处多没有腺体。花多单生，稀 2 花簇生；花直径 2~3.5 cm；花梗长 1~2.2 cm；花萼筒无毛，萼片 5，卵状椭圆形；花瓣 5，淡粉红色，卵形或匙形；雄蕊多数；雌蕊 1，子房上位，花柱较雄蕊稍长。核果近球形，先端凹陷，梗洼不显著，有纵沟或不明显，熟时暗红色，微有蜡粉。花期 4 月，果期 6~7 月。

［生态习性及分布］ 在国内华北、华东各省份普遍栽培；其原种分布于新疆。烟台各区市均有分布。

［用途］ 供绿化观赏。

紫叶李

21. **杏李** *Prunus simonii* Carr.

［形态特征］ 落叶乔木，高 5~8 m，树冠金字塔形，直立分枝；老枝紫红色，树皮起伏不平，常有裂痕；冬芽卵圆形，紫红色，有数枚覆瓦状排列鳞片，边缘有细齿。叶片长圆倒卵形或长圆披针形，长 7~10 cm，宽 3~5 cm，先端渐尖或急尖，基部楔形或宽楔形，边缘有细密圆钝锯齿，上面深绿色，主脉和侧脉均明显下陷，下面淡绿色。花 2~3，簇生，花直径 1.5 cm，花瓣白色；核果顶端扁球形，直径 3~5 cm，红色。果期 6~7 月。

［生态习性及分布］ 耐旱、耐瘠薄，不耐涝。国内分布于河北等省份。烟台芝罘区、莱州市、招远市等有分布。

［用途］ 常见栽培果树。

杏李

22. **美人梅** *Prunus × blireana 'Meiren'*

美人梅

[形态特征] 以红叶李与重瓣宫粉型梅花杂交选育而成。落叶小乔木。叶片卵圆形，长 5~9 cm，叶柄长 1~1.5 cm，叶缘有细锯齿，叶被生有短柔毛。重瓣花，花瓣 15~17，花粉红色，繁密，先花后叶。花期 3~4 月。

[生态习性及分布] 喜光，耐寒，抗旱性较强，喜空气湿度大但不耐水涝。烟台福山区、蓬莱区、招远市、莱阳市、海阳市、莱州市、龙口市等有分布。

[用途] 优良园林景观树种。

23. **樱桃** 中国樱桃 *Prunus pseudocerasus* Lindl.

樱桃

[形态特征] 落叶乔木，高 2~6 m，树皮灰白色。叶片卵形或长圆状卵形，长 5~12 cm，宽 3~5 cm，先端渐尖或尾状渐尖，基部圆形，边有尖锐重锯齿，齿端有小腺体，上面暗绿色，下面淡绿色，侧脉 9~11 对；花序伞房状或近伞形，花 3~6，先叶开放；花瓣白色，卵圆形，先端下凹或 2 裂；核果近球形，红色，直径 0.9~1.3 cm。花期 3~4 月，果期 5~6 月。

[生态习性及分布] 喜光，耐寒，抗旱性较强，喜空气湿度大，不耐水涝。国内分布于东北南部、华北和长江流域各省份。烟台各区市均有分布。

[用途] 常见栽培果树。

24. **山樱桃** 山樱花 *Prunus serrulata* Lindl.

山樱桃

[形态特征] 落叶乔木，高 3 m，树皮灰褐色或灰黑色。小枝灰白色或淡褐色。叶片卵状椭圆形，长 5~9 cm，宽 2.5~5 cm，先端渐尖，基部圆形，边有渐尖单锯齿及重锯齿，上面深绿色，下面淡绿色，无毛，有侧脉 6~8 对；花序伞房总状或近伞形，花 3~5；萼筒管状，先端扩大，萼片三角披针形，先端渐尖或急尖；边全缘；花瓣白色，稀粉红色，倒卵形，先端下凹；核果球形或卵球形，紫黑色，直径 8~10 mm。花期 4~5 月，果期 6~7 月。

[生态习性及分布] 喜光，喜深厚、肥沃而排水良好的土壤，忌大气干燥及空气污染，有一定耐寒能力，但对烟尘及有害气体等抵抗力较弱。国内分布于黑龙江、河北、安徽、江苏、浙江、江西、湖南、贵州等省份。烟台蓬莱区、牟平区、福山区等有分布。

[用途] 栽培品种较多，为常用庭园观花树种。

25. **日本晚樱** 重瓣樱花（樱花 变种）*Prunus serrulata* Lindl. var. *lannesiana* (Carr.) Makino

日本晚樱

［形态特征］ 落叶乔木，高达 10 m；干皮浅灰色。叶缘重锯齿具长芒。花粉红色或白色，有香气，萼钟状而无毛；花 2~5 朵一丛，具叶状苞片。

［生态习性及分布］ 喜光，喜温湿气候，较耐寒，喜深厚肥沃而排水良好的土壤。烟台芝罘区、莱山区、福山区、莱州市、栖霞市、莱阳市等有分布。

26. **日本樱花** 东京樱花 *Prunus yedoensis* Matsum.

［形态特征］ 乔木，高 4~16 m，树皮灰色。小枝淡紫褐色，无毛，嫩枝绿色，被疏柔毛。冬芽卵圆形，无毛。叶片椭圆卵形或倒卵形，长 5~12 cm，宽 2.5~7 cm，有侧脉 7~10 对；叶柄长 1.3~1.5 cm，密被柔毛，顶端有 1~2 个腺体或有时无腺体；花序伞形总状，总梗极短，花 3~4，先叶开放，花直径 3~3.5 cm；花梗长 2~2.5 cm，被短柔毛；花瓣白色或粉红色，椭圆卵形，先端下凹，全缘 2 裂。花期 4 月，果期 5 月。

日本樱花

［生态习性及分布］ 喜光，生长快，但寿命较短。原产于日本。国内分布于北京、上海、南京、南昌、西安等地。烟台蓬莱区、龙口市、牟平区等有引种栽培。

［用途］ 栽培品种较多，为常用庭园观花树种。

27. **日本早樱** 大叶早樱 *Prunus subhirtella* Miq.

日本早樱

［形态特征］ 乔木，高 3~10 m，树皮灰褐色。小枝灰色，嫩枝绿色，密被白色短柔毛。冬芽卵形，鳞片先端有疏毛。叶片卵形至卵状长圆形，长 3~6 cm，宽 1.5~3 cm，上侧脉直出，几平行，有 10~14 对；叶柄长 5~8 mm，被白色短柔毛；花序伞形，花 2~3，花叶同开；总苞片倒卵形，长约 4 mm，宽约 3 mm，外面疏生柔毛，早落；花梗长 1~2 cm，被疏柔毛；花瓣淡红色，倒卵长圆形，先端下凹。核果卵球形，黑色。花期 4 月，果期 6 月。

［生态习性及分布］ 阳性树种，喜温湿气候，有一定耐寒性。原产于日本。国内长江流域中下游各城市有引种。烟台蓬莱区、牟平区、福山区等有引种栽培。

［用途］ 常见庭园观花树种。

28. **毛叶山樱桃**（樱花 变种）*Prunus serrulata* Lindl. var. *pubescens* (Makino) Wils.

[形态特征] 与原变种区别在于叶柄、叶片下面及花梗均被短柔毛。

[生态习性及分布] 原产于日本。烟台蓬莱区等有分布。

29. **欧洲甜樱桃** *Prunus avium* (L.) L.

[形态特征] 落叶乔木，高达 2.5 m，树皮黑褐色。小枝灰棕色，嫩枝绿色，无毛。叶片倒卵状椭圆形或椭圆卵形，长 3~13 cm，宽 2~6 cm，基部圆形或楔形，叶边有缺刻状圆钝重锯齿，下面淡绿色，被稀疏长柔毛，有侧脉 7~12 对；花序伞形，花 3~4，花叶同开；总梗不明显；花梗长 2~3 cm，无毛；花瓣白色，倒卵圆形，先端微下凹；核果近球形或卵球形，红色至紫黑色，直径 1.5~2.5 cm。花期 4~5 月，果期 6~7 月。

[生态习性及分布] 阳性树种，喜光、喜温、喜湿，不耐寒。原产于欧洲及亚洲西部。烟台莱山区、栖霞市、莱阳市、海阳市、龙口市等有引种栽培。

[用途] 常见栽培果树，主要品种有大紫、那翁、小紫、秋鸡心等。

欧洲甜樱桃

30. **欧洲酸樱桃** *Prunus cerasus* Linn.

[形态特征] 落叶乔木，高达 10 m，树冠圆球形，常具开张和下垂枝条，有时自根蘖生枝条而成灌木状；树皮暗褐色，有横生皮孔，呈片状剥落；嫩枝无毛，起初绿色，后转为红褐色。叶片椭圆倒卵形至卵形，长 5~7 cm，宽 3~5 cm，叶边有细密重锯齿，下面无毛或幼时被短柔毛；花序伞形，花 2~4，花叶同开，基部常有直立叶状鳞片；花直径 2~2.5 cm；花梗长 1.5~3.5 cm；花瓣白色，长 10~13 mm。核果扁球形或球形，直径 1.2~1.5 cm，鲜红色，果肉浅黄色，味酸，粘核。花期 4~5 月，果期 6~7 月。

[生态习性及分布] 阳性树种，喜光、喜温，有一定耐寒性。国内引种区同欧洲甜樱桃。烟台栖霞市、龙口市等有分布。

[用途] 常见栽培果树。

欧洲酸樱桃

31. **郁李** *Prunus japonica* Thunb.

[形态特征] 落叶灌木，高约 1.5 m；小枝纤细，灰褐色，幼时黄褐色，无毛。叶卵形或宽卵形，长 4~7 cm，宽 2~3.5 cm，先端长尾状，基部圆形，边缘有锐重锯齿，侧脉 5~8 对，叶柄生稀疏柔毛。花与叶同时开放，2~3 朵，花梗长 5~12 mm；花直径约 1.5 cm；萼筒筒状，裂片卵形，花后反折；花瓣粉红色或近白色，倒卵形；雄蕊约 32。核果近球形，直径约 1 cm，暗红色，光滑而有光泽。花期 3~4 月。果期 8~9 月。

[生态习性及分布] 喜光，耐寒，耐旱，也较耐水湿；根系发达。国内分布于黑龙江、辽宁、吉林、河北、浙江等省份。烟台芝罘区、莱山区、牟平区、福山区、蓬莱区、招远市、栖霞市、莱阳市、海阳市等有分布。

[用途] 庭院观赏树种；核仁可入药。

郁李

32. **麦李** *Prunus glandulosa* Thunb.

[形态特征] 落叶灌木，高 0.5~1.5 m。小枝灰棕色或棕褐色。叶片长圆披针形或椭圆披针形，长 2.5~6 cm，宽 1~2 cm，先端渐尖，基部楔形，最宽处在中部，边有细钝重锯齿，上面绿色，下面淡绿色，两面均无毛或在中脉上有疏柔毛，侧脉 4~5 对。花单生或 2 朵簇生，花叶同开或近同开；花梗长 6~8 mm；萼筒钟状，长宽近相等，萼片三角状椭圆形；花瓣白色或粉红色，倒卵形，雄蕊 30。核果红色或紫红色，近球形，直径 1~1.3 cm。花期 3~4 月，果期 5~8 月。

[生态习性及分布] 喜光，耐寒，适应性强。国内分布于陕西、河南、安徽、江苏、浙江、福建、广东、广西、湖南、湖北、四川、云南、贵州等省份。烟台芝罘区、牟平区、蓬莱区、昆嵛山、招远市、栖霞市、海阳市等有分布。

[用途] 可作庭园观赏植物；果可食及加工；种仁可药用。

麦李

33. 毛樱桃 *Prunus tomentosa* Thunb.

［形态特征］ 落叶灌木，通常高 0.3~1 m，稀呈小乔木状，高可达 2~3 m。小枝紫褐色或灰褐色，幼枝密生绒毛。叶片卵状椭圆形，长 2~7 cm，宽 1~3.5 cm，边缘有急尖或粗锐锯齿，侧脉 4~7 对；花单生或 2 朵簇生，花叶同开；花瓣白色或粉红色，倒卵形，先端圆钝；雄蕊 20~25，短于花瓣；花柱伸出与雄蕊近等长或稍长。核果近球形，红色，直径 0.5~1.2 cm。花期 4~5 月，果期 6~9 月。

毛樱桃

［生态习性及分布］ 喜光，稍耐阴，耐干旱、贫瘠，忌水湿，寿命较长。国内分布于黑龙江、辽宁、吉林、内蒙古、河北、陕西、山西、宁夏、青海、四川、云南、西藏等省份。烟台芝罘区、蓬莱区、牟平区、昆嵛山、招远市、栖霞市、海阳市等有分布。

［用途］ 可作庭园观赏植物，果实微酸甜，可食及酿酒。

34. 欧李 *Prunus humilis* Bunge

［形态特征］ 落叶灌木，高 0.4~1.5 m。小枝灰褐色或棕褐色，被短柔毛。叶片倒卵状长椭圆形或倒卵状披针形，长 2.5~5 cm，宽 1~2 cm，中部以上最宽，边有单锯齿或重锯齿，侧脉 6~8 对；花单生或 2~3 花簇生，花叶同开；萼筒长宽近相等，外面被稀疏柔毛，萼片三角卵圆形；花瓣白色或粉红色，长圆形或倒卵形；雄蕊 30~35；花柱与雄蕊近等长。核果成熟后近球形，红色或紫红色，直径 1.5~1.8 cm。花期 4~5 月，果期 6~10 月。

［生态习性及分布］ 喜较湿润环境，耐严寒，喜肥沃的砂质壤土或轻黏壤土；多在果园附近作为樱桃类的砧木。国内分布于黑龙江、辽宁、吉林、内蒙古、河北、河南等省份。烟台福山区、昆嵛山、莱州市、招远市、栖霞市、海阳市、龙口市等有分布。

［用途］ 保持水土；果味酸可食；种仁可入药。

欧李

35. **稠李** *Prunus padus* Linn.

[形态特征] 落叶乔木，少有灌木，高达 15 m；小枝有棱，紫褐色，微生短柔毛或无毛。叶椭圆形、倒卵形或矩圆状倒卵形，长 6~14 cm，宽 3~7 cm，边缘有锐锯齿。总状花序下垂；总花梗和花梗无毛；花直径 1~1.5 cm；萼筒杯状，无毛，裂片卵形，花后反折；花瓣白色，有香味，倒卵形；雄蕊多数，比花瓣短；花柱比雄蕊短。核果球形或卵球形，直径 6~8 mm，黑色，有光泽。花期 4~5 月，果期 5~10 月。

稠李

[生态习性及分布] 喜较湿润环境，耐严寒，喜肥沃的砂质壤土或轻黏壤土。国内分布于黑龙江、吉林、辽宁、内蒙古、河北、山西、河南等省份。烟台昆嵛山、牟平区、莱州市等有分布。

[用途] 可供绿化观赏；为良好的蜜源植物；木材质地细，可做器具、家具及细工材；种子可榨油；花、果、叶可药用。

36. **绢毛稠李** *Prunus wilsonii* (C. K. Schneid.) Koehne in Sarg.

[形态特征] 落叶乔木，高 10~30 m，树皮灰褐色，有长圆形皮孔；多年生小枝粗壮，紫褐色或黑褐色，有明显密而浅色皮孔，当年生小枝红褐色，被短柔毛；叶片椭圆形或长圆形，长 6~14 cm，宽 3~8 cm，叶边有疏生圆钝锯齿，上面深绿色或带紫绿色，中脉和侧脉均下陷，下面淡绿色，幼时密被白色绢状柔毛，随叶片的成长颜色变深，毛被由白色变为棕色，尤其沿主脉和侧脉更为明显，中脉和侧脉明显突起。总状花序具有多数花朵，长 7~14 cm，花直径 6~8 mm，花瓣白色，核果球形或卵球形，直径 8~11 mm，幼果红褐色，老时黑紫色，萼片脱落。花期 4~5 月，果期 6~10 月。

绢毛稠李

[生态习性及分布] 喜温暖湿润环境，稍耐阴。国内产于陕西、湖北、湖南、江西、安徽、浙江、广东、广西、贵州、四川、云南和西藏等省份。烟台莱州市等有分布。

[用途] 树形高大，姿态优美，满树白花，可作景观绿化树种；叶、花、果、根、皮和种仁均可入药。

37. **李梅杏** *Prunus limeixing* (J. Y. Zhang & Z. M. Wang) Y. H. Tong & N. H. Xia

[形态特征] 小乔木，高 3~7 m；叶椭圆形或倒卵状椭圆形，长 6~7.2 cm，叶缘具浅钝锯齿，两面无毛或下面脉腋具柔毛；叶柄长 1.8~2.1 cm，有 2~4 腺体；花 2~3 朵簇生，稀单生，花叶同放或先花后叶；花直径 1.5~2.5 cm，花萼无毛；子房与花柱基部具柔毛；核果近球形或卵圆形，熟时黄白、橘黄或黄红色，具柔毛，无霜粉；果肉多汁，酸甜，浓香，粘核。

[生态习性及分布] 耐贫瘠，适宜在沙壤土上生长。国内分布于黑龙江、吉林、辽宁、河北、陕西、河南、江苏等省份。烟台蓬莱区、龙口市等有分布。

[用途] 果实可鲜食；可作景观绿化树种。

李梅杏

38. **欧洲李** *Prunus domestica* Linn.

[形态特征] 落叶乔木，高 6~15 m，树冠宽卵形，树干深褐灰色，开裂；老枝红褐色，无毛，皮起伏不平，当年生小枝淡红色或灰绿色，有纵棱条。冬芽卵圆形，红褐色，有数枚覆瓦状排列鳞片。叶片椭圆形或倒卵形，长 4~10 cm，宽 2.5~5 cm，边缘有稀疏圆钝锯齿，侧脉 5~9 对，向顶端呈弧形弯曲，而不达边缘；叶柄密被柔毛。花 1~3，簇生于短枝顶端；花直径 1~1.5 cm；萼筒和萼片内外两面均被短柔毛；花瓣白色，有时带绿晕。核果通常卵球形到长圆形，直径 1~2.5 cm，通常有明显侧沟，常被蓝色果粉。花期 5 月，果期 9 月。

[生态习性及分布] 根系较浅，不耐干旱，忌水涝。原产于欧洲及亚洲西部。烟台蓬莱区等有引种栽培。

[用途] 果实可鲜食，可制作蜜饯、果酱、果酒和果干。

欧洲李

39. 矮扁桃 *Prunus tenella* Batsch

矮扁桃

[形态特征] 落叶灌木，高 1~1.5 m；短枝叶多簇生，长枝叶互生；叶窄长圆形、长圆状披针形或披针形，长 2.5~6 cm，先端急尖或稍钝，基部窄楔形，两面无毛，具小锯齿。花单生，与叶同放，径约 2 cm；花梗被浅黄色柔毛；花萼无毛，花瓣不整齐倒卵形或长圆形，长 1~1.7 cm，粉红色；子房密被长柔毛；瘦果卵圆形，径 1~2 cm，密被浅黄色长柔毛。

[生态习性及分布] 抗寒耐旱，适应性强。产于新疆。烟台福山区等有引种栽培。

[用途] 可作观赏灌木或育种材料。

40. 紫叶矮樱 *Prunus × cistena*

紫叶矮樱

[形态特征] 落叶灌木或小乔木，高达 2.5 m 左右，冠幅 1.5~2.8 m。枝条幼时紫褐色，通常无毛，老枝有皮孔，分布整个枝条。叶长卵形或卵状长椭圆形，长 4~8 cm，先端渐尖，叶基部广楔形，叶缘有不整齐的细钝齿，叶面红色或紫色，背面色彩更红，新叶顶端鲜紫红色，当年生枝条木质部红色。花单生，中等偏小，淡粉红色，花瓣 5，微香。花期 4~5 月。

[生态习性及分布] 喜光树种，但也耐寒、耐阴。在光照不足处种植，其叶色会泛绿，喜湿润环境，忌涝。烟台莱州市、招远市等有分布。

[用途] 枝条萌发力强、叶色亮丽，是优良的景观绿化树种。

三十六、豆科 Fabaceae

（一）合欢属 *Albizia*

1. 合欢 *Albizia julibrissin* Durazz.

[形态特征] 落叶乔木，高可达 16 m，树冠开展；小枝有棱角，嫩枝、花序和叶轴被绒毛或短柔毛。二回羽状复叶，羽片 4~12 对，栽培的有时达 20 对；小叶 10~30 对，线形至长圆形，长 6~12 mm，宽 1~4 mm，向上偏斜，先端有小尖头，有缘毛。头状花序于枝顶排成圆锥花序；花粉红色；花萼、花冠外均被短柔毛；花丝长 2.5 cm。荚果带状，长 9~15 cm，宽 1.5~2.5 cm，嫩荚有柔毛，老荚无毛。花期 6~7 月，果期 9~10 月。

合欢

[生态习性及分布] 喜光，喜温暖，耐寒、耐旱、耐土壤瘠薄及轻度盐碱。国内分布于辽宁、山西、陕西、甘肃、河南、安徽、江苏、浙江、福建、江西、台湾、湖北、湖南、云南、贵州等省份。烟台芝罘区、莱山区、牟平区、福山区、蓬莱区、昆嵛山、莱州市、招远市、栖霞市、莱阳市、海阳市、龙口市等有分布。

[用途] 常用作景观树、行道树。

2. 紫叶合欢 *Albizia julibrissin 'Purple leaf'*

[形态特征] 落叶乔木，高可达 16 m。枝条开展。树冠广伞形。树皮灰棕色、平滑。偶数羽状复叶，互生。各具 10~30 对镰刀状小叶，幼叶紫色至紫红色，老叶暗绿色。头状花序簇生叶腋，或花密集于小枝先端；花淡紫红色。荚果条形，扁平，边缘波状。花期 6~8 月，果期 9~11 月。

紫叶合欢

[生态习性及分布] 阳性树种，喜温暖湿润气候，耐干旱、贫瘠，不耐严寒，不耐涝。烟台蓬莱区等有分布。

[用途] 可作为彩叶树种应用于景观绿化。

3. **山槐** 山合欢 *Albizia kalkora* (Roxb.) Prain.

[形态特征] 落叶小乔木或灌木，通常高 3~8 m；枝条暗褐色，被短柔毛，有显著皮孔。二回羽状复叶；羽片 2~4 对，小叶 5~14 对，长圆形或长圆状卵形，长 1.8~4.5 cm，宽 7~20 mm，先端圆钝而有细尖头，两面均被短柔毛，中脉稍偏于上侧。头状花序 2~7 枚生于叶腋，或于枝顶排成圆锥花序；花初白色，后变黄，具明显的小花梗；花萼、花冠均密被长柔毛。荚果带状，长 7~17 cm，宽 1.5~3 cm，深棕色，嫩荚密被短柔毛，老时无毛。花期 5~7 月，果期 9~10 月。

[生态习性及分布] 喜光，根系较发达，生长迅速，能耐干旱及瘠薄。国内分布于陕西、山西、甘肃、河南、安徽、江苏、浙江、福建、台湾、江西、湖北、湖南、广东、广西、海南、四川、贵州等省份。烟台芝罘区、福山区等有分布。

[用途] 木材可做家具、农具等；根和茎皮可药用；花有安神作用；种子可榨油。

山槐

（二）紫荆属 *Cercis*

1. **紫荆** *Cercis chinensis* Bunge

[形态特征] 落叶灌木，高 2~5 m；树皮和小枝灰白色。叶纸质，近圆形或三角状圆形，长 6~14 cm，宽与长相等或略短于长，先端急尖，基部浅至深心形，嫩叶绿色，仅叶柄略带紫色，叶缘膜质透明，新鲜时明显可见。花紫红色或粉红色，2~10 余朵成束，簇生于老枝和主干上，尤以主干上花束较多，越到上部幼嫩枝条则花越少，通常先于叶开放，但嫩枝或幼株上的花则与叶同时开放，花长 1~1.3 cm；花梗长 3~9 mm。荚果扁狭长形，长 4~8 cm。花期 4~5 月，果期 8~10 月。

[生态习性及分布] 喜光，稍耐阴，较耐寒；不耐湿，萌芽力强，耐修剪。国内分布于辽宁、河北、山西、陕西、河南、安徽、江苏、浙江、福建、湖北、湖南、广东、广西、四川、云南、贵州等省份。烟台芝罘区、莱山区、牟平区、福山区、蓬莱区、昆嵛山、莱州市、招远市、栖霞市、莱阳市、海阳市、龙口市等有分布。

[用途] 常见木本花卉植物，树皮可入药。

紫荆

2. **白花紫荆**（紫荆 变型）*Cercis chinensis* Bunge f. *alba* S. C. Hsu

[形态特征] 与原变型的区别在于花白色。

[生态习性及分布] 烟台蓬莱区、招远市等有分布。

白花紫荆

（三）皂荚属 *Gleditsia*

1. **野皂荚** *Gleditsia microphylla* D. A. Gordon ex Y. T. Lee

[形态特征] 落叶灌木或小乔木，高 2~4 m；刺不粗壮，长针形，长 1.5~6.5 cm，有少数短小分枝。叶为一回或二回羽状复叶（具羽片 2~4 对），长 7~16 cm；小叶 5~12 对，薄革质，斜卵形至长椭圆形。花杂性，绿白色，近无梗，簇生，组成穗状花序或顶生的圆锥花序；花序长 5~12 cm，被短柔毛；花瓣 3~4，卵状长圆形。荚果扁薄，斜椭圆形或斜长圆形，长 3~6 cm，宽 1~2 cm，红棕色至深褐色。花期 5~6 月，果期 7~10 月。

野皂荚

[生态习性及分布] 耐寒、耐旱、耐贫瘠，适应性强。国内分布于河北、山西、陕西、河南、安徽、江苏等省份。烟台莱州市、招远市、海阳市等有分布。

[用途] 特用经济树种（医药化工原料）和荒山绿化的主要灌木树种。

2. **皂荚** *Gleditsia sinensis* Lam.

[形态特征] 落叶乔木或小乔木，高可达 30 m；刺粗壮，圆柱形，常分枝，多呈圆锥状，长达 16 cm。叶为一回羽状复叶，长 10~18 cm；小叶 3~9 对，纸质，卵状披针形至长圆形，长 2~8.5 cm，宽 1~4 cm。花杂性，黄白色，组成总状花序；花序腋生或顶生，长 5~14 cm，被短柔毛；花瓣 4。荚果带状，长 5~35 cm，宽 2~4 cm。花期 4~5 月，果期 10 月。

皂荚

[生态习性及分布] 喜光，稍耐阴，深根性植物，具较强耐旱性，寿命很长。国内分布于辽宁、河北、山西、陕西、甘肃、河南、安徽、江苏、浙江、福建、广东、广西、云南、贵州、四川等省份。烟台芝罘区、莱山区、牟平区、福山区、蓬莱区、昆嵛山、莱州市、招远市、栖霞市、莱阳市、海阳市、龙口市等有分布。

[用途] 木材供制车辆、农具等用；荚果煎汁可代肥皂，最宜洗涤丝绸、毛织品；荚、种子、刺均可入药；可作为四旁绿化树种。

3. **山皂荚** *Gleditsia japonica* Miq.

［形态特征］ 落叶乔木或小乔木，高可达 25 m；小枝微有棱，具分散的白色皮孔，光滑无毛；刺略扁，粗壮，紫褐色至棕黑色，常分枝，长 2~15.5 cm。叶为一回或二回羽状复叶（具羽片 2~6 对），长 11~25 cm；小叶 3~10 对，纸质至厚纸质，卵状长圆形至长圆形，长 2~7 cm，宽 1~3 cm。花黄绿色，组成穗状花序；花序腋生或顶生，被短柔毛，雄花序长 8~20 cm，雌花序长 5~16 cm。荚果带形，扁平，长 20~35 cm，宽 2~4 cm，不规则旋扭或弯曲作镰刀状。花期 5~6 月，果期 6~10 月。

［生态习性及分布］ 喜光，喜土层深厚，耐干旱、耐寒、耐盐碱，适应性强。国内分布于辽宁、河北、河南、安徽、江苏、浙江、江西等省份。烟台福山区、牟平区、蓬莱区、莱州市、海阳市、龙口市等有分布。

［用途］ 园林绿化与经济林树种，还是营造混交林的常用树种。

山皂荚

（四）槐属 *Sophora*

1. **国槐** 家槐　槐树 *Sophora japonica* Linn.

［形态特征］ 乔木，高达 25 m；树皮灰褐色，纵裂。羽状复叶长达 25 cm；叶柄基部膨大，包裹着芽；小叶 4~7 对，对生或近互生，纸质，卵状披针形或卵状长圆形，长 2.5~6 cm，宽 1.5~3 cm，先端渐尖，具小尖头，基部宽楔形或近圆形，稍偏斜。圆锥花序顶生，常呈金字塔形，长达 30 cm；花冠白色或淡黄色，旗瓣近圆形，具短柄，有紫色脉纹。荚果串珠状。花期 6~8 月，果期 9~10 月。

［生态习性及分布］ 阳性树种，耐寒。国内分布于东北地区及内蒙古、新疆、广东、云南等省份。烟台芝罘区、莱山区、牟平区、福山区、蓬莱区、昆嵛山、莱州市、招远市、栖霞市、莱阳市、海阳市、龙口市等有分布。

［用途］ 木材富有弹性，耐水湿，可作建筑及家具用材；树姿美观，抗烟尘，可作为绿化观赏树种；为优良的蜜源植物；果实（槐角）、花蕾及花可药用；花亦可作为黄色染料。

国槐

2. **五叶槐** 蝴蝶槐（国槐 变型）*Sophora japonica* Linn. f. *oligophylla* Franch.

[形态特征] 复叶只有小叶 1~2 对，集生于叶轴先端成为掌状，或仅为规则的掌状分裂，下面常疏被长柔毛。

[生态习性及分布] 烟台莱阳市等有分布。

[用途] 供绿化观赏。

五叶槐

3. **龙爪槐**（国槐 变型）*Sophora japonica* Linn. f. *pendula* Loud.

[形态特征] 枝和小枝均下垂，并向不同方向弯曲盘旋，形似龙爪。

[生态习性及分布] 烟台芝罘区、莱山区、牟平区、福山区、蓬莱区、昆嵛山、莱州市、招远市、栖霞市、莱阳市、海阳市、龙口市等有分布。

[用途] 供绿化观赏。

龙爪槐

黄金槐

4. **黄金槐**（国槐 栽培品种）*Sophora japonica 'Winter Gold'*

[形态特征] 当年枝条为金黄色，叶子落后，枝条更加艳丽，两年以上的为暗黄色。叶片呈矩圆形，顶端很尖。发芽早，幼芽及嫩叶淡黄色，5 月上旬转绿黄，秋季 9 月后转黄，每年 11 月至次年 5 月枝干为金黄色。

[生态习性及分布] 抗旱、耐寒，主要分布在我国北方区域。烟台芝罘区、牟平区、福山区、蓬莱区、莱州市、招远市、栖霞市、龙口市等有分布。

[用途] 供绿化观赏。

金叶槐

5. 金叶槐（国槐 栽培品种）*Sophora japonica* 'Jin ye'

[形态特征] 当年生枝条的向阳面为黄色，背阳面为绿色，二年以上枝条全部呈现绿色。叶片为卵圆形，顶端较圆。新叶在生长期的前 4 个月均为金黄，在生长后期及树冠下部见光少的老叶呈现淡绿色，所以其树冠在 8 月前为全黄，在 8 月后上半部为金黄色，下半部为淡绿色。

[生态习性及分布] 适生区域广泛，广大的华北、华南地区和西北、东北的局部，普通国槐能生长的地方，它均能生长。烟台莱山区、莱州市、海阳市等有分布。

6. 苦参（原变种）*Sophora flavescens* Ait. var. *flavescens*

[形态特征] 草本或亚灌木，稀呈灌木状，通常高 1 m 左右，稀达 2 m。茎具纹棱。羽状复叶长达 25 cm；小叶 6~12 对，互生或近对生，纸质，形状多变，椭圆形、卵形、披针形至披针状线形，长 3~4 cm，宽 1.2~2 cm，先端钝或急尖，基部宽楔形或浅心形，中脉下面隆起。总状花序顶生，长 15~25 cm；花多数，疏或稍密；花冠白色或淡黄白色，旗瓣倒卵状匙形。荚果长 5~10 cm，成熟后开裂成 4 瓣。花期 6~9 月，果期 8~10 月。

苦参

[生态习性及分布] 深根性，喜沙耐黏、喜肥耐瘠、喜湿耐旱。国内分布于各省份。烟台莱山区、牟平区、福山区、昆嵛山、莱州市、招远市、栖霞市、海阳市、龙口市等有分布。

[用途] 根可入药。

7. 毛苦参（苦参 变种）*Sophora flavescens* Ait. var. *kronei* (Hance) C. Y. Ma

[形态特征] 小枝、叶、小叶柄密被灰褐色或锈色柔毛；荚果成熟时，毛被仍十分明显，易于区别。

[生态习性及分布] 生于山坡草丛。国内分布于河北、山西、陕西、甘肃、河南、江苏、湖北等省份。烟台福山区等有分布。

[用途] 根可入药。

毛苦参

（五）刺槐属 *Robinia*

1. 刺槐 *Robinia pseudoacacia* Linn.

［形态特征］ 落叶乔木，高 10~25 m；树皮灰褐色至黑褐色，浅裂至深纵裂。具托叶刺，长达 2 cm；冬芽小，被毛。羽状复叶长 10~25 cm；叶轴上面具沟槽；小叶 2~12 对，常对生，椭圆形或卵形，长 2~5 cm，宽 1.5~2.2 cm，先端圆，微凹，具小尖头，基部圆至阔楔形，全缘，萼齿密被柔毛；花冠白色。荚果褐色，线状长圆形，长 5~12 cm，宽 1~1.3 cm，扁平，先端上弯；花萼宿存。花期 4~5 月，果期 9~10 月。

刺槐

［生态习性及分布］ 强阳性树种，不耐阴。喜较干燥而凉爽气候，较耐干旱、瘠薄。根系浅，易风倒。原产于美国东部。烟台芝罘区、莱山区、牟平区、福山区、蓬莱区、昆嵛山、莱州市、招远市、栖霞市、莱阳市、海阳市、龙口市等有分布。

［用途］ 适应性强，为优良固沙保土树种，也是优良的蜜源植物。

无刺刺槐

2. 无刺刺槐　无刺洋槐（变型）*Robinia pseudoacacia* Linn. f. *inermis* (mirb.) Rehd.

［形态特征］ 生长迅速，树干通直圆满，冠窄，托叶刺小而软，前 2 年有刺，3 年以后刺基本脱落。

［生态习性及分布］ 烟台招远市等有分布。

曲枝刺槐

3. 曲枝刺槐　扭枝刺槐（刺槐　栽培变种）*Robinia pseudoacacia* 'Tortuosa'

［形态特征］ 与原变种的区别在于小枝扭曲生长，盘旋如龙须，又名龙游刺槐、疙瘩刺槐。

［生态习性及分布］ 烟台海阳市等有栽培。

4. **香花槐** 富贵树 红花刺槐（刺槐 栽培变种）*Robinia pseudoacacia 'Idaho'*

［形态特征］落叶乔木，高 10~12 m，树干为褐色至灰褐色。叶互生，7~19 片组成羽状复叶，叶椭圆形至卵状长圆形，长 3~6 cm，比刺槐叶大；叶片美观对称，深绿色有光泽，青翠碧绿；密生成总状花序，作下垂状；花被红色，有浓郁的芳香气味，可以同时盛开小红花 200~500，花期 5~7 月，无荚果，不结种子。

［生态习性及分布］烟台芝罘区、莱山区、牟平区、福山区、蓬莱区、昆嵛山、莱州市、招远市、栖霞市、莱阳市、海阳市、龙口市等有分布。

香花槐

5. **毛刺槐** 江南槐 毛洋槐 *Robinia hispida* Linn.

［形态特征］落叶灌木，高 1~3 m。幼枝绿色，密被紫红色硬腺毛及白色曲柔毛，二年生枝深灰褐色，密被褐色刚毛，羽状复叶，长 15~30 cm；叶轴被刚毛及白色短曲柔毛，上面有沟槽；小叶 5~7 对，椭圆形、卵形、阔卵形至近圆形，长 1.8~5 cm，宽 1.5~3.5 cm。总状花序腋生，除花冠外，均被紫红色腺毛及白色细柔毛，花 3~8；总花梗长 4~8.5 cm；花冠红色至玫瑰红色，花瓣具柄。荚果线形。花期 5~6 月，果期 7~10 月。

［生态习性及分布］喜光，在过阴处多生长不良，耐寒性较强，有一定的耐盐碱力。原产于北美。烟台招远市、莱阳市等有栽培。

［用途］花大色艳，可作为观赏植物。

毛刺槐

（六）毒豆属（金链花属）*Laburnum*

高山金链花 苏格兰金链花 *Laburnum alpinum* (Mill.) Ber- cht. et J. Presl

［形态特征］ 落叶小乔木，高可达 15 m，叶对生，卵状椭圆形，背面被白色柔毛；掌状三出复叶，具叶柄；小叶全缘，托叶小。总状花序顶生，花冠黄色，旗瓣卵形或圆形，翼瓣倒卵形，龙骨瓣弯曲，短于翼瓣，瓣柄均分离；雄蕊单体，合生成闭合的雄蕊筒，花药两型，长短交互，底着药和背着药；雌蕊 1，子房具柄，胚珠多数，花柱无毛，上弯，柱头顶生。荚果，线形，宽约 1.5 cm，扁平，2 瓣裂；种子肾形，无种阜，珠柄甚短。花期 5 月，果期 9 月。

高山金链花

［生态习性及分布］ 多为引种栽培，烟台昆嵛山等有分布。

［用途］ 可用于绿化观赏；全株有毒，果实为甚。

（七）黄檀属 *Dalbergia*

黄檀 *Dalbergia hupeana* Hance

［形态特征］ 落叶乔木，高 10~20 m；树皮暗灰色，呈薄片状剥落。羽状复叶长 15~25 cm；小叶 3~5 对，近革质，椭圆形至长圆状椭圆形，长 3.5~6 cm，宽 2.5~4 cm，上面有光泽。圆锥花序顶生或生于最上部的叶腋间，连总花梗长 15~20 cm，径 10~20 cm，疏被锈色短柔毛；花密集，长 6~7 mm；花冠白色或淡紫色。荚果长圆形或阔舌状，长 4~7 cm，宽 1.3~1.5 cm。花期 5~6 月，果期 9~10 月。

黄檀

［生态习性及分布］ 喜光，耐干旱瘠薄，忌盐碱。国内分布于河南、安徽、江苏、浙江、福建、江西、湖北、湖南、广东、广西、四川、云南、贵州等省份。烟台莱州市、海阳市等有分布。

［用途］ 荒山荒地绿化的先锋树种；可作园林绿化树种；根可入药。

（八）马鞍树属 *Maackia*

怀槐 朝鲜槐 *Maackia amurensis* Rupr.

怀槐

［形态特征］ 落叶乔木，通常高 7~8 m；树皮淡绿褐色，薄片剥裂。枝紫褐色，有褐色皮孔。羽状复叶长 16~20 cm；小叶 3~4 对，对生或近对生，纸质，卵形或长卵形，长 3.5~7 cm，宽 2~3.5 cm，总状花序 3~4 个集生，长 5~9 cm；总花梗及花梗密被锈褐色柔毛；花密集；花冠白色，长 7~9 mm，荚果扁平，长 3~7.2 cm，宽 1~1.2 cm。花期 6~7 月，果期 8~9 月。

［生态习性及分布］ 耐阴，较耐寒，喜肥沃湿润土壤，在较干旱山坡亦能生长。国内分布于黑龙江、吉林、辽宁、内蒙古、河北等省份。烟台牟平区、蓬莱区、昆嵛山、栖霞市、海阳市等有分布。

［用途］ 可作园林绿化树种；叶和枝皮、心材可药用。

（九）紫穗槐属 *Amorpha*

紫穗槐 *Amorpha fruticosa* Linn.

［形态特征］ 落叶灌木，丛生，高 1~4 m。小枝灰褐色，嫩枝密被短柔毛。叶互生，奇数羽状复叶，长 10~15 cm，有小叶 11~25，小叶卵形或椭圆形，长 1~4 cm，宽 0.6~2 cm，先端圆形，锐尖或微凹，有一短而弯曲的尖刺。穗状花序常 1 至数个顶生和枝端腋生，长 7~15 cm，密被短柔毛；旗瓣心形，紫色，无翼瓣和龙骨瓣。花期 6~7 月，果期 8~10 月。

紫穗槐

［生态习性及分布］ 耐贫瘠，耐水湿和轻度盐碱土，生长快，不易生病虫害。全国各地普遍有引种栽培。烟台芝罘区、福山区等有分布。

［用途］ 雨水截留能力强，萌蘖性强，根系广，侧根多，具有根瘤，改土作用强，是保持水土的优良树种。

（十）木蓝属（槐蓝属）*Indigofera*

1. 本氏木蓝 河北木蓝 *Indigofera bungeana* Walp.

[形态特征] 落叶灌木。羽状复叶长 2.5~5 cm；叶柄长达 1 cm，小叶 2~4 对，对生，椭圆形，稍倒阔卵形，长 5~15 mm，宽 3~10 mm，小叶柄长 0.5 mm。总状花序腋生，长 4~10 cm；花冠紫色或紫红色。荚果褐色，线状圆柱形，长不超过 2.5 cm，被白色丁字毛。花期 5~7 月，果期 8~10 月。

[生态习性及分布] 喜光，耐阴，适应性强，对土壤要求不严。国内分布于辽宁、内蒙古、河北、山西、陕西、甘肃、宁夏、青海、河南、安徽、江苏、浙江、福建、江西、湖北、湖南、广西、四川、重庆、云南、贵州、西藏等省份。烟台福山区等有分布。

[用途] 全株可药用。

本氏木蓝

2. 花木蓝 吉氏木蓝 *Indigofera kirilowii* Maxim. ex Palibin

[形态特征] 小灌木。羽状复叶长 6~15 cm；叶柄长 1~2.5 cm，小叶 3~5 对，对生，阔卵形、卵状菱形或椭圆形，长 1.5~4 cm，宽 1~2.3 cm，小叶柄长 2.5 mm，密生毛。总状花序长 5~12 cm，疏花；花冠淡红色，花瓣近等长。荚果棕褐色，圆柱形，长 3.5~7 cm，径约 5 mm，无毛。花期 6~7 月，果期 8~10 月。

[生态习性及分布] 适应性强，耐贫瘠，耐干旱，抗病性较强。国内分布于吉林、辽宁、内蒙古、河北、山西、陕西、河南、江苏等省份。烟台芝罘区、莱山区、牟平区、蓬莱区等有分布。

[用途] 花色鲜艳，有芳香，花期长，可做花篱；根可入药。

花木蓝

（十一）胡枝子属 *Lespedeza*

1. 胡枝子 *Lespedeza bicolor* Turcz.

［形态特征］ 落叶灌木，高 1~3 m，多分枝。羽状复叶具 3 小叶；小叶质薄，卵形、倒卵形或卵状长圆形，长 1.5~6 cm，宽 1~3.5 cm。总状花序腋生，常构成大型、较疏松的圆锥花序；花冠红紫色，长约 10 mm，旗瓣倒卵形，先端微凹。荚果斜倒卵形，稍扁，长约 10 mm，宽约 5 mm，表面具网纹，密被短柔毛。花期 7~8 月，果期 9~10 月。

［生态习性及分布］ 耐寒、耐旱、耐瘠薄、耐酸性、耐盐碱。对土壤适应性强。国内分布于黑龙江、吉林、辽宁、内蒙古、河北、山西、陕西、甘肃、河南、安徽、江苏、浙江、福建、湖南、广东、广西等省份。烟台芝罘区、福山区等有分布。

［用途］ 保持水土的优良灌木；嫩枝和叶可作为家畜饲料和绿肥；嫩叶可代茶；根可药用；枝条可编筐；为蜜源植物；可供绿化观赏。

胡枝子

2. 达呼里胡枝子 兴安胡枝子 *Lespedeza davurica* (Laxm.) Schindl.

［形态特征］ 落叶小灌木，高达 1 m。羽状复叶具 3 小叶；小叶长圆形或狭长圆形，长 2~5 cm，宽 5~16 mm。顶生小叶较大。总状花序腋生。花冠白色或黄白色，旗瓣长圆形，长约 1 cm，中央稍带紫色。荚果小，倒卵形或长倒卵形，长 3~4 mm，宽 2~3 mm，先端有刺尖，基部稍狭，两面凸起，有毛，包于宿存花萼内。花期 6~8 月，果期 9~10 月。

［生态习性及分布］ 耐寒、耐旱、耐瘠薄、耐酸性，对土壤要求不严。生于海拔较低的干旱山坡、路旁及杂草丛中。国内分布于黑龙江、吉林、辽宁、内蒙古、河北、山西、陕西、甘肃、宁夏、河南、安徽、江苏、台湾、四川、云南、贵州等省份。烟台芝罘区、莱山区、牟平区、福山区、蓬莱区、昆嵛山、招远市、栖霞市、海阳市、龙口市等有分布。

［用途］ 重要的山地水土保持植物；可作为牧草和绿肥；全株可药用。

达呼里胡枝子

3. 绒毛胡枝子 山豆花 *Lespedeza tomentosa* (Thunb.) Sieb. ex Maxim.

[形态特征] 落叶灌木，高达 1 m。全株密被黄褐色绒毛。茎直立，单一或上部少分枝。羽状复叶具 3 小叶；小叶质厚，椭圆形或卵状长圆形，长 3~6 cm，上面被短伏毛，下面密被黄褐色绒毛或柔毛，沿脉上尤多；叶柄长 2~3 cm。总状花序顶生或于茎上部腋生；花冠黄色或黄白色，闭锁花生于茎上部叶腋，簇生成球状。荚果倒卵形，先端有短尖，表面密被毛。花期 7~9 月，果期 9~10 月。

绒毛胡枝子

[生态习性及分布] 喜光，耐寒，耐旱。国内分布于除新疆和西藏外的其余各省份。烟台莱山区、牟平区、福山区、蓬莱区、昆嵛山、栖霞市、海阳市、招远市等有分布。

[用途] 水土保持植物，又可作为饲料及绿肥；根可药用。

4. 多花胡枝子 *Lespedeza floribunda* Bunge

[形态特征] 落叶小灌木。茎常近基部分枝；枝有条棱。羽状复叶具 3 小叶；小叶倒卵形、宽倒卵形或长圆形，长 1~1.5 cm，宽 6~9 mm，上面被疏伏毛，下面密被白色伏柔毛。总状花序腋生，花冠紫色、紫红色或蓝紫色。荚果宽卵形，密被柔毛，有网状脉。花期 6~9 月，果期 9~10 月。

多花胡枝子

[生态习性及分布] 喜光，耐寒，耐干旱瘠薄土壤，适应性强。国内分布于辽宁、内蒙古、河北、山西、陕西、甘肃、宁夏、青海、河南、安徽、江苏、浙江、福建、湖北、广东、四川等省份。烟台莱山区、牟平区、福山区、蓬莱区、招远市等有分布。

[用途] 可作为家畜饲料及绿肥；为水土保持植物；可供绿化观赏。

5. **细梗胡枝子** *Lespedeza virgata* (Thunb.) DC.

[形态特征] 落叶小灌木。基部分枝，枝细，褐色，被白色伏毛。羽状复叶具3小叶；小叶椭圆形或长圆形，长0.6~3 cm，宽0.4~1 cm，边缘稍反卷，上面无毛，下面密被伏毛。总状花序腋生，通常具3朵稀疏的花；花冠白色，旗瓣长约6 mm，基部有紫斑。荚果近圆形，通常不超出萼。花期7~9月，果期9~10月。

细梗胡枝子

[生态习性及分布] 喜光，喜温暖湿润气候，较耐旱。适应性强，对土壤要求不严。国内分布于辽宁、河北、山西、陕西、河南、安徽、江苏、浙江、福建、台湾、江西、湖北、湖南、贵州等省份。烟台莱山区、蓬莱区、栖霞市、海阳市、招远市等有分布。

[用途] 保持水土植物，也可作绿肥；茎叶可入药。

6. **长叶胡枝子** 长叶铁扫帚 *Lespedeza caraganae* Bunge

[形态特征] 落叶灌木。茎直立，多棱，沿棱被短伏毛；分枝斜升。羽状复叶具3小叶；小叶长圆状线形，长2~4 cm，宽2~4 mm。总状花序腋生，花冠显著超出花萼，白色或黄色。有瓣花的荚果长圆状卵形，闭锁花的荚果倒卵状圆形。花期7~9月，果期9~10月。

长叶胡枝子

[生态习性及分布] 耐干旱，也耐瘠薄。对土壤要求不严。生于山坡草丛中。国内分布于内蒙古、河北、山西、陕西等省份。烟台栖霞市、莱阳市、招远市等有分布。

[用途] 可作为饲用植物；为水土保持植物。

7. **截叶胡枝子** 截叶铁扫帚 *Lespedeza cuneata* (Dum. -Cours) G. Don

[形态特征] 落叶小灌木，高可达1 m。茎直立或斜升，被毛，上部分枝，分枝斜上举。叶密集，柄短；小叶楔形或线状楔形，长1~3 cm，宽2~5 mm，先端截形或近截形，具小刺尖，基部楔形，上面近无毛，下面密被伏毛。总状花序腋生，花2~4；花冠淡黄色或白色。荚果宽卵形或近球形，被伏毛。花期5~9月，果期10月。

[生态习性及分布] 耐干旱瘠薄。对土壤要求不严。生于山坡草丛中。国内分布于陕西、甘肃、河南、江苏、浙江、福建、台湾、湖北、湖南、广东、海南、四川、云南、贵州、西藏等省份。烟台莱山区、牟平区、昆嵛山、栖霞市、海阳市、招远市等有分布。

[用途] 优良的饲用植物；全株可入药。

8. **尖叶胡枝子** *Lespedeza juncea* (Linn. f.) Pers.

[形态特征] 落叶小灌木，高可达 1 m。全株被伏毛，分枝或上部分枝呈扫帚状。羽状复叶具 3 小叶；小叶倒披针形或狭长圆形，长 1.5~3.5 cm，宽 3~7 mm。总状花序腋生，稍超出叶，有 3~7 朵排列较密集的花，近似伞形花序；总花梗长；花冠白色或淡黄色，旗瓣基部带紫斑。荚果宽卵形，被白色伏毛。花期 7~8 月，果期 9~10 月。

[生态习性及分布] 喜光，耐干旱瘠薄、耐高温，对土壤要求不严。生于山坡草地、林缘、路旁。国内分布于黑龙江、吉林、辽宁、内蒙古、河北、山西、甘肃等省份。烟台莱山区、牟平区、龙口市、招远市等有分布。

[用途] 饲用植物；可治理风沙，为水土保持植物。

尖叶胡枝子

9. **阴山胡枝子** *Lespedeza inschanica* (Maxim.) Schindl.

[形态特征] 落叶灌木。茎直立或斜升，下部近无毛，上部被短柔毛。羽状复叶具 3 小叶；小叶长圆形或倒卵状长圆形，长 1~2 cm，宽 0.5~1 cm，下面密被伏毛，顶生小叶较大。总状花序腋生，花 2~6，花冠白色，旗瓣近圆形，基部带大紫斑。荚果倒卵形，密被伏毛，短于宿存萼。花期 8~9 月，果期 9~10 月。

[生态习性及分布] 耐旱，耐热，耐贫瘠土壤。国内分布于辽宁、内蒙古、河北、山西、陕西、甘肃、河南、安徽、江苏、湖北、湖南、四川、云南等省份。烟台牟平区、昆嵛山、栖霞市、莱阳市、龙口市等有分布。

[用途] 根系庞大，具根瘤，地上部丛生，是很好的荒山绿化和水土保持植物；全株可入药。

阴山胡枝子

10. **美丽胡枝子**（亚种）*Lespedeza thunberqii* (DC.) Nakai subsp. *formoso* (Vog.) H. Ohashi

[形态特征] 落叶小灌木。分枝开展，枝灰褐色，具细条棱，密被长柔毛。小叶长圆形或椭圆状长圆形，长 2.5~4.5 cm，宽 1~1.5 cm，先端微凹，稀稍渐尖，基部近圆形，上面光滑，下面贴生丝状毛。总状花序腋生，水平开展或上升，长 1~5 cm，被疏柔毛；花冠长 10~12 mm，红紫色。荚果宽卵圆形，先端极尖，密被丝状毛。花期 7~8 月，果期 9~10 月。

美丽胡枝子

[生态习性及分布] 喜光，较耐阴，耐寒、耐旱。国内分布于江苏、浙江、福建、台湾、江西、广东、广西等省份。烟台莱山区等有分布。

[用途] 可作观花灌木或作为护坡地被的点缀；种子含油量高，富含多种氨基酸、维生素和矿物质；枝叶鲜嫩时可作为饲草。

11. **牛枝子** *Lespedeza potaninii* Vass.

[形态特征] 半灌木。茎斜升或平卧，基部多分枝，有细棱，被粗硬毛。托叶刺毛状，长 2~4 mm；羽状复叶具 3 小叶，小叶狭长圆形，稀椭圆形至宽椭圆形，长 8~15(22) mm，宽 3~5(7) cm，先端钝圆或微凹，具小刺尖，基部稍偏斜，上面苍白绿色，无毛，下面被灰白色粗硬毛。总状花序掖生；总花梗明显长于叶；花疏生；小苞片锥形，长 1~2 mm；花萼密被长柔毛，5 深裂，裂片披针形，长 5~8 mm，先端长渐尖，呈刺芒状；花冠黄白色，稍长于萼裂片，旗瓣中央及龙骨瓣先端带紫色，翼瓣较短；闭锁花腋生，无梗或近无梗。荚果倒卵形，长 3~4 mm，双凸镜状，密被粗硬毛，包于宿存萼内。花期 7~9 月，果期 9~10 月。

牛枝子

[生态习性及分布] 国内分布于辽宁、内蒙古、河北、山西、陕西、甘肃、宁夏、青海、河南、江苏、四川、云南、西藏等省份。烟台牟平区、招远市等有分布。

[用途] 水土保持植物；可作为牧草和绿肥。

（十二）锦鸡儿属 *Caragana*

1. 锦鸡儿 金雀花 *Caragana sinica* (Buc' hoz) Rehd.

［形态特征］ 灌木，高 1~2 m。树皮深褐色；小枝有棱。托叶三角形，硬化成针刺，叶轴脱落或硬化成针刺；小叶 2 对，羽状，有时假掌状，上部 1 对常较下部的大，厚革质或硬纸质，倒卵形或长圆状倒卵形，长 1~3.5 cm，宽 5~15 mm，先端圆形或微缺，具刺尖或无刺尖，基部楔形或宽楔形。花单生，黄色，常带红色，长 2.8~3 cm。荚果圆筒状。花期 4~6 月，果期 7 月。

［生态习性及分布］ 阳性树种，性喜温暖，耐寒冷，耐干旱，耐贫瘠，忌水涝。国内分布于辽宁、内蒙古、河北、山西、陕西、甘肃、宁夏、青海、河南、江苏、四川、云南、西藏等省份。烟台昆嵛山、莱州市、栖霞市等有分布。

［用途］ 观花灌木、绿篱或盆栽；根皮供药用。

锦鸡儿

2. 红花锦鸡儿 *Caragana rosea* Turcz. et Maxim

［形态特征］ 灌木。树皮绿褐色或灰褐色，小枝细长，具条棱，托叶在长枝者成细针刺，叶柄长脱落或宿存成针刺；叶假掌状；小叶 4，楔状倒卵形，长 1~2.5 cm，宽 4~12 mm，先端圆钝或微凹，具刺尖，花萼常紫红色，花冠黄色，常紫红色或全部淡红色，凋时变为红色，长 2~2.2 cm。荚果圆筒形，具渐尖头。花期 5~6 月，果期 7~8 月。

红花锦鸡儿

［生态习性及分布］ 阳性树种，耐寒性较强，耐干旱，耐贫瘠，忌水涝。国内分布于河北、陕西、河南、江苏、浙江、福建、江西、湖北、湖南、广西、四川、云南、贵州等省份。烟台牟平区等有分布。

［用途］ 观花灌木、绿篱或盆栽。

3. **小叶锦鸡儿** *Caragana microphylla* Lam.

小叶锦鸡儿

［形态特征］ 落叶灌木，高 1~2 m。羽状复叶有 5~10 对小叶；托叶长 1.5~5 cm，脱落；小叶倒卵形或倒卵状长圆形，长 3~10 mm，宽 2~8 mm，先端圆或钝，很少凹入，具短刺尖，幼时被短柔毛。花冠黄色，长约 25 mm。荚果圆筒形，稍扁，长 4~5 cm，宽 4~5 mm，具锐尖头。花期 5~6 月，果期 8~9 月。

［生态习性及分布］ 阳性树种，极耐寒，极耐干旱贫瘠，忌水涝。生于山坡、沟边、路旁及灌丛中。国内分布于吉林、辽宁、内蒙古、河北、山西、陕西、宁夏、江苏等省份。烟台蓬莱区、福山区、栖霞市等有分布。

［用途］ 枝条可做绿肥；嫩枝叶可作饲草；为固沙和水土保持植物。

（十三）紫藤属 *Wisteria*

1. **藤萝** *Wisteria villosa* Rehd.

［形态特征］ 落叶藤本。羽状复叶长 15~32 cm；叶柄长 2~5 cm；小叶 4~5 对，纸质，卵状长圆形或椭圆状长圆形，自下而上逐渐缩小，上面疏被白色柔毛，下面毛较密不脱落；总状花序生于枝端，下垂，盛花时叶半展开，花序长 30~35 cm，径 8~10 cm，自下而上逐次开放；花长 2.2~2.5 cm，芳香；花冠堇青色。荚果倒披针形，长 18~24 cm，宽 2.5 cm，密被褐色绒毛。花期 4~5 月上旬，果期 8~10 月。

藤萝

［生态习性及分布］ 喜光，略耐阴，主根深，侧根少。喜深厚肥沃的沙壤土，有一定耐干旱、瘠薄和水湿的能力，寿命长。国内分布于陕西、河南等省份。烟台蓬莱区、牟平区等有分布。

［用途］ 枝叶茂密，花序大而下垂，花色淡雅，为优良的大型绿荫、观花藤本植物。

2. **紫藤** *Wisteria sinensis* (Sims) Sweet

[形态特征] 落叶藤本，茎左旋（逆时针方向缠绕）；奇数羽状复叶长 15~25 cm；小叶 3~6 对，纸质，卵状椭圆形至卵状披针形，上部小叶较大，基部 1 对最小，长 5~8 cm，宽 2~4 cm，嫩叶两面被平伏毛，后秃净；总状花序发自去年生短枝的腋芽或顶芽，长 15~30 cm，径 8~10 cm，花序轴被白色柔毛；花长 2~2.5 cm，芳香；花冠紫色。荚果倒披针形，长 10~15 cm，宽 1.5~2 cm，密被绒毛，悬垂枝上不脱落。花期 4~5 月，果期 8~9 月。

[生态习性及分布] 喜光，亦耐半阴，喜肥沃湿润土壤，也耐干旱瘠薄，主根深，侧根少，不耐移栽。适应性极广，寿命长，可达 500 年。国内分布于河北、山西、陕西、河南、安徽、江苏、浙江、福建、江西、湖北、湖南、广西等省份。烟台芝罘区、莱山区、福山区、蓬莱区、昆嵛山、莱州市、海阳市、龙口市等有分布。

[用途] 花大美丽，供绿化观赏；根皮和花可药用；茎皮可作为纺织原料；叶可作为饲料；花瓣可用糖渍制糕点；种子含氰化物，有毒。

紫藤

3. **白花藤萝** *Wisteria venusta* Rehd. et Wils.

[形态特征] 落叶藤本。冬芽球形，密被黄色绢毛。羽状复叶长 18~35 cm；小叶 4~5 对，卵状长圆形，中部 1 对较大，长 6~10 cm，宽 2.5~5 cm，上面被平伏柔毛，下面较密。总状花序生于枝端，下垂，与叶片同时开展，花序长约 15 cm，径约 10 cm，上下几同时开放，密被黄色绒毛；花长约 2 cm，被黄色绒毛；花冠白色。荚果倒披针形，扁平，密被黄色绒毛。花期 4~5 月，果期 9~10 月。

白花藤萝

[生态习性及分布] 喜光，耐干旱瘠薄，主根深，侧根少，不耐移栽。国内分布于河北、山西、河南等省份。烟台蓬莱区等有分布。

[用途] 可作为庭园棚架植物。

（十四）葛属 *Pueraria*

1. **葛藤** 葛麻姆 野葛 葛 *Pueraria montana* (Lour.) Merr. var. *lobata* (Willd.) Maesen. & S. M. Almeida ex Sanjappa. & Predeep.

［形态特征］ 落叶粗壮藤本，全体被黄色长硬毛，茎基部木质，有粗厚的块状根。羽状复叶具 3 小叶，小叶 3 裂，顶生小叶宽卵形或斜卵形，长 7~15 cm，宽 5~12 cm，先端长渐尖，侧生小叶斜卵形，稍小，上面被淡黄色、平伏的疏柔毛，下面较密；花萼钟形，花冠长 10~12 mm，紫色，旗瓣倒卵形。荚果长椭圆形。花期 6~8 月，果期 8~9 月。

［生态习性及分布］ 喜温暖、潮湿的环境，有一定的耐寒耐旱能力，以土层深厚、疏松、富含腐殖质的沙质壤土为佳。国内分布于除青海、新疆、西藏以外的各省份。烟台芝罘区、莱山区、牟平区、福山区、蓬莱区等有分布。

［用途］ 良好的水土保持植物；葛根可药用。

葛藤

2. **粉葛**（葛 变种）*Pueraria montana* var. *thomsonii* (Benth.) Wiersema ex D. B. Ward

［形态特征］ 落叶藤本。顶生小叶菱状卵形或宽卵形，侧生的斜卵形，长和宽 10~13 cm，先端急尖或具长小尖头，基部截平或急尖，全缘或具 2~3 裂片，两面均被黄色粗伏毛；花冠长 16~18 mm；旗瓣近圆形。花期 9 月，果期 11 月。

［生态习性及分布］ 烟台昆嵛山等有分布。

［用途］ 块根含淀粉，供食用，所提取的淀粉称葛粉。

（十五）杭子梢属 *Campylotropis*

杭子梢 *Campylotropis macrocarpa* (Bunge) Rehd.

[形态特征] 落叶灌木。小枝贴生或近贴生短或长柔毛，嫩枝毛密，老枝常无毛。羽状复叶具3小叶，小叶椭圆形或宽椭圆形或长圆形，上面通常无毛，脉明显，下面通常贴生或近贴生短柔毛或长柔毛，疏生至密生，中脉明显隆起，毛较密。总状花序腋生并顶生，花序连总花梗长4~10 cm或有时更长，花冠紫红色或近粉红色，旗瓣椭圆形、倒卵形或近长圆形等，翼瓣微短于旗瓣或等长，龙骨瓣呈直角或微钝角内弯。荚果长圆形、近长圆形或椭圆形。花期6~9月，果期9~10月。

杭子梢

[生态习性及分布] 耐阴、抗旱，不耐盐碱。生于山坡岩石缝中。国内分布于河北、山西、陕西、甘肃、河南、江苏、安徽、浙江、福建、湖北、湖南、广西、四川、云南、贵州、西藏等省份。烟台蓬莱区等有分布。

[用途] 乡土树种，可作为花灌木应用。

三十七、胡颓子科 Elaeagnaceae

（一）胡颓子属 *Elaeagnus*

1. 胡颓子 *Elaeagnus pungens* Thunb.

[形态特征] 常绿直立灌木，高3~4 m，枝具刺，刺顶生或腋生；幼枝微扁棱形，密被锈色鳞片，老枝鳞片脱落，黑色，具光泽。叶革质，椭圆形或阔椭圆形，长5~10 cm，宽1.8~5 cm，边缘微反卷或皱波状，上面幼时具银白色和少数褐色鳞片，成熟后脱落，具光泽，干燥后褐绿色或褐色，下面密被银白色和少数褐色鳞片，侧脉7~9对，网状脉在上面明显，下面不清晰。花白色或淡白色，下垂，密被鳞片，1~3花生于叶腋锈色短小枝上。果实椭圆形，长12~14 mm，幼时被褐色鳞片，成熟时红色。花期9~12月，果期次年4~6月。

胡颓子

[生态习性及分布] 喜温暖气候，耐旱、耐湿性强，耐贫瘠，对有毒气体有很强的抗性，能耐烟尘。国内分布于安徽、江苏、浙江、福建、江西、湖北、湖南、广东、广西、贵州等省份。烟台牟平区、海阳市等有分布。

[用途] 根系发达，适应性强，是优良水土保持树种，种子、叶和根可入药。

2. 木半夏 *Elaeagnus multiflora* Thunb.

［形态特征］ 落叶直立灌木，高 2~3 m，通常无刺。叶膜质或纸质，椭圆形或卵形至倒卵状阔椭圆形，长 3~7 cm，宽 1.2~4 cm，顶端钝尖或骤渐尖，基部钝形，上面幼时具白色鳞片或鳞毛，成熟后脱落。花白色，被银白色和散生少数褐色鳞片，1~3 朵腋生。果实椭圆形，长 12~14 mm，密被锈色鳞片，成熟时红色；果梗在花后伸长，长 15~49 mm。花期 5 月，果期 6~7 月。

［生态习性及分布］ 性喜光，略耐阴，耐干旱瘠薄。国内分布于河北、山西、河南、安徽、江苏、浙江、福建、江西、湖北、广东、四川、贵州等省份。烟台莱山区、牟平区、蓬莱区、昆嵛山、招远市、海阳市等有分布。

［用途］ 果实可食用及酿酒、做果酱；果、根、叶可药用；可保持水土；可供绿化观赏。

木半夏

3. 沙枣　桂香柳 *Elaeagnus angustifolia* Linn.

［形态特征］ 落叶乔木或小乔木，高 5~10 m；幼枝密被银白色鳞片，老枝鳞片脱落，红棕色，光亮。叶薄纸质，披针形，长 3~7 cm，宽 1~1.3 cm，上面幼时具银白色圆形鳞片，成熟后部分脱落，绿色，下面灰白色，密被白色鳞片，有光泽。花银白色，直立或近直立，密被银白色鳞片，芳香，常 1~3 花簇生新枝，基部最初 5~6 片叶的叶腋；果实椭圆形，长 9~12 mm，直径 6~10 mm，粉红色，密被银白色鳞片。花期 4~6 月，果期 8~9 月。

［生态习性及分布］ 适应力强，山地、平原、沙滩、荒漠均能生长。国内分布于辽宁、内蒙古、河北、山西、陕西、甘肃、宁夏、青海、新疆、河南等省份。烟台蓬莱区等有分布。

［用途］ 根蘖性强，能保持水土，抗风沙，防止干旱，常用来营造防护林、防沙林；果实、叶、根可入药。

沙枣

4. **牛奶子** 秋胡颓子 *Elaeagnus umbellata* Thunb.

[形态特征] 落叶直立灌木，高 1~4 m，具长 1~4 cm 的刺；小枝甚开展，多分枝。叶纸质或膜质，椭圆形至卵状椭圆形或倒卵状披针形，长 3~8 cm，宽 1~3.2 cm，边缘全缘或皱卷至波状，侧脉 5~7 对，两面均略明显。花较叶先开放，黄白色，芳香。果实几球形或卵圆形，长 5~7 mm，成熟时红色。花期 5~6 月，果期 9~10 月。

[生态习性及分布] 耐寒性强，耐修剪，略耐阴，喜光，喜湿润、肥沃、排水良好的土壤。国内分布于辽宁、山西、陕西、甘肃、江苏、浙江、湖北、四川、云南、西藏等省份。烟台牟平区、福山区、蓬莱区、昆嵛山、招远市、栖霞市、莱阳市等有分布。

[用途] 果实可生食；果实、根和叶可入药；可作观赏植物。

牛奶子

（二）沙棘属 *Hippophae*

中国沙棘 酷柳 酸刺（亚种）*Hippophae rhamnoides* Linn. subsp. *sinensis* Rousi

[形态特征] 落叶灌木或乔木。棘刺较多，粗壮，顶生或侧生。单叶通常近对生，与枝条着生相似，纸质，狭披针形或矩圆状披针形，两端钝形或基部近圆形，基部最宽，上面绿色。果实圆球形，橙黄色或橘红色。花期 4~5 月，果期 9~10 月。

中国沙棘

[生态习性及分布] 喜光，耐寒，耐酷热，耐风沙及干旱气候，可在盐碱化土地上生存。国内分布于内蒙古、河北、山西、陕西、甘肃、青海、四川等省份。烟台牟平区等有分布。

[用途] 优良的保土固沙及薪炭林树种；果实含有大量维生素和油脂，可加工成果酱、果汁等各种沙棘制品，供食用或药用；种子可榨油；叶和嫩枝梢可作为饲料；树皮、叶、果含鞣质，可分别用作染料及栲胶原料。

三十八、千屈菜科 Lythraceae

紫薇属 *Lagerstroemia*

1. 紫薇 *Lagerstroemia indica* Linn.

紫薇

[形态特征] 落叶灌木或小乔木，高可达7 m；树皮平滑，灰色或灰褐色；枝干多扭曲，小枝纤细，具4棱，略成翅状。叶互生或有时对生，纸质，椭圆形、阔矩圆形或倒卵形，长2.5~7 cm，宽1.5~4 cm，侧脉3~7对，无柄或叶柄很短。花淡红色或紫色、白色，直径3~4 cm，常组成7~20 cm的顶生圆锥花序；花瓣6，皱缩，长12~20 mm，具长爪。蒴果椭圆状球形或阔椭圆形，长1~1.3 cm，幼时绿色至黄色，成熟时或干燥时呈紫黑色，室背开裂。花期6~9月，果期9~11月。

[生态习性及分布] 喜温暖湿润，喜光，但也较耐寒，能在半阴和半干旱地生长。国内分布于吉林、河北、陕西、河南、安徽、浙江、江西、湖北、湖南、广东、广西、海南、四川、云南、贵州等省份。烟台芝罘区、蓬莱区、莱山区、牟平区、福山区、蓬莱区、昆嵛山、莱州市、招远市、栖霞市、莱阳市、海阳市、龙口市等有分布。

[用途] 花色鲜艳美丽，花期长，寿命长，已广泛栽培为公园、庭院观赏植物；木材坚硬、耐腐，可做农具、家具、建材等；树皮、叶及花可药用。

2. 银薇（紫薇 变型）*Lagerstroemia indica* L. f. *alba* (Nichols.) Rehd.

[形态特征] 花白色。

[生态习性及分布] 耐寒性不强，北京需良好小气候条件方能露地越冬。烟台蓬莱区、莱山区等有分布。

银薇

3. **福建紫薇** 浙江紫薇 *Lagerstroemia limii* Merr.

[形态特征] 落叶灌木或小乔木。小枝圆柱形。叶互生至近对生，革质至近革质，长卵形至长圆形，长 5~16 cm，侧脉 10~17 对；叶柄长 2~5 mm，密被柔毛。花为顶生圆锥花序，花轴及花梗密被柔毛；花瓣淡红色至紫色，圆卵形，有皱纹。蒴果卵形，顶端圆形，长 8~12 mm，宽 5~8 mm，褐色，光亮。花期 5~8 月，果期 9~10 月。

福建紫薇

[生态习性及分布] 喜温暖，喜排水良好的土壤。国内分布于浙江、福建、湖北等省份。烟台龙口市等有分布。

[用途] 著名园林观赏植物，花色鲜艳美丽，花期长。

4. **南紫薇** 马铃花 *Lagerstroemia subcostata* Koehne

[形态特征] 落叶乔木或灌木。树皮薄，灰白色或茶褐色。叶膜质，矩圆形，矩圆状披针形，稀卵形，长 2~9 cm，宽 1~4.4 cm，顶端渐尖，基部阔楔形，上面通常无毛或有时散生小柔毛，下面无毛或微被柔毛或沿中脉被短柔毛，有时脉腋间有丛毛，中脉在上面略下陷，在下面凸起，侧脉 3~10 对，花小，白色或玫瑰色，组成顶生圆锥花序，长 5~15 cm，花瓣 6，长 2~6 mm，皱缩。蒴果椭圆形，长 6~8 mm。种子有翅。花期 6~8 月，果期 7~10 月。

南紫薇

[生态习性及分布] 喜湿润肥沃的土壤，常生于林缘、溪边。国内分布于青海、江苏、浙江、福建、台湾、江西、四川等省份。烟台龙口市等有分布。

[用途] 材质坚密，可供家具、细工及建筑用，也可做轻便枕木；花可入药；可作景观绿化植物。

三十九、瑞香科 Thymelaeaceae

（一）结香属 *Edgeworthia*

结香 *Edgeworthia chrysantha* Lindl.

结香

[形态特征] 落叶灌木，高 0.7~1.5 m，小枝粗壮，褐色，常作三叉分枝，韧皮极坚韧，叶痕大而隆起。叶长圆形，长 8~20 cm，宽 2.5~5.5 cm，两面均被银灰色绢状毛。具 30~50 朵成下垂的头状花序，腋生枝端；叶前开放。花芳香，无梗，花萼长 1.3~2 cm，宽 4~5 mm，外面密被白色丝状毛。果椭圆形，绿色，长约 8 mm，直径约 3.5 mm，顶端被毛。花期 4~5 月。

[生态习性及分布] 喜半阴及湿润环境，耐水湿，不耐寒。国内分布于河南、浙江、福建、江西、湖南、广东、广西、云南、贵州等省份。烟台蓬莱区、招远市、莱山区等有分布。

[用途] 可供绿化观赏；全株可入药。

（二）瑞香属 *Daphne*

芫花 *Daphne genkwa* Sieb. et Zucc.

[形态特征] 落叶灌木，多分枝。叶对生，稀互生，纸质，卵形至椭圆状长圆形，长 3~4 cm，宽 1~2 cm。花比叶先开放，紫色或淡紫蓝色，无香味，常 3~6 朵簇生于叶腋或侧生，花梗短，具灰黄色柔毛，花药黄色。果实肉质，白色椭圆形。花期 3~5 月，果期 6~7 月。

芫花

[生态习性及分布] 喜温暖气候，性耐旱怕涝。国内分布于河北、山西、陕西、甘肃、河南、安徽、江苏、浙江、福建、台湾、江西、湖北、湖南、四川、贵州等省份。烟台莱山区、福山区、栖霞市、莱阳市、海阳市等有分布。

[用途] 茎皮纤维为优质纸和人造棉的原料；花蕾可入药；根有活血消肿、解毒之功效；全株可作为土农药；可保持水土；可供绿化观赏。

四十、桃金娘科 Myrtaceae

红千层属 *Callistemon*

红千层 *Callistemon rigidus* R. Brown

[形态特征] 落叶小乔木。树皮坚硬，灰褐色；嫩枝有棱。叶片革质，线形，长5~9 cm，宽3~6 cm，先端尖锐，油腺点明显，干后突起，中脉在两面均突起，侧脉明显，边脉位于边上，突起。穗状花序生于枝顶，花瓣绿色，雄蕊长2.5 cm，鲜红色，花药暗紫色，椭圆形。蒴果半球形。花期6~8月。

红千层

[生态习性及分布] 喜温暖湿润气候，能耐烈日酷暑，耐寒；喜肥沃、酸性土壤，也耐瘠薄。我国台湾、广东、广西、福建、浙江等省份均有栽培。烟台海阳市等有分布。

[用途] 适合庭院美化，为高级庭院美化观花树、行道树、园林树、风景树，还可作防风林、切花或大型盆栽，并可修剪整枝成为高贵盆景。

四十一、石榴科 Punicaceae

石榴属 *Punica*

1. 石榴　安石榴 *Punica granatum* Linn.

石榴

[形态特征] 落叶灌木或乔木，高通常3~5 m。叶通常对生，纸质，矩圆状披针形，长2~9 cm。花大，1~5朵生枝顶；萼筒长2~3 cm，通常红色或淡黄色，裂片略外展，卵状三角形；花瓣通常大，红色、黄色或白色，长1.5~3 cm，宽1~2 cm，顶端圆形。浆果近球形，直径5~12 cm，通常为淡黄褐色或淡黄绿色。花期5~6月，果期8~9月。

[生态习性及分布] 喜温暖向阳的环境，耐旱、耐寒，耐瘠薄，不耐涝和荫蔽。原产于巴尔干半岛至伊朗及其邻近地区。烟台芝罘区、蓬莱区、莱山区、牟平区、福山区、蓬莱区、昆嵛山、莱州市、招远市、栖霞市、莱阳市、海阳市、龙口市等有栽培。

[用途] 花供观赏；果实可用；茎皮及外果皮可药用；也是重要的经济树种。

2. **白石榴**（栽培变种）*Punica granatum* ‘Albescens’

［形态特征］花白色，单瓣；果黄白色。

［生态习性及分布］烟台招远市等有栽培。

白石榴

3. **重瓣白石榴**（栽培变种）*Punica granatum* ‘Multiplex’

［形态特征］花白色，重瓣。

［生态习性及分布］烟台招远市、龙口市等有分布。

4. **重瓣红石榴**（栽培变种）*Punica granatum* ‘Pleniflora’

［形态特征］花红色，重瓣。

［生态习性及分布］烟台招远市、海阳市、龙口市等有栽培。

5. **黄石榴**（栽培变种）*Punica granatum* ‘Flavescens’

［形态特征］花黄色。

［生态习性及分布］烟台招远市、龙口市等有栽培。

月季石榴

6. **月季石榴**（栽培变种）*Punica granatum* ‘Nana’

［形态特征］矮小灌木。叶线形，花果均较小。

［生态习性及分布］烟台招远市、龙口市等有分布。

7. **重瓣火石榴**（栽培变种）*Punica granatum* ‘Plena’

［形态特征］矮小灌木。叶线形，花果均较小，重瓣。

［生态习性及分布］烟台招远市、龙口市等有分布。

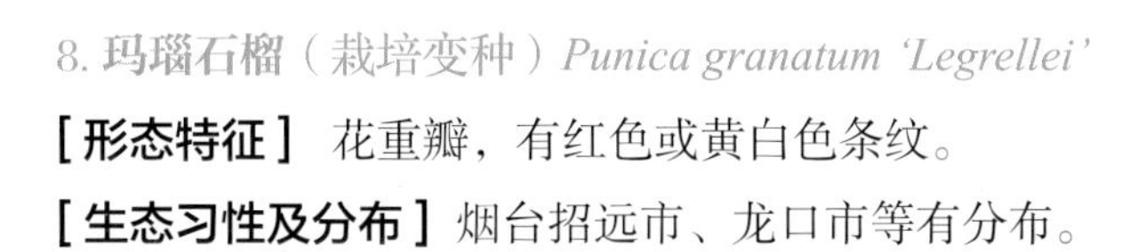
8. **玛瑙石榴**（栽培变种）*Punica granatum* ‘Legrellei’

［形态特征］ 花重瓣，有红色或黄白色条纹。

［生态习性及分布］烟台招远市、龙口市等有分布。

四十二、八角枫科 Alangiaceae

八角枫属 *Alangium*

1. **瓜木** 三裂瓜木（变种）*Alangium platanifolium* (Sieb. & Zucc.) Harms var. *trloibum* (Miq.) Ohwi

[形态特征] 落叶灌木或小乔木，高 5~7 m；树皮平滑，灰色或深灰色；叶纸质，近圆形，顶端钝尖，基部近于心脏形或圆形，长 7~20 cm，宽 7~20 cm，不分裂或稀分裂；主脉 3~5 条，由基部生出，常呈掌状，侧脉 5~7 对，和主脉相交成锐角，均在叶上面显著。聚伞花序生叶腋，长 3~4 cm，通常有花 3~5；花瓣 6~7，线形，外面有短柔毛，近基部较密，长 2~3 cm，宽 1~2 mm，基部黏合，上部开花时反卷。核果长卵圆形或长椭圆形。花期 7~8 月，果期 8~10 月。

瓜木

[生态习性及分布] 生于海拔 2000 m 以下土质比较疏松而肥沃的向阳山坡或疏林。国内分布于吉林、辽宁、河北、山西、陕西、甘肃、河南、浙江、台湾、江西、湖北、四川、云南、贵州等省份。烟台招远市、栖霞市、海阳市等有分布。

[用途] 皮含鞣质，可提取栲胶；纤维可做人造棉；根、叶可药用；可保持水土。

2. **八角枫** *Alangium chinense* (Lour.) Harms.

[形态特征] 落叶小乔木或灌木，高 3~5 m。叶纸质，近圆形或椭圆形、卵形，顶端短锐尖或钝尖，基部两侧常不对称，不分裂或 3~7 裂，基出脉 3~5，成掌状，侧脉 3~5 对。聚伞花序腋生，长 3~4 cm；花瓣 6~8，线形，长 1~2 cm，基部黏合，上部开花后反卷，外面有微柔毛，初为白色，后变黄色。核果卵圆形，幼时绿色，成熟后黑色。花期 6~8 月，果期 7~11 月。

八角枫

[生态习性及分布] 喜光，耐半阴，好湿润及排水良好沙壤土。国内分布于陕西、甘肃、河南、安徽、江苏等省份。烟台牟平区、招远市、栖霞市等有分布。

[用途] 皮含鞣质，可提取栲胶；纤维可做人造棉；根、叶可药用；可保持水土。

四十三、蓝果树科（珙桐科）Nyssaceae

（一）珙桐属 *Davidia*

珙桐 鸽子树 *Davidia involucrata* Baill.

[形态特征] 落叶乔木。树皮深灰色或深褐色，常裂成不规则的薄片而脱落。叶纸质，互生，无托叶，常密集于幼枝顶端，阔卵形或近圆形，长 9~15 cm，宽 7~12 cm，顶端急尖或短急尖，具微弯曲的尖头，基部心脏形，边缘有三角形而尖端锐尖的粗锯齿，上面亮绿色，初被很稀疏的长柔毛，渐老时无毛，下面密被淡黄色或淡白色丝状粗毛，中脉和 8~9 对侧脉均在上面显著，在下面凸起。两性花与雄花同株，由多数的雄花与 1 个雌花或两性花成近球形的头状花序，直径约 2 cm，着生于幼枝的顶端，两性花位于花序的顶端，雄花环绕于其周围，基部具纸质、矩圆状卵形或矩圆状倒卵形花瓣状的苞片 2~3，长 7~15 cm，宽 3~5 cm，初淡绿色，继变为乳白色，后变为棕黄色而脱落。雄花无花萼及花瓣，花药椭圆形，紫色。果实为长卵圆形核果，长 3~4 cm，直径 1.5~2 cm，紫绿色具黄色斑点。花期 4 月，果期 10 月。

[生态习性及分布] 喜气候温凉、湿润多雨、多雾的山地环境，不耐瘠薄、干旱。10 年生之前的幼树阶段喜欢较为荫庇的环境，进入中龄期对光照需求增多，趋于喜光；珙桐苗木成活的关键在于夏季，盛夏干热易导致叶片干焦、幼苗萎蔫，严重时死亡。国内分布于湖北、湖南、四川、云南、贵州等省份。烟台蓬莱区、昆嵛山、海阳市等有引种栽培。

[用途] 著名观赏植物。

珙桐

（二）喜树属 *Camptotheca*

喜树 *Camptotheca acuminata* Decne

[形态特征] 落叶乔木，高可达20 m；树皮灰色或浅灰色，浅沟状纵裂；小枝圆柱形，当年生枝紫绿色，被灰色微柔毛，多年生枝淡褐色或浅灰色，无毛。单叶互生，叶柄长1.5~3 cm，长圆状卵形或长圆状椭圆形，长12~28 cm，宽6~12 cm，顶端短锐尖，基部近圆形或阔楔形，全缘，上面亮绿色，下面淡绿色，疏生短柔毛，叶脉上更密，侧脉8~15对。2~9个头状花序组成圆锥状花序，顶生或腋生，通常上部为雌花，下部为雄花，总花梗圆柱形，长4~6 cm；花杂性或单性，无花梗，雌雄同株；苞片3，三角状卵形，长2.5~3 mm，内外两面均有短柔毛；花萼杯状，5浅裂，裂片齿状，边缘睫毛状；花瓣5，淡绿色，长圆形或长圆状卵形，顶端锐尖，长约2 mm，外面密被短柔毛，早落；花盘显著，微裂；雄蕊10，外轮5，较长，常长于花瓣，内轮5，较短，花丝纤细，无毛，花药4室；子房下位，在两性花中发育良好，花柱无毛，顶端2裂。翅果长圆形，长2~2.5 cm，顶端具宿存的花盘，两侧具窄翅，幼时绿色，干燥后黄褐色，着生成近球形的头状果序。花期5~7月，果期9月。

[生态习性及分布] 多为引种栽培。国内分布于江苏、浙江、福建、江西、湖北、湖南、广东、广西、四川、云南、贵州等省份。烟台昆嵛山等有分布。

[用途] 枝叶、根、皮和果实可药用；树干挺直，可作为庭园绿化树种。

喜树

四十四、山茱萸科 Cornaceae

山茱萸属 *Cornus*

1. 红瑞木 *Cornus alba* L.

红瑞木

[形态特征] 落叶灌木，树皮紫红色。叶对生，纸质，椭圆形，长 5~8.5 cm，宽 1.8~5.5 cm，先端突尖，基部楔形或阔楔形，边缘全缘或波状反卷。伞房状聚伞花序顶生，较密，宽 3 cm，被白色短柔毛；总花梗圆柱形，长 1.1~2.2 cm，被淡白色短柔毛；花小，白色或淡黄白色，长 5~6 mm，直径 6~8.2 mm。核果长圆形，微扁。花期 6~7 月，果期 8~10 月。

[生态习性及分布] 喜凉爽环境，耐寒、耐旱、耐修剪，对气候、土壤、水分要求不强。国内分布于黑龙江、吉林、辽宁、内蒙古、河北、陕西、甘肃、青海、江苏、江西等省份。烟台蓬莱区、莱山区、牟平区、福山区、昆嵛山、莱州市、招远市、栖霞市、莱阳市、海阳市、龙口市等有分布。

[用途] 花果洁白，秋叶鲜红，落叶后枝干红艳如珊瑚，花、叶、枝、果均可观赏，是优良的观赏树种；种子可榨油，供工业用。

2. 梾木 *Cornus macrophylla* Wall.

[形态特征] 乔木或灌木，高 3~9 m；树皮黑灰色，纵裂；幼枝绿色，有棱角，疏被灰白色贴生短柔毛或近于无毛，老枝灰褐色，有黄白色圆形皮孔。叶对生，厚纸质，椭圆形、长圆椭圆形或长圆卵形，长 10~15 cm，宽 6~8 cm，边缘微波状，侧脉 6~8 对，弓形内弯。伞房状聚伞花序顶生，连同 5~6 cm 长的粗壮总花梗在内长 10 cm，宽 10 cm，密被黄色短柔毛；开花时间晚；花小，白色，直径 7~8 mm；花瓣 4，舌状长圆形或长卵形，长 3.8~4 mm；核果近于球形，黑色，径 4.5~6 mm。花期 6~7 月，果期 8~9 月。

梾木

[生态习性及分布] 喜光，能耐寒冷，耐干旱，对土壤要求不严，耐瘠薄。国内分布于山西、陕西、甘肃、宁夏、安徽、江苏、浙江、福建、台湾、江西、湖北、湖南、广东、广西、海南、四川、贵州、西藏等省份。烟台蓬莱区等有分布。

[用途] 常用作绿化树种；根系强大，能固结土壤，也是水土保持树种。

3. **毛梾** 车梁木 *Cornus walteri* Wanger.

［形态特征］ 落叶乔木，高 6~15 m；树皮厚，黑褐色，纵裂而又横裂成块状；幼枝对生，绿色，略有棱角，密被贴生灰白色短柔毛，老后黄绿色，无毛。叶对生，纸质，椭圆形、或阔卵形，长 4~12 cm，宽 1.7~5.3 cm，下面密被灰白色贴生短柔毛，侧脉 4~5 对，弓形内弯；伞房状聚伞花序顶生，花密；花白色，有香味，直径 9.5 mm；花瓣 4，长圆披针形，长 4.5~5 mm。核果球形，直径 6~7 mm，成熟时黑色。花期 5~6 月，果期 9 月。

［生态习性及分布］ 较喜光，喜深厚肥沃土壤，较耐干旱瘠薄，在中性、酸性及微碱性土上均能生长；深根性，萌芽性强。国内分布于辽宁、河北、山西、陕西、宁夏、河南、安徽、江苏、浙江、福建、江西、湖北、湖南、广东、广西、海南、四川、云南、贵州等省份。烟台芝罘区、福山区、蓬莱区、昆嵛山、招远市、海阳市等有分布。

［用途］ 木材可作建筑、家具用材；种子含油率 27%~38%，供食用及工业用；树皮可药用。

毛梾

4. **山茱萸** *Cornus officinalis* Sieb. et Zucc.

［形态特征］ 落叶小乔木或灌木，高 4~10 m；树皮灰褐色；叶对生，纸质，卵状披针形或卵状椭圆形，长 5.5~10 cm，宽 2.5~4.5 cm，侧脉 6~7 对，弓形内弯。伞形花序生于枝侧，花密，花小，两性，先叶开放；花瓣 4，舌状披针形，长 3.3 mm，黄色，向外反卷，花蕊黄色而长出花瓣。核果长椭圆形，长 1.2~1.7 cm，直径 5~7 mm，红色至紫红色。花期 3~6 月，果期 8~10 月。

山茱萸

［生态习性及分布］ 喜湿润、肥沃、多腐殖质缓坡地，耐寒、耐旱，喜阴亦能在强光下和瘠薄地生存；萌发力强，可萌蘖更新。国内分布于山西、陕西、甘肃、河南、安徽、江苏、浙江、江西、湖南等省份。烟台莱州市、招远市、海阳市、龙口市等有分布。

［用途］ 果实可药用；种子油可制肥皂；开花早，与迎春同时，入秋红果衬于绿叶间，深秋叶色转红，满树红艳，是优良的多季观赏树种。

5. **小梾木** *Cornus quinquenervis* Franch.

［形态特征］ 落叶灌木，株高 1~3 m，稀达 4 m；树皮灰黑色，光滑；幼枝对生，绿色或紫红色，略具 4 棱，被灰色短柔毛，老枝褐色，无毛；冬芽顶生及腋生，圆锥形至狭长形，长 2.5~8.0 mm，被疏生短柔毛。叶对生，纸质，椭圆状披针形、披针形，稀长圆卵形，长 4~9 cm，稀达 10 cm，宽 1.0~3.8 cm，先端钝尖或渐尖，基部楔形，全缘，上面深绿色，散生平贴短柔毛，下面淡绿色，被较少灰白色的平贴短柔毛或近于无毛，中脉在上面稍凹陷，下面凸出，被平贴短柔毛，侧脉通常 3 对，稀 2 或 4 对，平行斜伸或在近边缘处弓形内弯，在上面明显，下面稍凸起；叶柄长 5~15 mm，黄绿色，被贴生灰色短柔毛，上面有浅沟，下面圆形。伞房状聚伞花序顶生，被灰白色贴生短柔毛，宽 3.5~8.0 cm；总花梗圆柱形，长 1.5~4.0 cm，略有棱角，密被贴生灰白色短柔毛；花小，白色至淡黄白色，直径 9~10 mm；花萼裂片 4，披针状三角形至尖三角形，长 1 mm，长于花盘，淡绿色，外侧被紧贴的短柔毛；花瓣 4，狭卵形至披针形，长 6 mm，宽 1.8 mm，先端急尖，质地稍厚，上面无毛，下面有贴生短柔毛；雄蕊 4，长 5 mm，花丝淡白色，长 4 mm，无毛，花药长圆卵形，2 室，淡黄白色，长 2.4 mm，丁字形着生；花盘垫状，略有浅裂，厚约 0.2 mm；子房下位，花托倒卵形，长 2 mm。核果圆球形，直径 5 mm，成熟时黑色；核近于球形，骨质，直径约 4 mm，有 6 条不明显的肋纹。花期 6~7 月，果期 10~11 月。

［生态习性及分布］ 生于 50~2500 m 河岸或溪边灌木丛中，耐瘠薄。陕西和甘肃南部以及江苏、福建、湖北、湖南、广东、广西、四川、贵州、云南等省份均有栽培。烟台海阳市等有分布。

［用途］ 木材坚硬，可做工具柄；叶可药用；果实可榨油，供工业用。

小梾木

6. **四照花**（亚种）*Cornus kousa* Bunge ex Hance subsp. *chinensis* (Osborn) Q. Y. Xiang

[形态特征] 落叶小乔木或灌木状。小枝绿色，有白色柔毛，后脱落，二年生枝灰褐色，无毛。单叶，对生；叶片纸质或厚纸质，卵形或卵状椭圆形，长 6~12 cm，宽 3.5~7 cm，先端渐尖，基部圆形或阔楔形，全缘或有细齿，上面疏生白色柔毛，下面粉绿色，有白色短柔毛，脉腋簇生白色绢状毛，羽状脉，侧脉 3~4 对，稀 5 对，弧状弯曲；叶柄长 5~10 mm，有柔毛。头状花序，花 40~50，顶生；花序梗长 5~6 cm；总苞片 4，花瓣状，卵形或卵状披针形，白色，长 5~6 cm，有弧状脉纹；花萼筒与子房合生，萼齿 4，内面有 1 圈褐色细毛；花瓣 4，黄色，长柱圆柱形。花期 5 月，果期 8 月。

[生态习性及分布] 浅根性，耐阴，要求湿润、微酸性的肥沃土壤。国内分布于内蒙古、陕西、山西、甘肃、河南、浙江、福建等省份。烟台昆嵛山等有分布。

[用途] 庭院观赏树种，果实味甜。

四照花

7. **灯台树** *Cornus controversa* Hemsl.

[形态特征] 落叶乔木，高 6~15 m，树皮光滑，暗灰色或带黄灰色；枝开展，圆柱形，当年生枝紫红绿色，二年生枝淡绿色，有半月形的叶痕和圆形皮孔。叶互生，纸质，阔卵形、阔椭圆状卵形或披针状椭圆形，长 6~13 cm，宽 3.5~9 cm，上面黄绿色，无毛，下面灰绿色，密被淡白色平贴短柔毛，侧脉 6~7 对，弓形内弯；叶柄紫红绿色。伞房状聚伞花序，顶生，宽 7~13 cm，总花梗淡黄绿色，长 1.5~3 cm；花小，白色，花瓣 4，长圆披针形。核果球形，直径 6~7 mm，成熟时紫红色至蓝黑色。花期 5~6 月，果期 7~8 月。

[生态习性及分布] 喜光，喜湿润，多生于湿润山谷河旁或阴坡杂木林中，生长快，能自成小群落。国内分布于辽宁、河北、山西、陕西、甘肃、河南、安徽、江苏、浙江、福建、台湾、江西、湖北、湖南、广东、广西、海南、四川、云南、贵州、西藏等省份。烟台福山区等有分布。

[用途] 木材供建筑、雕刻、文具等用；种子油可制肥皂及润滑油；木材供建筑用；亦可作为庭荫树及行道树。

灯台树

四十五、卫矛科 Celastraceae

（一）卫矛属 *Euonymus*

1. 冬青卫矛 大叶黄杨 *Euonymus japonicus* Thunb.

［形态特征］ 落叶灌木或小乔木。小枝四棱，具细微皱突。叶革质，有光泽，倒卵形或椭圆形，长 3~5 cm，宽 2~3 cm，边缘具有浅细钝齿；叶柄长约 1 cm。聚伞花序，花 5~12，花序梗长 2~5 cm，2~3 次分枝，分枝及花序梗均扁壮，第三次分枝常与小花梗等长或较短；小花梗长 3~5 mm；花白绿色，直径 5~7 mm。蒴果近球状，直径约 8 mm，淡红色；种子每室 1，顶生，椭圆状，长约 6 mm，直径约 4 mm，假种皮橘红色，全包种子。花期 6~7 月，果熟期 9~10 月。

冬青卫矛

［生态习性及分布］ 喜温暖湿润气候，耐寒性较差。原产于日本。烟台芝罘区、蓬莱区、莱山区、福山区、昆嵛山、莱州市、招远市、栖霞市、莱阳市、海阳市、龙口市等有栽培。

［用途］ 常见绿篱树种。

2. 银边黄杨（栽培变种）*Euonymus japonicus* ‘Albo-marginatus’

［形态特征］ 叶边缘白色。

［生态习性及分布］ 烟台福山区、龙口市等有栽培。

银边黄杨

3. 金边黄杨（栽培变种）*Euonymus japonicus* ‘Aureo-marginatus’

［形态特征］ 叶缘金黄色，叶有黄、白斑纹。

［生态习性及分布］ 烟台芝罘区、蓬莱区、福山区、招远市、莱阳市、海阳市、龙口市等有栽培。

金边黄杨

4. **金心黄杨**（栽培变种）*Euonymus japonicus 'Aureo-variegatus'*

金心黄杨

［形态特征］ 小枝黄色，叶片革质有光泽，倒卵形，沿中脉有黄斑。

［生态习性及分布］ 烟台蓬莱区、招远市、龙口市等有栽培。

北海道黄杨

5. **北海道黄杨**（栽培变种）*Euonymus japonicus 'CuZhi'*

［形态特征］ 常绿灌木或小乔木。叶革质，正面呈深绿色，背面为浅绿色，卵形或长椭圆形，长 5~6 cm，宽 4~5 cm，叶缘呈浅波状。花浅黄色，直径 0.1~1 cm，蒴果近球形，有 4 浅沟，直径 1~2 cm，果嫩时呈浅绿色，熟时果皮自动开裂，橙红色假种皮的种子暴露出来。

［生态习性及分布］ 抗寒，抗旱，抗逆性强。烟台招远市、海阳市等有栽培。

6. **扶芳藤**（原变型）*Euonymus fortunei* (Turcz.) Hand.-Mazz. f. *fortunei*

［形态特征］ 常绿藤本灌木。叶薄革质，叶形变异较大，椭圆形至近披针形，边缘齿浅不明显，侧脉细微和小脉全不明显；叶柄长 3~6 mm。聚伞花序 3~4 次分枝；花序梗长 1.5~3 cm，花密集，花 4~7，小花梗长约 5 mm；花白绿色，4 数，直径约 6 mm。蒴果粉红色，果皮光滑，近球状，直径 6~12 mm；果序梗长 2~3.5 cm；小果梗长 5~8 mm；假种皮鲜红色，全包种子。花期 6~7 月，果期 9~10 月。

［生态习性及分布］ 耐阴，喜温暖，耐寒性不强。国内分布于辽宁、河北、山西、陕西、甘肃、青海、新疆、河南、安徽、江苏、浙江、福建、台湾、江西、湖北、湖南、广东、广西、海南、四川、云南、贵州等省份。烟台芝罘区、莱山区、牟平区、福山区、昆嵛山、招远市、栖霞市、莱阳市、海阳市等有分布。

［用途］ 优良垂直绿化树种；茎、叶可药用；叶色油绿光亮，是优良的绿篱树种。

扶芳藤

7. **小叶扶芳藤**（扶芳藤 变型）*Euonymus fortunei* (Turcz.) Hand.-Mazz. f. *minimus* Rehd.

［形态特征］ 又名爬行长矛、蔓卫矛，与原变种扶芳藤相似，区别是：原变种为灌木，常绿或半常绿，有时匍匐；变种则为匍匐至攀援藤本，常绿，易生不定根，利于攀援。

［生态习性及分布］ 烟台莱阳市、海阳市等有分布。

［用途］ 优良的绿篱树种。

小叶扶芳藤

8. **胶州卫矛** *Euonymus kiautschovicus* Loes.

［形态特征］ 直立或蔓性半常绿灌木，高 3~8 m，小枝圆形。叶片近革质，长圆形、宽倒卵形或椭圆形，长 5~8 cm，宽 2~4 cm，顶端渐尖，基部楔形，边缘有粗锯齿；叶柄长达 1 cm。聚伞花序 2 歧分枝，成疏松的小聚伞；花淡绿色，4 数，雄蕊有细长分枝，成疏松的小聚伞。蒴果扁球形，粉红色，直径约 1 cm，4 纵裂，有浅沟；种子包有黄红色的假种皮。花期 8~9 月，果期 9~10 月。

胶州卫矛

［生态习性及分布］ 耐轻、中度盐碱。根系发达，固土力强。原产于俄罗斯、日本、中国。烟台蓬莱区、牟平区、福山区、招远市、栖霞市、海阳市、龙口市等有分布。

［用途］ 优秀园林绿化树种，其绿化成本较低且成效快。

9. **白杜** 桃叶卫矛 丝棉木 *Euonymus maackii* Rupr.

[形态特征] 落叶灌木或小乔木，高达 6 m。叶卵状椭圆形、卵圆形或窄椭圆形，长 4~8 cm，宽 2~5 cm，先端长渐尖，基部阔楔形或近圆形，边缘具细锯齿，有时极深而锐利；叶柄通常细长，常为叶片的 1/4~1/3。聚伞花序 3 至多花，花序梗略扁，长 1~2 cm；花 4，淡白绿色或黄绿色，雄蕊花药紫红色。蒴果倒圆心状，4 浅裂，长 6~8 mm，直径 9~10 mm，成熟后果皮粉红色；种子长椭圆状，长 5~6 mm，直径约 4 mm，假种皮橙红色，全包种子，成熟后顶端常有小口。花期 5~6 月，果期 9 月。

白杜

[生态习性及分布] 稍耐阴，适应性强，深根性。国内分布于黑龙江、吉林、辽宁、内蒙古、河北、山西、陕西、甘肃、新疆、河南、安徽、江苏、浙江、福建、江西、湖北、云南、贵州等省份。烟台芝罘区、莱山区、牟平区、蓬莱区、福山区、昆嵛山、招远市、栖霞市、莱阳市、海阳市、龙口市等有分布。

[用途] 枝叶秀丽，红果密集，宜植于湖岸、溪边构成水景；皮根可药用。

10. **卫矛** 鬼箭羽 *Euonymus alatus* (Thunb.) Sieb.

[形态特征] 落叶灌木，高 1~3 m；小枝常具 2~4 列宽阔木栓翅。叶卵状椭圆形、窄长椭圆形，偶为倒卵形，长 2~8 cm，宽 1~3 cm，边缘具细锯齿，两面光滑无毛；叶柄长 1~3 mm。聚伞花序 1~3；花白绿色，直径约 8 mm，4 数；萼片半圆形；花瓣近圆形。蒴果 1~4 深裂，裂瓣椭圆状，长 7~8 mm；假种皮橙红色，全包种子。花期 5~6 月，果期 7~10 月。

卫矛

[生态习性及分布] 喜光，对气候适应性强，耐寒、耐旱，中性土、酸性土及石灰性土中均能生长。萌生力强，耐修剪。国内分布于除新疆、青海、西藏及海南以外的各省份。烟台芝罘区、蓬莱区、牟平区、莱州市、招远市、栖霞市、莱阳市、海阳市、龙口市等有分布。

[用途] 嫩叶及霜叶均紫红色，蒴果宿存很久，均颇美观，常植于庭园观赏；带栓翅的枝条可入中药，叫鬼箭羽。

11. **栓翅卫矛** *Euonymus phellomanus* Loes.

［形态特征］ 落叶灌木或小乔木，高 3~4 m；枝条硬直，常具 4 纵列木栓厚翅，在老枝上宽可达 5~6 mm。叶长椭圆形或略呈椭圆倒披针形，长 6~11 cm，宽 2~4 cm，先端窄长渐尖，边缘具细密锯齿；叶柄长 8~15 mm。聚伞花序 2~3 次分枝，花 7~15；花白绿色。蒴果 4 棱，倒圆心状，长 7~9 mm，直径约 1 cm，粉红色；种子椭圆状，假种皮橘红色，包被种子全部。花期 7 月，果期 9~10 月。

栓翅卫矛

［生态习性及分布］ 喜光亦耐阴，对温度适应性强，可抗极端最高气温 36 ℃，极端最低气温 −35 ℃。对土壤要求不严。国内分布于陕西、山西、甘肃、宁夏、青海等省份。烟台招远市、栖霞市、海阳市等有分布。

［用途］ 观果、观花、观枝树种，树姿优美，枝具 4 列较宽的灰褐色木栓质翅，形态独特；皮、根可药用。

12. **垂丝卫矛** *Euonymus oxyphyllus* Miq.

［形态特征］ 落叶灌木，高 1~8 m。叶卵圆形或椭圆形，长 4~8 cm，宽 2.5~5 cm，边缘有细密锯齿；叶柄长 4~8 mm。聚伞花序宽疏，通常 7~20 花；花序梗细长，长 4~5 cm，顶端 3~5 分枝，每分枝具一个三出小聚伞；小花梗长 3~7 mm；花淡绿色，直径 7~9 mm，5 数；花瓣近圆形；花盘圆，5 浅裂。蒴果近球状，直径 10 mm，无翅，仅果皮背缝处常有突起棱线；果序梗细长下垂，长 5~6 cm。

垂丝卫矛

［生态习性及分布］ 喜浓阴，生于阴坡灌丛中。国内分布于辽宁、河南、安徽、江苏、浙江、福建、台湾、江西、湖北、湖南等省份。烟台牟平区、蓬莱区、昆嵛山、栖霞市、海阳市、龙口市、招远市等有分布。

［用途］ 皮纤维可代麻和造纸；种子榨油可制肥皂；可供绿化观赏。

13. **陕西卫矛** 金丝吊蝴蝶 *Euonymus schensiana* Maxim.

[形态特征] 落叶藤本灌木，高达数米；枝条稍带灰红色。叶花时薄纸质，果时纸质或稍厚，披针形或窄长卵形，长 4~7 cm，宽 1.5~2 cm，先端急尖或短渐尖，边缘有纤毛状细齿，基部阔楔形。聚伞花序，多数集生于小枝顶部，形成多花状，每个聚伞花序具一细柔长梗，长 4~6 cm，在花梗顶端有 5 数分枝，中央分枝一花，长约 2 cm，内外一对分枝长达 4 cm，顶端各有一三出小聚伞；小花梗长 1.5~2 cm。花黄绿色；花瓣常稍带红色。蒴果方形或扁圆形，直径约 1 cm，4 翅长大，长方形，种子黑色或棕褐色，全部被橘黄色假种皮包围。

陕西卫矛

[生态习性及分布] 喜光，稍耐阴，耐干旱，也耐水湿，对土壤要求不严。国内分布于陕西、甘肃、湖北、四川、贵州等省份。烟台栖霞市、海阳市等有分布。

[用途] 供绿化观赏。

（二）南蛇藤属 *Celastrus*

1. **南蛇藤** *Celastrus orbiculatus* Thunb.

[形态特征] 落叶藤本灌木。小枝光滑无毛，灰棕色或棕褐色，具稀而不明显的皮孔，叶通常阔倒卵形，近圆形或长方椭圆形，长 5~13 cm，宽 3~9 cm，边缘具锯齿，两面光滑无毛或叶背脉上具稀疏短柔毛，侧脉 3~5 对；叶柄细长 1~2 cm。聚伞花序腋生，间有顶生，花序长 1~3 cm，小花 1~3，偶仅 1~2。蒴果近球状，直径 8~10 mm；种子椭圆状稍扁，赤褐色。花期 5~6 月，果期 7~10 月。

南蛇藤

[生态习性及分布] 喜阳耐阴，喜水湿，抗寒耐旱，对土壤要求不严。生于山坡、沟谷及疏林中。国内分布于黑龙江、吉林、辽宁、内蒙古、河北、山西、陕西、甘肃、河南、江苏、安徽、浙江、湖北、江西、四川等省份。烟台芝罘区、莱山区、牟平区、福山区、昆嵛山、蓬莱区、莱州市、招远市、栖霞市、莱阳市、海阳市、龙口市等有分布。

[用途] 根、茎、叶、果可药用；可制杀虫农药；为城市垂直绿化的优良树种，也可作庭园攀援植物。

2. 苦皮藤 *Celastrus angulatus* Maxim.

[形态特征] 藤状灌木。小枝常具4~6纵棱，皮孔密生。叶大，近革质，长方阔椭圆形、阔卵形、圆形，长7~17 cm，宽5~13 cm，先端圆阔，中央具尖头，侧脉5~7对，在叶面明显突起，两面光滑或稀于叶背的主侧脉上具短柔毛；叶柄长1.5~3 cm。聚伞圆锥花序顶生，下部分枝长于上部分枝，略呈塔锥形，长10~20 cm，花序轴及小花轴光滑或被锈色短毛。蒴果近球状，直径8~10 mm；种子椭圆状。花期6月，果期8~10月。

苦皮藤

[生态习性及分布] 耐旱，耐寒，耐半阴。国内分布于河北、陕西、甘肃、河南、安徽、江苏、江西、湖北、湖南、广东、广西、四川、云南、贵州等省份。烟台龙口市等有分布。

[用途] 皮纤维可作造纸及人造棉原料；根皮、茎皮有杀虫的作用，可作为农药；可作庭园攀援植物。

刺苞南蛇藤

3. 刺苞南蛇藤 *Celastrus flagellaris* Rupr.

[形态特征] 与南蛇藤形近，主要区别在于：本种最外一对芽鳞特化成钩刺状；叶柄较长，通常为叶片的1/3~1/2；叶缘具纤毛状锯齿，齿端具小钩刺；一般无顶生花序。

[生态习性及分布] 喜阳耐阴，抗寒耐旱，对土壤要求不严。国内分布于黑龙江、吉林、辽宁、河北等省份。烟台莱山区、蓬莱区、栖霞市、海阳市等有分布。

[用途] 可作庭园攀援植物；种子含油50%，可制润滑油。

四十六、冬青科 Aquifoliaceae

冬青属 *Ilex*

1. 枸骨 鸟不宿 *Ilex cornuta* Lindl. et paxt.

[形态特征] 常绿灌木或小乔木。幼枝具纵脊及沟。叶片厚革质，长 4~9 cm，宽 2~4 cm，先端具 3 枚尖硬刺齿，中央刺齿常反曲，基部圆形或近截形，两侧各具 1~2 刺齿，叶面深绿色，具光泽，背淡绿色，无光泽，两面无毛，主脉在上面凹下，背面隆起，侧脉 5~6 对；花淡黄色。果球形，直径 8~10 mm，成熟时鲜红色。花期 4~5 月，果期 8~10 月。

枸骨

[生态习性及分布] 喜光，稍耐阴；喜温暖气候及肥沃、湿润而排水良好之微酸性土壤，耐寒性不强；对有害气体有较强抗性。生长缓慢；萌蘖力强，耐修剪。国内分布于河南、安徽、江苏、浙江、福建、江西、湖北、湖南、广东、海南等省份。烟台芝罘区、莱山区、牟平区、莱州市、招远市、栖霞市、龙口市等有分布。

[用途] 枝叶稠密，叶形奇特，入秋红果累累，经冬不凋，鲜艳美丽，是良好的观叶、观果树种；果枝可瓶插，经久不凋；叶、果是强壮滋补药；树皮可作为染料或熬胶；种子榨油，可制肥皂。

2. 无刺枸骨（枸骨 栽培变种）*Ilex comuta* Lindl. et Paxt. var. *fortunei* (Lindl.) S. Y. Hu

[形态特征] 叶缘无刺齿，树冠圆整，开黄绿色小花，核果球形，初为绿色，入秋成熟转红。

无刺枸骨

[生态习性及分布] 喜光，喜温暖湿润和排水良好的酸性和微碱性土壤，有较强抗性，耐修剪。在 -8~10 ℃气温生长良好。烟台牟平区、栖霞市、海阳市等有分布。此变种在《中国植物志》及其英文修订版中均已作为枸骨的异名处理，但在园林绿化中还经常使用此名。

3. 冬青 *Ilex chinensis* Sims

［形态特征］常绿乔木，高可达 13 m；树皮灰黑色，当年生小枝浅灰色，圆柱形，具细棱；二至多年生枝具不明显的小皮孔，叶痕新月形，凸起。叶片薄革质至革质，椭圆形或披针形，长 5~11 cm，宽 2~4 cm，先端渐尖，基部楔形，边缘具圆齿，或有时在幼叶为锯齿，叶面绿色，有光泽，主脉在叶面平，背面隆起，侧脉 6~9 对，在叶面不明显，叶背明显；叶柄长 8~10 mm，上面平或有时具窄沟。花淡紫色或紫红色；果长球形，成熟时红色，长 10~12 mm，直径 6~8 mm。花期 4~6 月，果期 7~12 月。

冬青

［生态习性及分布］适应性强。国内分布于河南、安徽、江苏、浙江、福建、台湾、江西、湖北、湖南、广东、广西、云南等省份。烟台莱山区、牟平区、昆嵛山、蓬莱区、莱州市、招远市、栖霞市、莱阳市、龙口市等有分布。

［用途］供绿化观赏；种子及树皮供药用，为强壮剂；树皮还可提取栲胶；木材为化工原料。

4. 齿叶冬青 *Ilex crenata* Thunb.

［形态特征］多枝常绿灌木，高可达 5 m；树皮灰黑色，幼枝灰色或褐色，具纵棱角，密被短柔毛，较老的枝具半月形隆起叶痕和疏的椭圆形或圆形皮孔。叶生于 1~2 年生枝上，叶片革质，长 1~3.5 cm，宽 5~15 mm，边缘具圆齿状锯齿，叶面亮绿色，侧脉 3~5 对，与网脉均不明显；叶柄长 2~3 mm，上面具槽，下面隆起，被短柔毛；托叶钻形，微小。花白色，雄花 1~7，排成聚伞花序，单生于当年生枝的鳞片腋内或下部的叶腋内，或假簇生于二年生枝的叶腋内。雌花单花，2 或 3 花组成聚伞花序生于当年生枝的叶腋内。果球形，直径 6~8 mm，成熟后黑色。花期 5~6 月，果期 8~10 月。

齿叶冬青

［生态习性及分布］喜温暖湿润的气候环境，较耐寒耐阴。国内分布于安徽、浙江、福建、台湾、江西、湖北、湖南、广东、广西、海南等省份。烟台莱州市等有分布。

［用途］常栽培作庭园观赏树种。

下面这些变种及变型在《中国植物志》英文版中作了异名处理，但这些变种及变型在园林绿化中被比较广泛应用，特作介绍。

5. **龟甲冬青**（齿叶冬青 变种）*Ilex crenata* Thunb. var. *nummularia* Yatabe

［形态特征］ 常绿灌木或小乔木，多分枝。叶小而密生，叶面凸起，椭圆形至长倒卵形，长1.5~3 cm，全缘或有浅钝齿，厚革质，表面深绿有光泽，背面浅绿有腺点。花小，白色；雌花单生。果球形，熟时黑色。

［生态习性及分布］ 适应性强，耐阴。烟台蓬莱区、莱山区、牟平区、招远市、栖霞市、海阳市等有分布。

［用途］ 作庭园观赏，或作绿篱栽植。

龟甲冬青

6. **金边英国冬青**（栽培变种）*Ilex aquifolium 'Aurea Marginata'*

［形态特征］ 有许多品种，多为常绿灌木或小乔木。雌雄异株，叶片较厚革质，绿色具花边，通常为黄色或白色，叶缘有刺。果黄色或红色，花期5月，果期9月，经冬不落，一直可持续到次年春天。

［生态习性及分布］ 适应性强，耐寒性很强，可耐 -17~12 ℃低温。国内浙江、江苏等省份有栽培。烟台牟平区等有分布。

［用途］ 作庭园观赏，或作绿篱栽植。

四十七、黄杨科 Buxaceae

黄杨属 *Buxus*

1. 黄杨 *Buxus sinica* (Rehd. et Wils.) M. Cheng

[形态特征] 常绿灌木或小乔木，高 1~6 m；枝圆柱形，有纵棱，灰白色；小枝四棱形，全面被短柔毛或外方相对两侧面无毛，节间长 0.5~2 cm。叶革质，阔椭圆形、阔倒卵形、卵状椭圆形或长圆形，大多数长 1.5~3.5 cm，宽 0.8~2 cm，先端圆或钝，常有小凹口，不尖锐，基部圆或急尖或楔形，叶面光亮，中脉凸出，下半段常有微细毛，侧脉明显，叶背中脉平坦或稍凸出，中脉上常密被白色短线状钟乳体，全无侧脉，叶柄长 1~2 mm，上面被毛。花序腋生，头状，花密集，花序轴长 3~4 mm，被毛。蒴果近球形，长 6~8 mm，宿存花柱长 2~3 mm。花期 4 月，果期 6~7 月。

黄杨

[生态习性及分布] 不耐寒，耐半阴，生长极慢。国内分布于陕西、甘肃、安徽、江苏、浙江、江西、湖北、广东、广西、四川、贵州等省份。烟台芝罘区、莱山区、牟平区、福山区、昆嵛山、莱州市、招远市、栖霞市、莱阳市、海阳市、龙口市等有分布。

[用途] 供观赏或作绿篱；木材坚硬，鲜黄色，适于做木梳、乐器、图章及工艺美术品等；全株可药用。

2. 小叶黄杨（黄杨　变种）*Buxus sinica* var. *parvifolia* M. Cheng

[形态特征] 叶薄革质，阔椭圆形或阔卵形，长 7~10 mm，宽 5~7 mm，叶面无光或光亮，侧脉明显凸出。花期 4 月，果期 5~7 月。

小叶黄杨

[生态习性及分布] 该种萌芽力强，耐修剪，生于海拔 600~2000 m 溪边岩上或灌丛中。国内分布于安徽、浙江、福建、江西、湖南、湖北、四川、广东、广西等省份。烟台蓬莱区、莱州市等有分布。

[用途] 可作绿篱或在花坛边缘栽植，也可孤植，点缀于假山和草坪之间。

3. **雀舌黄杨** *Buxus bodinieri* Lévl.

［形态特征］ 常绿灌木，高 3~4 m；枝圆柱形；小枝四棱形。枝多直立而纤细，密生。叶较狭长，倒披针形或倒卵状长椭圆形，长 2~4 cm，两面中肋及侧脉均明显凸起。叶面绿色，光亮，叶背苍灰色，中脉两面凸出，侧脉极多，在两面或仅叶面显著，与中脉成50° ~60° 角，叶面中脉下半段大多数被微细毛；叶柄长 1~2 mm。花序腋生，头状，长 5~6 mm，花密集，花序轴长约 2.5 mm；苞片卵形，背面无毛，或有短柔毛。蒴果卵形，宿存花柱直立。花期 4 月，果期 6~8 月。

［生态习性及分布］ 喜半阴湿润环境，不耐寒。国内分布于陕西、甘肃、河南、浙江、江西、湖北、贵州等省份。烟台蓬莱区、牟平区、莱州市、招远市、栖霞市、莱阳市、海阳市、龙口市等有分布。

雀舌黄杨

［用途］ 作庭园观赏或作绿篱栽植。

4. **大叶黄杨** *Buxus megistophylla* H. Lév.

［形态特征］ 灌木或小乔木，高 0.6~2 m；小枝四棱形（或在末梢的小枝亚圆柱形，具钝棱和纵沟），光滑、无毛。叶革质或薄革质，卵形、椭圆状或长圆状披针形以至披针形，长 4~8 cm，宽 1.5~3 cm，先端渐尖，顶钝或锐，基部楔形或急尖，边缘下曲，叶面光亮，中脉在两面均凸出，侧脉多条，与中脉成40° ~50° 角，通常两面均明显。蒴果近球形，长 6~7 mm，宿存花柱长约 5 mm，斜向挺出。花期 3~4 月，果期 6~7 月。

［生态习性及分布］ 喜温暖湿润和阳光充足的环境，稍耐阴，耐寒，抗污染，喜湿润，不耐积水。国内分布于贵州、广西、广东、湖南、江西等省份。烟台莱阳市等有分布。

［用途］ 作庭园观赏或作绿篱栽植。

大叶黄杨

四十八、大戟科 Euphorbiaceae

（一）油桐属 *Vernicia*

油桐 三年桐 *Vernicia fordii* (Hemsl.) Airy-Shaw.

［形态特征］ 落叶乔木，高达 10 m；树皮灰色，近光滑；枝条粗壮，无毛，具明显皮孔。叶卵圆形，长 8~18 cm，宽 6~15 cm，顶端短尖，基部截平至浅心形，全缘，稀 1~3 浅裂，掌状脉 5~7；叶柄与叶片近等长。花雌雄同株，先叶或与叶同时开放，花瓣白色，有淡红色脉纹，倒卵形，长 2~3 cm，宽 1~1.5 cm。核果近球状，直径 4~6 cm，果皮光滑。花期 4~6 月，果期 9~10 月。

［生态习性及分布］ 喜光，喜温暖气候，不耐水湿。国内分布于陕西、河南、安徽、江苏、浙江、福建、江西、湖北、湖南、广东、广西、海南、四川、云南、贵州等省份。烟台海阳市等有分布。

［用途］ 我国特有的木本油料植物，种子出油率约 35%，所出油是很好的干性油，为油漆和涂料工业的重要原料；根、叶、花、果均可药用；木材质轻软，不易虫蛀，不裂翘，可做家具、床板、火柴杆等。

油桐

（二）乌桕属 *Triadica*

乌桕 *Triadica sebifera* (L.) Small

［形态特征］ 落叶乔木，高 5~10 m；枝灰褐色，具细纵棱，有皮孔。叶互生，纸质，叶片阔卵形，长 6~10 cm，宽 5~9 cm，顶端短渐尖，基部阔而圆、截平或有时微凹，全缘，近叶柄处常向腹面微卷；中脉两面微凸起，侧脉 7~9 对，离缘 2~5 mm 弯拱网结，网脉明显；叶柄纤弱，长 2~6 cm，顶端具 2 腺体。花单性，雌雄同株，聚集成顶生、长 3~12 mm 的总状花序。蒴果近球形，成熟时黑色，横切面呈三角形，外薄被白色、蜡质的假种皮。花期 5~7 月。

［生态习性及分布］ 耐湿，抗风，喜温暖气候及肥厚土壤。国内分布于安徽、江苏、浙江、福建、台湾、江西、湖南、广东、广西、四川、云南、贵州等省份。烟台福山区、蓬莱区、龙口市等有分布。

［用途］ 重要经济树种，种子的蜡层是制肥皂、蜡纸、金属涂擦剂等的原料；种子油可制油漆、机器滑油等；叶可作为黑色染料，并可提取栲胶；根皮及叶可药用。

乌桕

（三）白饭树属 *Flueggea*

一叶萩 *Flueggea suffruticosa* (Pall.) Baill.

[形态特征] 灌木，高 1~3 m，多分枝；小枝浅绿色，近圆柱形，有棱槽，有不明显的皮孔。叶片纸质，椭圆形或长椭圆形，长 1.5~8 cm，宽 1~3 cm，全缘或中间有不整齐的波状齿或细锯齿，下面浅绿色；侧脉每边 5~8，两面凸起，网脉略明显。花小，雌雄异株，簇生于叶腋。蒴果三棱状扁球形，直径约 5 mm，成熟时淡红褐色，有网纹。花期 6~7 月，果期 8~9 月。

[生态习性及分布] 喜肥沃疏松的土地、向阳平地或山坡。国内除甘肃、青海、新疆、西藏外的其他省份均有分布。烟台福山区、蓬莱区、牟平区、昆嵛山、招远市、莱阳市、海阳市、龙口市等有分布。

[用途] 枝条可编制用具；叶及花可药用；可保持水土。

一叶萩

（四）雀舌木属 *Leptopus*

雀儿舌头 *Leptopus chinensis* (Bunge) Pojark.

[形态特征] 直立灌木，高可达 3 m。叶片膜质至薄纸质，近圆形、椭圆形或披针形，长 1~5 cm，宽 0.4~2.5 cm，叶面深绿色，叶背浅绿色；侧脉每边 4~6，在叶面扁平，在叶背微凸起。花小白色，雌雄同株，单生或 2~4 朵簇生于叶腋。蒴果圆球形或扁球形，直径 6~8 mm，基部有宿存的萼片；果梗长 2~3 cm。花期 5~6 月，果期 9~10 月。

[生态习性及分布] 喜光，耐干旱，土层瘠薄环境、水分少的石灰岩山地亦能生长。国内分布于吉林、辽宁、河北、山西、陕西、河南、湖北、湖南、广西、四川、云南等省份。烟台昆嵛山、栖霞市、海阳市等有分布。

[用途] 可保持水土；可供绿化；叶可杀虫。

雀儿舌头

（五）大戟属 *Euphorbia*

虎刺梅 铁海棠 *Euphorbia milii* Des Moul.

[形态特征] 蔓生灌木。茎多分枝，长 60~100 cm，直径 5~10 mm，具纵棱，密生硬而尖的锥状刺，刺长 1~1.5 cm，常呈 3~5 列排列于棱脊上，呈旋转。叶互生，通常集中于嫩枝上，倒卵形或长圆状匙形，长 1.5~5.0 cm，宽 0.8~1.8 cm，先端圆，具小尖头，基部渐狭，全缘；无柄或近无柄；花序 2、4 或 8 个组成二歧状复花序，生于枝上部叶腋。蒴果三棱状卵形，成熟时分裂为 3 个分果爿。花果期全年。

[生态习性及分布] 喜光，喜温暖干燥环境，喜肥沃疏松和排水良好的沙壤土。原产于非洲马达加斯加，烟台牟平区等有分布。

[用途] 盆栽观赏植物。

虎刺梅

四十九、鼠李科 Rhamnaceae

（一）枳椇属 *Hovenia*

北枳椇 拐枣 *Hovenia dulcis* Thunb.

[形态特征] 落叶高大乔木，高可达 10 余米；小枝褐色或黑紫色，无毛，有不明显的皮孔。叶纸质或厚膜质，卵圆形、宽矩圆形至椭圆状卵形，长 7~17 cm，宽 4~11 cm，边缘有不整齐的锯齿或粗锯齿；叶柄长 2~4.5 cm，无毛。花黄绿色，直径 6~8 mm，不对称顶生。浆果状核果近球形，无毛，成熟时黑色。花期 5~7 月，果期 8~10 月。

[生态习性及分布] 阳性树种，喜温暖湿润的气候，深根性，略抗寒。国内分布于山西、陕西、甘肃、河南、安徽、江苏、浙江、福建、江西、湖北、湖南、广东、广西、四川、云南、贵州等省份。烟台昆嵛山等有分布。

[用途] 果实可生食、酿酒、制醋和熬糖，可作庭院绿化或行道树。

北枳椇

（二）鼠李属 *Rhamnus*

1. 乌苏里鼠李 *Rhamnus ussuriensis* J. Vass.

［形态特征］ 落叶灌木，高可达 5 m。叶纸质，对生或近对生，或在短枝端簇生，狭椭圆形或狭矩圆形，稀披针状椭圆形或椭圆形，长 3~10.5 cm，宽 1.5~3.5 cm，顶端锐尖或短渐尖，基部楔形或圆形，稍偏斜，边缘具钝或圆齿状锯齿，齿端常有紫红色腺体，侧脉每边 4~5，两面凸起，具明显的网脉。花单性，雌雄异株。核果球形或倒卵状球形，直径 5~6 mm，黑色。花期 4~6 月，果期 6~10 月。

［生态习性及分布］ 耐干旱和耐贫瘠。国内分布于黑龙江、吉林、辽宁、内蒙古、河北等省份。烟台龙口市等有分布。

［用途］ 重要的水土保持和生态修复灌木树种。

乌苏里鼠李

2. 小叶鼠李 *Rhamnus parvifolia* Bunge

［形态特征］ 落叶灌木，高 1.5~2 m；小枝对生或近对生，紫褐色，枝端及分叉处有针刺。叶纸质，对生或近对生，稀兼互生，或在短枝上簇生，菱状倒卵形或菱状椭圆形，稀倒卵状圆形或近圆形，长 1.2~4 cm，宽 0.8~2 cm，边缘具圆齿状细锯齿，侧脉每边 2~4，两面凸起，网脉不明显。花单性，雌雄异株，黄绿色。核果倒卵状球形，成熟时黑色。花期 4~5 月，果期 6~9 月。

［生态习性及分布］ 喜光，耐阴、耐寒。萌芽力强，耐修剪。国内分布于黑龙江、吉林、辽宁、内蒙古、河北、山西、陕西、河南、台湾等省份。烟台蓬莱区、福山区等有分布。

［用途］ 果实可入药，是水土保持和防沙的良好树种。

小叶鼠李

3. 锐齿鼠李 *Rhamnus arguta* Maxim.

［形态特征］ 落叶灌木或小乔木，高 2~3 m。叶薄纸质或纸质，近对生或对生，或兼互生，在短枝上簇生，卵状心形或卵圆形，长 1.5~6 cm，宽 1.5~4.5 cm，边缘具密锐锯齿，侧脉每边 4~5，两面稍凸起。花单性，雌雄异株。核果球形或倒卵状球形，直径 6~7 mm，基部有宿存的萼筒，具 3~4 个分核，成熟时黑色。花期 5~6 月，果期 7~9 月。

锐齿鼠李

［生态习性及分布］ 喜光、耐干旱，适应力甚强。国内分布于黑龙江、辽宁、河北、山西、陕西等省份。烟台昆嵛山、招远市、龙口市等有分布。

［用途］ 种子榨油，可作为润滑油；茎和种子熬液可作为杀虫剂；是水土保持和防沙的良好树种。

4. 黑桦树 *Rhamnus maximovicziana* J. J. Vass.

［形态特征］ 多分枝灌木，高可达 2.5 m；小枝对生或近对生，枝端及分叉处常具刺，桃红色或紫红色，后变紫褐色，被微毛或无毛，有光泽或稍粗糙。叶近革质，在长枝上对生或近对生，在短枝上端簇生，椭圆形、卵状椭圆形或宽卵形，长 1~3.5 cm，宽 0.6~1.2 cm，侧脉每边 2~3，上面稍凹，下面凸起，具明显的网脉。核果倒卵状球形或近球形，红色，成熟时变黑色。花期 5~6 月，果期 6~9 月。

黑桦树

［生态习性及分布］ 耐旱、耐寒。烟台牟平区等有分布。

［用途］ 药用树种，也可作水土保持树种。

5. 鼠李 *Rhamnus davurica* Pall.

鼠李

［形态特征］ 落叶灌木或小乔木，高可达 10 m；幼枝无毛，小枝对生或近对生，褐色或红褐色，稍平滑。叶纸质，对生或近对生，或在短枝上簇生，宽椭圆形或卵圆形，长 4~13 cm，宽 2~6 cm，边缘具圆齿状细锯齿，齿端常有红色腺体，侧脉每边 4~5，两面凸起，网脉明显。花单性，雌雄异株。核果球形，黑色。花期 5~6 月，果期 7~10 月。

［生态习性及分布］ 喜温暖干燥气候，耐旱，耐寒，耐碱，不耐涝。国内分布于黑龙江、吉林、辽宁、河北、山西等省份。烟台牟平区、福山区、昆嵛山、莱州市、招远市、栖霞市、莱阳市、海阳市、龙口市等有分布。

［用途］ 木材坚实，可供农具及雕刻等用；种子榨油，作为润滑油；树皮、叶可提取栲胶；果肉可药用；可保持水土。

6. 冻绿（原变种）*Rhamnus utilis* Decne. var. *utilis*

［形态特征］ 灌木或小乔木，高可达 4 m；幼枝无毛，小枝褐色或紫红色，稍平滑，对生或近对生，枝端常具针刺。叶纸质，对生或近对生，或在短枝上簇生，椭圆形、矩圆形或倒卵状椭圆形，长 4~15 cm，宽 2~6.5 cm，边缘具细锯齿或圆齿状锯齿，侧脉每边通常 5~6，两面均凸起，具明显的网脉。花单性，雌雄异株。核果圆球形或近球形，成熟时黑色。花期 4~6 月，果期 9~10 月。

冻绿

［生态习性及分布］ 稍耐阴，不择土壤。适应性强，耐寒，耐干旱、瘠薄。国内分布于河北、山西、陕西、甘肃、河南、安徽、江苏、浙江、福建、江西、湖北、湖南、广东、广西、四川、贵州等省份。烟台昆嵛山等有分布。

［用途］ 叶色浓绿，可作庭院观赏树。

7. 朝鲜鼠李 *Rhamnus koraiensis* Schneid.

[形态特征] 落叶灌木，高达 2 m；枝互生，灰褐色或紫黑色，平滑，稍有光泽，枝端具针刺。叶纸质或薄纸质，互生或在短枝上簇生，宽椭圆形、倒卵状椭圆形或卵形，长 4~8 cm，宽 2.5~4.5 cm，边缘有圆齿状锯齿，两面或沿脉被短柔毛，侧脉每边 4~6，两面凸起，网脉不明显。核果倒卵状球形，长 6 mm，直径 5~6 mm，紫黑色。花期 4~5 月，果期 6~9 月。

朝鲜鼠李

[生态习性及分布] 生于低海拔的杂木林或灌丛中。国内分布于吉林、辽宁等省份。烟台蓬莱区、牟平区、昆嵛山、招远市、栖霞市、海阳市等有分布。

[用途] 可保持水土。

8. 圆叶鼠李 *Rhamnus globosa* Bunge

[形态特征] 落叶灌木，稀小乔木，高 2~4 m；小枝对生或近对生，灰褐色，顶端具针刺，幼枝和当年生枝被短柔毛。叶纸质或薄纸质，对生或近对生，或在短枝上簇生，近圆形、倒卵状圆形或卵圆形，稀圆状椭圆形，长 2~6 cm，宽 1.2~4 cm，边缘具圆齿状锯齿，侧脉每边 3~4，网脉在下面明显。花单性，雌雄异株，通常数个至 20 个簇生于短枝端或长枝下部叶腋。核果球形或倒卵状球形，成熟时黑色。花期 4~5 月，果期 6~10 月。

[生态习性及分布] 生于海拔 1600 m 以下的山坡、林下或灌丛中。国内分布于辽宁、河北、山西、陕西、甘肃、河南、安徽、江苏、浙江、江西、湖南等省份。烟台芝罘区、蓬莱区、牟平区、福山区等有分布。

[用途] 种子榨油，供润滑油用；茎皮、果实及根可作为绿色染料；果实烘干、捣碎，和红糖水煎服，可药用；可保持水土。

圆叶鼠李

9. **东北鼠李**（鼠李变种）*Rhamnus schneideri* Lévl. et Vant. var. *manshurica* (Nakai) Nakai

[形态特征] 开展多分枝落叶灌木，高 2~3 m；枝互生，幼枝绿色，小枝黄褐色或暗紫色，平滑无毛，有光泽，枝端具针刺。叶纸质或近膜质，互生或在短枝上簇生，椭圆形、倒卵形或卵状椭圆形，叶较小，侧脉每边 3~4，上面被短毛，下面无毛。花单性，雌雄异株，黄绿色。核果倒卵状球形或圆球形，黑色；果梗长 6~8 mm。花期 5~6 月，果期 7~10 月。

[生态习性及分布] 常生于海拔 800~2200 m 的山地林缘或灌丛中。国内分布于黑龙江、吉林、辽宁、河北、山西等省份。烟台莱山区、昆嵛山、招远市、栖霞市等有分布。

[用途] 可保持水土。

东北鼠李

10. **崂山鼠李** *Rhamnus laoshanensis* D. K. Zang

[形态特征] 落叶灌木。羽状脉，有枝刺，叶缘锯齿钝或尖，不呈刺芒状，枝叶均互生，叶片较狭长，叶狭椭圆形，长 1.5~2.5 cm，稀达 3.5 cm，叶脉上面凹下，当年生枝被短柔毛。

[生态习性及分布] 生于山地阴坡中下部。山东特有树种。烟台昆嵛山等有分布。

[用途] 可保持水土。

崂山鼠李

（三）枣属 *Ziziphus*

1. 枣（原变种）*Ziziphus jujuba* Mill. var. *jujuba*

[形态特征] 落叶小乔木，高可达 10 余米；树皮褐色或灰褐色。长枝具皮刺，长刺可达 3 cm。叶纸质，卵形，卵状椭圆形，长 3~7 cm，宽 1.5~4 cm，顶端钝或圆形，具小尖头，基部稍不对称，近圆形，边缘具圆齿状锯齿，基生三出脉。花黄绿色，两性。核果矩圆形或长卵圆形，长 2~3.5 cm，直径 1.5~2 cm，成熟时红色，后变红紫色，中果皮肉质，厚，味甜。花期 5~7 月，果期 8~9 月。

[生态习性及分布] 阳性树种，耐旱、耐涝性较强，对土壤适应性强，耐贫瘠、耐盐碱，但怕风。国内分布于吉林、辽宁、河北、山西、陕西、甘肃、新疆、河南、安徽、江苏、浙江、福建、江西、湖北、湖南、广东、广西、四川、云南、贵州等省份。烟台芝罘区、莱山区、牟平区、福山区、蓬莱区等有分布。

枣

[用途] 果实味甜，供食用，亦药用；核仁、树皮、根、叶等亦可药用；木材坚实，为器具、雕刻良材；为重要蜜源植物。

2. 酸枣 棘（变种）*Ziziphus jujuba* Mill. var. *spinosa* (Bunge) Hu ex H. F. Chow

[形态特征] 常为落叶小灌木。叶较小，核果小，近球形或短矩圆形，直径 0.7~1.2 cm，具薄的中果皮，味酸。花期 6~7 月，果期 8~9 月。

[生态习性及分布] 生于向阳、干燥山坡。国内分布于辽宁、内蒙古、河北、山西、陕西、甘肃、宁夏、新疆、河南、安徽、江苏等省份。烟台芝罘区、福山区等有分布。

[用途] 种仁药用，有镇静安神功效；为蜜源植物；可保持水土。

酸枣

3. **无刺枣**（枣树 变种）*Ziziphus jujuba* Mill. var. *inermis* (Bunge) Rehd.

[形态特征] 长枝无皮刺；幼枝无托叶刺。花期5~6月，果期8~9月。

[生态习性及分布] 全省各地有引种栽培。国内吉林、辽宁、河北、山西、陕西、甘肃、新疆、河南、安徽、江苏、浙江、福建、江西、湖北、湖南、广东、广西、四川、云南、贵州等省份有栽培。烟台栖霞市等有栽培。

无刺枣

[用途] 果实味甜，供食用，亦药用；核仁、树皮、根、叶等亦可药用；木材坚实，为器具、雕刻良材；为重要蜜源植物。

4. **龙爪枣** 蟠龙枣（枣树 栽培变种）*Ziziphus jujuba* 'Tortuosa'

龙爪枣

[形态特征] 小枝常扭曲上伸，无刺；果柄长，核果较小，直径5 mm。

[生态习性及分布] 烟台莱州市等有分布。

[用途] 供绿化观赏。

5. **葫芦枣** 猴头枣 磨盘枣（变型）*Ziziphus jujuba* Mill. f. *lageniformis* (Nakai) Kitag.

[形态特征] 从果顶部与胴部连接处开始向下收缩变呈乳头状，似倒挂的葫芦，因此得名。

[生态习性及分布] 国内分布于河北。烟台牟平区、福山区等有引种栽培。

葫芦枣

[用途] 果实味甜，供食用，亦药用；核仁、树皮、根、叶等亦可药用；木材坚实，为器具、雕刻良材；为重要蜜源植物。

6. **山枣** *Ziziphus montana* W. W. Smith

[形态特征] 落叶乔木或灌木，高可达 14 m；幼枝和当年生枝被红褐色绒毛，小枝褐色或紫黑色，具明显的皮孔。叶纸质，椭圆形，卵状椭圆形或卵形，长 5~8 cm，宽 3~4.5 cm，基生三出脉，叶脉两面凸起，中脉两边无明显的次生侧脉；花绿色，两性；花瓣倒卵圆形。核果球形或近球形，黄褐色，长 2.5~3 cm，直径 2~2.5 cm，无毛，基部凹陷。花期 4~6 月，果期 5~8 月。

[生态习性及分布] 耐寒、耐旱，适应性强。烟台莱州市等有分布。

[用途] 可食用，为乡土树种。

山枣

（四）猫乳属 *Rhamnella*

猫乳 *Rhamnella franguloides* (Maxim.) Weberb.

[形态特征] 落叶灌木或小乔木，高 2~9 m；幼枝绿色，被短柔毛或密柔毛。叶倒卵状矩圆形、倒卵状椭圆形或矩圆形，长 4~12 cm，宽 2~5 cm，顶端尾状渐尖，基部圆形，稀楔形，边缘具细锯齿，侧脉每边 5~11。花黄绿色，两性，6~18 朵排成腋生聚伞花序，花瓣宽倒卵形，顶端微凹。核果圆柱形，长 7~9 mm，直径 3~4.5 mm，成熟时红色或橘红色，干后变黑色或紫黑色。花期 5~7 月，果期 7~10 月。

猫乳

[生态习性及分布] 喜温暖，耐半阴。生于山坡、路旁或林中。国内分布于河北、山西、陕西、河南、安徽、江苏、浙江、江西、湖北、湖南等省份。烟台蓬莱区、牟平区、福山区等有分布。

[用途] 可作庭园观赏；全株可药用；叶可做茶饮。

五十、葡萄科 Vitaceae

（一）葡萄属 *Vitis*

1. 葡萄 *Vitis vinifera* Linn.

[形态特征] 落叶木质藤本。小枝圆柱形，有纵棱纹，无毛或被稀疏柔毛。卷须2叉分枝。叶卵圆形，显著3~5浅裂或中裂，长7~18 cm，宽6~16 cm，边缘有深而粗大的锯齿，不整齐，齿端急尖；基生脉5出，中脉有侧脉4~5对，网脉不明显突出。圆锥花序密集或疏散，多花，与叶对生，基部分枝发达，长10~20 cm，花序梗长2~4 cm。果实球形或椭圆形，直径1.5~2 cm。花期6月，果期8~9月。

葡萄

[生态习性及分布] 喜光，耐干旱，适应温带或大陆性气候。国内自辽宁中部以南各地均有栽培。烟台芝罘区、莱山区、牟平区、福山区、蓬莱区等有分布。

[用途] 重要果树，果除生食外，可酿酒及制葡萄干；根、叶可入药。

山葡萄

2. 山葡萄（原变种）*Vitis amurensis* Rupr. var. *amurensis*

[形态特征] 落叶木质藤本。小枝圆柱形，卷须2~3分枝。叶阔卵圆形，长6~24 cm，宽5~21 cm，基生脉5出，中脉有侧脉5~6对。圆锥花序疏散，与叶对生，基部分枝发达，长5~13 cm，初时常被蛛丝状绒毛，以后脱落几无毛。果实直径1~1.5 cm。花期5~6月，果期8~9月。

[生态习性及分布] 耐旱怕涝，对土壤条件的要求不严。国内分布于黑龙江、吉林、辽宁、河北、山西、安徽、浙江等省份。烟台福山区等有分布。

[用途] 果可生食或酿酒。

3. 葛藟葡萄 *Vitis flexuosa* Thunb.

［形态特征］ 落叶木质藤本。小枝圆柱形，有纵棱纹，嫩枝疏被蛛丝状绒毛，以后脱落无毛。卷须 2 叉分枝。叶卵形、三角状卵形、卵圆形或卵椭圆形，长 2.5~12 cm，宽 2.3~10 cm，顶端急尖或渐尖，基部浅心形或近截形，心形者基缺顶端凹成钝角，边缘每侧有微锯齿；基生脉 5 出，中脉有侧脉 4~5 对，网脉不明显。圆锥花序疏散，与叶对生，基部分枝发达或细长而短，长 4~12 cm，花序梗长 2~5 cm。果实球形，直径 0.8~1 cm。花期 5~6 月，果期 7~11 月。

葛藟葡萄

［生态习性及分布］ 喜光，生于海拔 100~2300 m 的山坡或沟谷田边、草地、灌丛或林中。国内分布于陕西、甘肃、河南、安徽、江苏、浙江、福建、台湾、江西、湖南、广东、广西、四川、云南、贵州等省份。烟台招远市、栖霞市等有分布。

［用途］ 根、茎和果实可药用；常作葡萄砧木。

4. 毛葡萄（原亚种）*Vitis heyneana* Roem. et Schuit subsp. *heyneana*

［形态特征］ 落叶木质藤本。小枝圆柱形，有纵棱纹，被灰色或褐色蛛丝状绒毛。卷须 2 叉分枝，密被绒毛。叶卵圆形、长卵椭圆形或卵状五角形，长 4~12 cm，宽 3~8 cm，顶端急尖或渐尖，基部心形或微心形，基缺顶端凹成钝角，边缘有尖锐锯齿，基生脉 3~5 出，侧脉 4~6 对，圆锥花序疏散，与叶对生，分枝发达，长 4~14 cm。果实圆球形，成熟时紫黑色，直径 1~1.3 cm。花期 4~6 月，果期 8~9 月。

［生态习性及分布］ 耐热、耐瘠、耐旱。生于山坡疏林、山沟及灌丛中。国内分布于山西、陕西、甘肃、河南、安徽、浙江、福建、江西、湖北、湖南、广东、广西、四川、云南、贵州、西藏等省份。烟台牟平区、昆嵛山、招远市等有分布。

［用途］ 可酿酒。

毛葡萄

5. **桑叶葡萄（亚种）** *Vitis heyneana* Roem. et Schult subsp. *ficifolia* (Bunge) C. L. Li

［形态特征］ 落叶木质藤本。小枝圆柱形，具纵棱纹，被灰色或褐色蛛丝状绒毛。卷须 2 叉分枝；托叶褐色，卵状披针形，长 3~5 mm，宽 2~3 mm，膜质，全缘，顶端渐尖，稀钝；叶柄长 2.5~6 cm，密被蛛丝状绒毛；叶片 3 浅裂至 3 全裂，混有完全不裂的叶片，长 4~12 cm，宽 3~8 cm，下面密被灰色或褐色绒毛，逐渐脱落变稀疏，基生 3~5 出脉，侧脉 4~6 对，基部心形至微心形，叶片边缘每侧有 9~19 个锯齿，顶端锐尖或渐尖。圆锥花序与叶对生，长 4~14 cm，基部分枝，花序梗长 1~2 cm，被灰色或褐色蛛丝状线毛。花梗长 1~3 mm，无毛；花蕾倒卵圆形或椭圆形，直径 1.5~2 mm，顶端圆形；花萼长约 0.1 mm，近全缘；花丝丝状，长 1~1.2 mm，花药黄色，椭圆形或阔椭圆形，长约 0.5 mm；雌蕊 1，子房上位，卵圆形，花柱短。成熟时的浆果紫黑色，球状，直径 1~1.3 cm；种子倒卵形，顶端圆形，基部有短喙，种脐在背面中部呈圆形，两侧洼穴狭窄呈条形，向上达种子 1/4 处。花期 5~6 月，果期 8~9 月。

桑叶葡萄

［生态习性及分布］ 生于山坡、沟谷灌丛或疏林中。国内分布于河北、山西、陕西、河南、江苏等省份。烟台昆嵛山等有分布。

［用途］ 果可食用，也可酿酒。

（二）蛇葡萄属 *Ampelopsis*

1. **葎叶蛇葡萄** *Ampelopsis humulifolia* Bunge

［形态特征］ 木质藤本。小枝圆柱形，有纵棱纹。叶为单叶，3~5 浅裂或中裂，稀混生不裂者，长 6~12 cm，宽 5~10 cm，心状五角形或肾状五角形，顶端渐尖，基部心形，基缺顶端凹成圆形，边缘有粗锯齿，通常齿尖。多歧聚伞花序与叶对生；花序梗长 3~6 cm。果实近球形，长 0.6~1 cm。花期 5~6 月，果期 7~8 月。

葎叶蛇葡萄

［生态习性及分布］ 喜光照，耐寒，抗旱，耐瘠薄，适应性强，生长快，寿命长，易繁殖。国内分布于辽宁、内蒙古、河北、山西、陕西、青海、河南等省份。烟台牟平区、福山区、蓬莱区、昆嵛山、招远市、栖霞市、海阳市、龙口市等有分布。

［用途］ 水土保持、荒山荒坡绿化及植被恢复树种；叶片宽大，是良好的攀援植物，可供立体绿化观赏，为优良藤架及墙壁垂直绿化树木。

2. **光叶蛇葡萄**（蛇葡萄 变种）*Ampelopsis heterophylla* (Thunb.) Sieb. & Zucc. var. *hancei* Planch.

［形态特征］ 落叶木质藤本。小枝、叶柄和叶片无毛或被极稀疏的短柔毛。小枝圆柱形，有纵棱纹。叶为单叶，叶片宽大，心形或卵形，3~5 中裂，常混生有不分裂者，长 3.5~14 cm，宽 3~11 cm，顶端急尖，基部心形，边缘有急尖锯齿，基出脉 5，中央脉有侧脉 4~5 对，网脉不明显突出；果实近球形，直径 0.5~0.8 cm。花期 4~6 月，果期 8~10 月。

光叶蛇葡萄

［生态习性及分布］ 生于山坡、山沟灌丛。国内分布于河南、江苏、福建、台湾、江西、湖南、广东、广西、四川、云南、贵州等省份。烟台蓬莱区、龙口市等有分布。

［用途］ 可保持水土。

3. **东北蛇葡萄**（葡萄 变种）*Ampelopsis glandulosa* (Wall.) Momiy. var. *brevipedunculata* (Maxim.) Momiy.

［形态特征］ 落叶木质藤本。叶片上面无毛，下面脉上被稀疏柔毛。小枝圆柱形，有纵棱纹。叶为单叶，心形或卵形，3~5 中裂，常混生有不分裂者，长 3.5~14 cm，宽 3~11 cm，顶端急尖，基部心形，边缘有粗钝或急尖锯齿，基出脉 5，中央脉有侧脉 4~5 对，网脉不明显突出；果实近球形，直径 0.5~0.8 cm。花期 4~6 月，果期 7~10 月。

［生态习性及分布］ 国内分布于黑龙江、吉林、辽宁等省份。烟台芝罘区、莱山区、招远市、栖霞市等有引种栽培。

［用途］ 根、叶可入药。

东北蛇葡萄

4. 三裂蛇葡萄（原变种）*Ampelopsis delavayana* Planch. ex. Franch. var. *delavayana*

［形态特征］木质藤本。小枝圆柱形，有纵棱纹，疏生短柔毛，以后脱落。叶为 3 小叶，中央小叶披针形或椭圆披针形，长 5~13 cm，宽 2~4 cm，顶端渐尖，基部近圆形，边缘有粗锯齿，齿端通常尖细，侧脉 5~7 对，网脉两面均不明显。多歧聚伞花序与叶对生。果实近球形，直径 0.8 cm。花期 6~8 月，果期 9~11 月。

三裂蛇葡萄

［生态习性及分布］我国特有植物，生于山坡林缘、路边及岩石缝间。国内分布于福建、湖北、广东、广西、海南、四川、云南、贵州等省份。烟台蓬莱区等有分布。

［用途］根皮药用，有消肿止痛、舒筋活血、止血的功效。

5. 掌裂草葡萄（葡萄 变种）*Ampelopsis aconitifolia* Bunge var. *palmiloba* (Carr.) Rehd.

［形态特征］落叶木质藤本。小枝圆柱形。叶为掌状 5 小叶，小叶大多不分裂，边缘锯齿通常较深而粗，或混生有浅裂叶者，光滑无毛或叶下面微被柔毛。小叶有侧脉 3~6 对，网脉不明显。花序为疏散的伞房状复二歧聚伞花序，通常与叶对生或假顶生。果实近球形，直径 0.6~0.8 cm。花期 5~6 月，果期 8~9 月。

掌裂草葡萄

［生态习性及分布］耐寒，耐干旱，对土壤要求不严。国内分布于吉林、辽宁、内蒙古、河北、河南、江苏、湖北等省份。烟台栖霞市等有分布。

［用途］可作为爬藤植物，根皮可入药。

6. **白蔹** *Ampelopsis japonica* (Thunb.) Makino

[形态特征] 落叶木质藤本。小枝圆柱形，有纵棱纹。卷须不分枝或卷须顶端有短的分叉，相隔3节以上间断与叶对生。叶为掌状3~5小叶，小叶片羽状深裂或小叶边缘有深锯齿而不分裂。聚伞花序通常集生于花序梗顶端，直径1~2 cm，通常与叶对生。果实球形，直径0.8~1 cm，成熟后带白色。花期5~6月，果期7~9月。

[生态习性及分布] 喜光，耐寒，耐干旱，喜凉爽、湿润的气候，对土壤要求不严。生于山坡、路边及林下。国内分布于辽宁、吉林、河北、山西、陕西、河南、江苏、浙江、江西、湖北、湖南、广东、广西、四川等省份。烟台昆嵛山等有分布。

[用途] 全株及块根可药用，又可作为农药。

白蔹

7. **蛇葡萄**（原变种）*Ampelopsis glandulosa* (Wall.) Momiy. var. *glandulosa*

[形态特征] 落叶木质藤本。小枝圆柱形，有纵棱纹，被疏柔毛；卷须2~3叉分枝，相隔2节间断与叶对生。单叶，互生；叶片心形或卵形，长3.5~14 cm，宽3~11 cm，先端急尖，基部心形，稀圆形，3~5浅裂，通常与不分裂叶混生，边缘有尖锯齿，上面绿色，无毛，下面被锈色毛，脉上有疏柔毛，基出脉5，中央脉有侧脉4~5对，网脉不明显突出；叶柄长1~7 cm，被疏柔毛。伞房状多歧聚伞花序与叶对生；花序梗长1~2.5 cm，被锈色短柔毛，通常短于叶柄；花梗长1~3 mm，被锈色短柔毛；花萼筒蝶形，边缘波状浅齿，外面被锈色短柔毛；花瓣5，卵状椭圆形，外面被锈色短毛；雄蕊5，花药长椭圆形；花盘边缘浅裂；雌蕊1，子房下部与花盘合生，花柱明显。浆果近球形，直径0.5~0.8 cm；种子2~4。种子长椭圆形，顶端近圆形，基部有短喙，种脐在种子背面下部向上渐狭呈卵椭圆形，上部背面种脊凸出，腹部中棱脊凸出，两侧洼穴呈狭椭圆形，从基部向上斜展达种子顶端。花期4~6月，果期7~10月。

[生态习性及分布] 国内分布于河北、河南、安徽、浙江、福建、台湾、江西、广东、广西、四川、云南、贵州等省份。烟台牟平区、昆嵛山、莱州市等有分布。

蛇葡萄

（三）地锦属（爬山虎属） *Parthenocissus*

1. 地锦 爬山虎 *Parthenocissus tricuspidata* (Sieb. et Zucc.) Planch.

［形态特征］ 木质藤本。小枝圆柱形，几无毛或微被疏柔毛。卷须5~9分枝。卷须顶端嫩时膨大呈圆珠形，后遇附着物扩大成吸盘。叶为单叶，通常着生在短枝上为3浅裂，时有着生在长枝上者小型不裂，叶片通常倒卵圆形，长4.5~17 cm，宽4~16 cm，顶端裂片急尖，基部心形，边缘有粗锯齿，基出脉5，中央脉有侧脉3~5对，网脉上面不明显，下面微突出。花序着生在短枝上，基部分枝，形成多歧聚伞花序，长2.5~12.5 cm，主轴不明显。果实球形，直径1~1.5 cm。花期6~7月，果期7~8月。

地锦

［生态习性及分布］ 喜阴湿，对土壤及气候适应性强。国内分布于吉林、辽宁、河北、河南、安徽、江苏、浙江、福建、台湾等省份。烟台芝罘区、莱山区、牟平区、福山区、蓬莱区、昆嵛山、莱州市、招远市、栖霞市、海阳市、龙口市等有分布。

［用途］ 通常用以绿化墙面、山石或老树干，入秋叶变红色或橙黄色，颇为美观；根、茎均可入药；果可酿酒。

2. 五叶地锦 五叶爬山虎 *Parthenocissus quinquefolia* (L.) Planch.

［形态特征］ 木质藤本。小枝圆柱形，无毛。卷须总状5~9分枝，卷须顶端嫩时尖细卷曲，后遇附着物扩大成吸盘。叶为掌状5小叶，小叶倒卵圆形、倒卵椭圆形或外侧小叶椭圆形，长5.5~15 cm，宽3~9 cm，最宽处在上部或外侧小叶最宽处在近中部，顶端短尾尖，基部楔形或阔楔形，边缘有粗锯齿，侧脉5~7对，网脉两面均不明显突出。花序假顶生形成主轴明显的圆锥状多歧聚伞花序，长8~20 cm。果实球形，直径1~1.2 cm。花期6~7月，果期9~10月。

五叶地锦

［生态习性及分布］ 喜阴湿，对土壤及气候适应性强。原产于北美洲。烟台芝罘区、莱山区、牟平区、蓬莱区、昆嵛山、莱州市、招远市、栖霞市、龙口市等有分布。

［用途］ 优良的城市垂直绿化植物树种。

3. **三叶地锦** 三叶爬山虎 *Parthenocissus semicordata* (Wall.) Planch.

[形态特征] 木质藤本。小枝圆柱形。卷须总状4~6分枝，顶端嫩时尖细卷曲，后遇附着物扩大成吸盘。叶为3小叶，着生在短枝上，中央小叶倒卵椭圆形或倒卵圆形，长6~13 cm，宽3~6.5 cm，顶端骤尾尖，基部楔形，最宽处在上部，边缘中部以上每侧有6~11个锯齿，侧脉4~7对。果实近球形，直径0.6~0.8 cm。花期5~7月，果期9~10月。

[生态习性及分布] 耐寒，耐干旱。烟台蓬莱区等有分布。

[用途] 墙壁和楼房垂直绿化优良的树种。

三叶地锦

4. **异叶地锦** 异叶爬山虎 *Parthenocissus dalzielii* Gagnep.

[形态特征] 落叶木质藤本。小枝圆柱形，无毛。卷须总状，5~9分枝，卷须顶端嫩时膨大成圆珠形，后遇附着物扩大成吸盘状；两型叶，着生在长枝上为单叶，心形，在短枝上常为3小叶；单叶叶柄长5~20 cm，无毛，卵圆形，长3~7 cm，宽2~5 cm，基脉3~5，侧脉2或3对，基部心形或微心形，每侧边缘4~5，先端急尖或渐尖；3小叶的叶片中央小叶有短柄，长3~10 mm，无毛，侧生小叶无梗，卵椭圆形，长5.5~19 cm，宽3~7.5 cm，基部极不对称，近圆形，外缘有5~8齿，顶端渐尖，中央小叶长圆形，长6~21 cm，宽3~8 cm，有5或6对侧脉，网脉两面微突出，基部楔形，每侧边缘有3~8齿，顶端渐尖。多歧聚伞花序假顶生，主轴不明显，长3~12 cm，花序梗0~3 cm，无毛。小苞片卵形，长1.5~2 mm，宽1~2 mm，顶端尖，无毛；花梗长1~2mm，无毛；花萼筒蝶形，边缘呈波状或近全缘；花瓣5，倒卵椭圆形，直径1.5~2.7 mm，无毛；雄蕊5，花丝长0.4~0.9 mm，花药黄色，椭圆形或卵椭圆形；花盘不明显；雌蕊1，子房球形，花柱短，柱头不明显膨大。浆果，在成热时紫黑色，直径8~10 mm，种子1~4；种子倒卵形，顶端近圆形，基部急尖。花期5~6月，果期9~10月。

[生态习性及分布] 生于山坡或山谷、悬崖上的森林中，亦多栽培观赏。国内分布于河南、浙江、福建、台湾、江西、湖北、湖南、广西、四川、贵州等省份。烟台昆嵛山、招远市等有分布。

[用途] 可供绿化观赏。

异叶地锦

五十一、无患子科 Sapindaceae

（一）栾属 *Koelreuteria*

栾树

1. 栾树 *Koelreuteria paniculata* Laxm.

[形态特征] 落叶乔木或灌木。树皮厚，灰褐色至灰黑色，老时纵裂；皮孔小，灰色至暗褐色；小枝具疣点，与叶轴、叶柄均被皱曲的短柔毛或无毛。叶丛生于当年生枝上，平展，一回、不完全二回或偶有为二回羽状复叶，长可达 50 cm；小叶 11~18，纸质，卵形、阔卵形至卵状披针形，长 5~10 cm，宽 3~6 cm，顶端短尖或短渐尖，基部钝，边缘有不规则的钝锯齿，齿端具小尖头，有时近基部的齿疏离呈缺刻状，或羽状深裂达中肋而形成二回羽状复叶。聚伞圆锥花序长 25~40 cm，密被微柔毛，分枝长而广展，在末次分枝上的聚伞花序具花 3~6，密集呈头状。蒴果圆锥形，具 3 棱，长 4~6 cm，顶端渐尖，果瓣卵形，外面有网纹，内面平滑且略有光泽。花期 6~8 月，果期 8~9 月。

[生态习性及分布] 耐寒，耐干旱。国内分布于辽宁、河北、陕西、甘肃、安徽、河南、四川、云南等省份。烟台芝罘区、莱山区、牟平区、福山区、蓬莱区等有分布。

[用途] 常栽培作庭园观赏树或行道树。

2. 复羽叶栾树 黄山栾树 全缘叶栾树 *Koelreuteria bipinnata* Franch.

[形态特征] 落叶乔木，高可达 20 余米；皮孔圆形至椭圆形；枝具小疣点。叶平展，二回羽状复叶，长 45~70 cm；叶轴和叶柄向轴面常有一纵行皱曲的短柔毛；小叶 9~17，互生，纸质或近革质，斜卵形，长 3.5~7 cm，宽 2~3.5 cm，顶端短尖至短渐尖，基部阔楔形或圆形，略偏斜，边缘有内弯的小锯齿，两面无毛或上面中脉上被微柔毛，下面密被短柔毛。圆锥花序大型，长 35~70 cm，分枝广展。蒴果椭圆形或近球形，具 3 棱，淡紫红色，老熟时褐色，长 4~7 cm，宽 3.5~5 cm，顶端钝或圆；有小凸尖，果瓣椭圆形至近圆形，外面具网状脉纹，内面有光泽。花期 7~9 月，果期 8~11 月。

[生态习性及分布] 喜光，幼年期耐阴；喜温暖湿润气候，耐旱性差；对土壤要求不严，微酸性、中性土上均能生长；深根性，不耐修剪。国内分布于湖北、湖南、广东、广西、四川、云南、贵州等省份。烟台莱山区、牟平区、福山区、招远市、海阳市、龙口市等有分布。

[用途] 速生树种，常栽培作庭园观赏树或行道树。

复羽叶栾树

（二）文冠果属 *Xanthoceras*

文冠果 文官果 *Xanthoceras sorbifolium* Bunge

［形态特征］落叶灌木或小乔木，高 2~5 m；小枝粗壮，褐红色，无毛，顶芽和侧芽有覆瓦状排列的芽鳞。叶连柄长 15~30 cm；小叶 4~8 对，膜质或纸质，披针形或近卵形，两侧稍不对称，长 2.5~6 cm，宽 1.2~2 cm，顶端渐尖，基部楔形，边缘有锐利锯齿，顶生小叶通常 3 深裂，腹面深绿色，无毛或中脉上有疏毛，背面鲜绿色，嫩时被绒毛和成束的星状毛；侧脉纤细，两面略凸起。花序先叶抽出或与叶同时抽出，两性花的花序顶生，雄花序腋生，长 12~20 cm，直立，总花梗短；花梗长 1.2~2 cm；萼片长 6~7 mm，两面被灰色绒毛；花瓣白色，基部紫红色或黄色，有清晰的脉纹。蒴果长达 6 cm。花期 4~5 月，果期 7~8 月。

文冠果

［生态习性及分布］耐严寒，耐干旱，耐半阴，喜阳，对土壤适应性很强，不耐涝。国内分布于内蒙古、河北、山西、陕西、甘肃、宁夏、河南等省份。烟台蓬莱区、莱州市、招远市、莱阳市、海阳市等有分布。

［用途］庭院观赏植物，也是重要的木本油料植物。

（三）无患子属 *Sapindus*

无患子 *Sapindus saponaria* L.

［形态特征］落叶乔木。幼枝微有毛，后渐无毛。偶数羽状复叶，互生，长 20~25 cm，具小叶 4~8 对，通常 5 对，小叶互生或近对生；小叶片卵状披针形至长圆状披针形，长 7~15 cm，宽 2~4 cm，先端急尖或渐尖，基部偏楔形，全缘，两面无毛，羽状脉，侧脉和网脉两面隆起；小叶柄长 3~5 mm；叶柄长 6~9 cm。圆锥花序，长 15~30 cm，被灰黄色微柔毛，顶生；花小，绿白色，辐射对称；花萼片 5，卵圆形，外面基部被微柔毛，有缘毛，外面 2 片较小；花瓣 5，披针形，长约 2 mm，有缘毛，上端有 2 被白色长柔毛的鳞片；花盘碟状，无毛；雄蕊 8，花丝下部有长毛；雌蕊 1，子房上位，倒卵状三角形，无毛，花柱短。核果肉质，球形，径约 2 cm，老时无毛，黄色，干时果皮薄革质，种子球形，光亮，黑色，质坚而硬。

［生态习性及分布］国内分布于河南、浙江、福建、广东、广西、海南、贵州等省份。烟台昆嵛山等有引种栽培。

［用途］果皮含无患子皂素，可代肥皂用；种油可制肥皂及润滑油；根、果可药用，木材供制器具、箱板等，尤宜制梳；可供绿化观赏。

无患子

五十二、七叶树科 Hippocastanaceae

七叶树属 *Aesculus*

七叶树 *Aesculus chinensis* Bunge

七叶树

［形态特征］ 落叶乔木，高可达 25 m。冬芽大形，有树脂。掌状复叶，由 5~7 小叶组成，叶柄长 10~12 cm，有灰色微柔毛；小叶纸质，长圆披针形至长圆倒披针形，边缘有钝尖形的细锯齿，长 8~16 cm，宽 3~5 cm，侧脉 13~17 对。花序圆筒形，花序总轴有微柔毛，小花序常由 5~10 朵花组成，平斜向伸展，有微柔毛。果实球形或倒卵圆形，顶部短尖或钝圆而中部略凹下，直径 3~4 cm，黄褐色。花期 5~6 月，果期 9~10 月。

［生态习性及分布］ 喜温暖湿润的气候，较耐寒，喜光，耐半阴，深根性，畏酷热，喜土层深厚、排水良好而肥沃、湿润土壤，生长较慢，而寿命长。国内分布于河北、山西、陕西、河南、江苏、浙江等省份。烟台莱州市、招远市、海阳市、龙口市等有分布。

［用途］ 优良的行道树和庭园树。

五十三、槭树科 Aceraceae

槭属（枫属） *Acer*

1. 三角枫 *Acer buergerianum* Miq.

［形态特征］ 落叶乔木，高 5~10 m。树皮褐色或深褐色，粗糙。小枝细瘦；当年生枝紫色或紫绿色，多年生枝淡灰色或灰褐色。叶纸质，基部近于圆形或楔形，长 6~10 cm，通常浅 3 裂，裂片向前延伸，中央裂片三角卵形，急尖、锐尖或短渐尖；侧裂片短钝尖或甚小，以至于不发育，裂片边缘通常全缘；裂片间的凹缺钝尖；上面深绿色，下面黄绿色或淡绿色，被白粉，略被毛，在叶脉上较密；初生脉 3 条，稀基部叶脉也发育良好。花多数常成顶生被短柔毛的伞房花序，直径约 3 cm，花淡黄色。翅果黄褐色，中部最宽，基部狭窄，张开成锐角或近于直立。小坚果特别凸起。花期 5 月，果期 9 月。

三角枫

［生态习性及分布］ 弱阳性，稍耐阴，喜温暖湿润气候，较耐水湿，耐修剪。萌芽力强，根系发达，根萌性强。国内分布于河南、安徽、江苏、浙江、江西、湖北、湖南、广东、贵州等省份。烟台牟平区、蓬莱区、昆嵛山、招远市、栖霞市、海阳市等有分布。

［用途］ 优良的庭园观赏树种，也有栽作绿篱者。

2. **茶条槭** 茶条枫（亚种）*Acer tataricum* L. subsp. *ginnala* (Maxim.) Wesm.

［形态特征］落叶灌木或小乔木，高 5~6 m。树皮粗糙、微纵裂，灰色。当年生枝绿色或紫绿色，多年生枝淡黄色或黄褐色，皮孔椭圆形或近于圆形、淡白色。叶纸质，叶片长圆卵形或长圆椭圆形，长 6~10 cm，宽 4~6 cm，常较深的 3~5 裂；中央裂片锐尖或狭长锐尖，侧裂片通常钝尖，向前伸展，各裂片的边缘均具不整齐的钝尖锯齿，裂片间的凹缺钝尖。伞房花序长 6 cm，具多数的花。花杂性，雄花与两性花同株。果实黄绿色或黄褐色；小坚果嫩时被长柔毛，脉纹显著，长 8 mm，宽 5 mm；翅连同小坚果长 2.5~3 cm，宽 8~10 mm，中段较宽或两侧近于平行，张开近于直立或成锐角。花期 4~5 月，果期 8~9 月。

茶条槭

［生态习性及分布］弱阳性，耐寒；深根性，萌蘖性强。抗风雪，耐烟尘。国内分布于黑龙江、吉林、内蒙古、河北、山西、陕西、甘肃、河南等省份。烟台莱州市等有分布。

［用途］优良的庭园观赏树种。

3. **元宝枫** 华北五角枫 平基槭 *Acer truncatum* Bunge

［形态特征］落叶乔木，高 8~10 m。树皮灰褐色或深褐色，深纵裂。当年生枝绿色，多年生枝灰褐色，具圆形皮孔。叶纸质，长 5~10 cm，宽 8~12 cm，常 5 裂，稀 7 裂，基部截形稀近于心脏形；裂片三角卵形或披针形，先端锐尖或尾状锐尖，边缘全缘，长 3~5 cm，宽 1.5~2 cm，有时中央裂片的上段再 3 裂；主脉 5 条，在上面显著，在下面微凸起。花黄绿色，杂性，雄花与两性花同株，常成无毛的伞房花序，长 5 cm，直径 8 cm。翅果嫩时淡绿色，成熟时淡黄色或淡褐色，常成下垂的伞房果序；小坚果压扁状，长 1.3~1.8 cm，宽 1~1.2 cm；翅长圆形，两侧平行，宽 8 mm，常与小坚果等长，稀稍长，张开成锐角或钝角。花期 4~5 月，果期 8~10 月。

元宝枫

［生态习性及分布］阳性树种，喜阳光充足的环境，但怕高温暴晒，耐寒、耐旱，忌水涝；生长较慢。不择土壤且较耐移植，根系发达，抗风力较强。国内分布于吉林、辽宁、内蒙古、河北、山西、陕西、甘肃、河南、江苏等省份。烟台芝罘区、福山区等有分布。

［用途］优良的庭园观赏树种和行道树。

4. **五角枫** 地锦槭 色木槭（亚种）*Acer pictum* Thunb. subsp. *mono* (Maxim.) H. Ohashi

［形态特征］ 落叶乔木，高达15~20 m，树皮粗糙，常纵裂，灰色。当年生枝绿色或紫绿色，多年生枝灰色或淡灰色，具圆形皮孔。叶纸质，基部截形或近于心脏形，长6~8 cm，宽9~11 cm，常5裂，有时3裂及7裂的叶生于同一树上；裂片卵形，先端锐尖或尾状锐尖，全缘，裂片间的凹缺常锐尖，深达叶片的中段；主脉5条，在上面显著，在下面微凸起，侧脉在两面均不显著。花多数，杂性，雄花与两性花同株，花淡白色，花药黄色。翅果嫩时紫绿色，成熟时淡黄色；小坚果压扁状，长1~1.3 cm，宽5~8 mm；翅长圆形，宽5~10 mm，连同小坚果长2~2.5 cm，张开成锐角或近于钝角。花期4~5月，果期9月。

［生态习性及分布］ 喜温凉湿润气候，稍耐阴，过于干冷及炎热处均不宜生长。生长速度中等，深根性；很少有病虫害。国内分布于黑龙江、吉林、辽宁、内蒙古、河北、山西、陕西、甘肃、河南、安徽、江苏、浙江、湖北、湖南、四川、云南等省份。烟台蓬莱区、牟平区等有分布。

［用途］ 可用作庭荫树、行道树或防护林。

五角枫

5. **中华槭** 中华枫 五裂槭 *Acer sinensis* Pax.

［形态特征］ 落叶乔木，高3~5 m，稀达10 m。树皮平滑，淡黄褐色或深黄褐色。当年生枝淡绿色或淡紫绿色，多年生枝绿褐色或深褐色，平滑。叶近于革质，基部心脏形或近于心脏形，长10~14 cm，宽12~15 cm，常5裂；裂片长圆卵形或三角状卵形，先端锐尖，除靠近基部的部分外其余的边缘有紧贴的圆齿状细锯齿；裂片间的凹缺锐尖，深达叶片长度的1/2，上面深绿色，下面淡绿色，有白粉；叶柄粗壮。花杂性，雄花与两性花同株，多花组成下垂的顶生圆锥花序，长5~9 cm；花瓣白色，长圆形或阔椭圆形。翅果淡黄色，无毛，常生成下垂的圆锥果序；小坚果椭圆形，特别凸起，长5~7 mm，宽3~4 mm；翅宽1 cm，连同小坚果长3~3.5 cm，张开成锐角或钝角。花期5月，果期9月。

［生态习性及分布］ 喜光，稍耐阴，喜温凉湿润气候，喜排水良好的土壤。国内分布于湖北、湖南、广东、广西、贵州等省份。烟台牟平区等有分布。

［用途］ 可用作庭荫树或行道树。

中华槭

6. **鸡爪槭** *Acer palmatum* Thunb.

[形态特征] 落叶小乔木。树皮深灰色。小枝细瘦；当年生枝紫色或淡紫绿色；多年生枝淡灰紫色或深紫色。叶纸质，直径 7~10 cm，基部心脏形或近于心脏形稀截形，5~9 掌状分裂，通常 7 裂，裂片长圆卵形或披针形，先端锐尖或长锐尖，边缘具紧贴的尖锐锯齿；裂片间的凹缺钝尖或锐尖，深达叶片直径的 1/2 或 1/3；上面深绿色，下面淡绿色，叶脉的脉腋被白色丛毛。花紫色，杂性，雄花与两性花同株，生于无毛的伞房花序。翅果嫩时紫红色，成熟时淡棕黄色；小坚果球形，直径 7 mm，脉纹显著；翅与小坚果共长 2~2.5 cm，宽 1 cm，张开成钝角。花期 5 月，果期 9 月。

鸡爪槭

[生态习性及分布] 喜温暖湿润气候，不耐寒。国内分布于河南、安徽、江苏、江西、湖北、湖南、贵州等省份。烟台芝罘区、莱山区、牟平区、昆嵛山、蓬莱区、招远市、莱阳市、海阳市、龙口市等有分布。

[用途] 优良观赏树种。

7. **红叶鸡爪槭** 红叶鸡爪枫 红枫 日本红枫（栽培变种）*Acer palmatum* ‘Atropurpureum’

[形态特征] 自初春至夏，叶始终为深红色或鲜红色，叶裂片深、狭长，边缘有缺刻状锯齿。

[生态习性及分布] 烟台昆嵛山等有分布。

[用途] 多为公园、庭院引种栽培，供绿化观赏。

红叶鸡爪槭

8. **羽扇槭** 羽扇枫 *Acer japonicum* Thunb.

[形态特征] 落叶小乔木。树皮平滑，淡灰褐色或淡灰色。当年生枝紫色或淡绿紫色，多年生枝淡灰紫色或深灰色。叶纸质，直径 9~12 cm，基部深心脏形，通常 9 裂，稀 7 裂或 11 裂；裂片卵形，先端锐尖，边缘具锐尖的锯齿；裂片间的凹缺很狭窄，深达叶片宽度的 1/3。花紫色，杂性，雄花与两性花同株，常成被短柔毛的顶生伞房花序。翅果嫩时紫色，成熟时淡黄绿色，小坚果凸起，脉纹显著，密被长柔毛；翅略内弯，镰刀形，连同小坚果长 2.5~2.8 cm，宽 1 cm，张开成钝角。花期 5 月，果期 8~9 月。

羽扇槭

[生态习性及分布] 喜光，略耐阴，喜潮湿，微酸性及排水性良好土壤。原产于日本及朝鲜。烟台牟平区等有分布。

[用途] 树形婆娑，叶片形如折扇，花朵较大而紫红色，花梗细长，累累下垂，颇为美观，秋叶红艳，是极优美的庭园观赏树种。树体较小，特别适合小型庭院、山石边、公园各处栽培观赏，也可用于盆栽、盆景。

9. **葛罗枫** 长裂葛萝槭 山青桐（葛萝槭 亚种） *Acer davidii* Franch. subsp. *grosseri* (Pax) P. C. de Jong

[形态特征] 落叶乔木。树皮光滑，淡褐色。当年生枝绿色或紫绿色，多年生枝灰黄色或灰褐色。叶纸质，卵形，长 7~9 cm，宽 5~6 cm，边缘具密而尖锐的重锯齿，基部近于心脏形；常较深的 3 裂，侧裂片常较长，先端锐尖。花淡黄绿色，单性，雌雄异株，常成细瘦下垂的总状花序。翅果嫩时淡紫色，成熟后黄褐色；小坚果长 7 mm，宽 4 mm，略微扁平；翅连同小坚果长 2.5~2.9 cm，宽 5 mm，张开成钝角或近于水平。花期 4 月，果期 9 月。

[生态习性及分布] 喜凉爽气候，不耐暴晒，对天牛抗性不如元宝槭和五角槭，不耐修剪。国内分布于河北、山西、陕西、甘肃、河南、安徽、湖北、湖南等省份。烟台海阳市等有分布。

[用途] 可作庭院观赏树种。

葛罗枫

10. **梣叶槭** 复叶槭 *Acer negundo* Linn.

［形态特征］ 落叶乔木，高达 20 m。树皮黄褐色或灰褐色。小枝圆柱形，当年生枝绿色，多年生枝黄褐色。羽状复叶，长 10~25 cm，小叶 3~7；小叶纸质，卵形或椭圆状披针形，长 8~10 cm，宽 2~4 cm，先端渐尖，基部圆形或阔楔形，边缘常有 3~5 个粗锯齿，稀全缘。主脉和 5~7 对侧脉均在下面显著。雄花的花序聚伞状，雌花的花序总状，均由无叶的小枝旁边生出，常下垂，花梗长 1.5~3 cm，花小，黄绿色，雌雄异株；翅宽 8~10 mm，稍向内弯，连同小坚果长 3~3.5 cm，张开成锐角或近于直角。花期 4~5 月，果期 9 月。

梣叶槭

［生态习性及分布］ 喜光，喜温寒气候，耐寒，耐旱，耐轻度盐碱，耐烟尘。东北、华北、华东、华中、华南等地有栽培。烟台福山区、昆嵛山、莱州市、招远市、栖霞市、海阳市、龙口市等有栽培。

［用途］ 早春开花，花蜜很丰富，是很好的蜜源植物；生长迅速，树冠广阔，夏季遮阴条件良好，可作行道树或庭园树。

花叶梣叶槭

11. **花叶梣叶槭**（复叶槭 变种）*Acer negundo 'Variegatum'*

［形态特征］ 叶片初展时呈黄白色，成熟叶呈现黄白色与绿色相间的斑驳状。

［生态习性及分布］ 烟台福山区、牟平区、蓬莱区等有分布。

金叶梣叶槭

12. **金叶梣叶槭**（复叶槭 变种）*Acer negundo 'Aurea'*

［形态特征］ 叶春季金黄色。

［生态习性及分布］ 烟台莱州市等有分布。

13. 三花槭 *Acer triflorum* Kom.

[形态特征] 落叶乔木，高 20~25 m。树皮褐色，常成薄片脱落。小枝圆柱形，有圆形或卵形皮孔；当年生枝紫色或淡紫色。复叶由 3 小叶组成，小叶纸质，长圆卵形或长圆披针形，长 7~9 cm，宽 2.5~3.5 cm，先端锐尖，边缘在中段以上有 2~3 个粗的钝锯齿，稀全缘；侧脉 11~13 对，在下面显著；叶柄细瘦，淡紫色。花序伞房状，花 3。花杂性，雄花与两性花异株。小坚果凸起，近于球形，直径 1~1.3 cm，密被淡黄色疏柔毛；翅黄褐色，中段较宽，宽 1.6 cm，连同小坚果长 4~4.5 cm，张开成锐角或近于直角。花期 4 月，果期 9 月。

三花槭

[生态习性及分布] 喜光，有一定耐阴性，耐寒，喜湿润土壤，不耐旱。国内分布于黑龙江、吉林、辽宁等省份。烟台福山区等有引种栽培。

[用途] 优良观赏树种，也是优良的蜜源植物。

14. 假色槭 *Acer pseudo-sieboldianum* (Pax.) Komarov

[形态特征] 落叶灌木或小乔木，高达 8 m。树皮灰色。当年生枝绿色或紫绿色，被白色疏柔毛；多年生枝灰色或淡灰褐色，被蜡质白粉。叶纸质，近于圆形，直径 6~10 cm，基部心脏形或深心脏形，常 9~11 裂；裂片三角形或卵状披针形，先端渐尖，具尖锐的重锯齿；裂片间的凹缺狭窄，深及叶片的 1/3~1/2。花紫色，杂性，雄花与两性花同株，常成被毛的伞房花序，直径 3~4 cm。翅果嫩时紫色，成熟时紫黄色；小坚果凸起，脉纹显著；翅倒卵形，基部狭窄，连同小坚果长 2~2.5 cm，宽 5~6 mm，张开成钝角。花期 5~6 月，果期 9 月。

假色槭

[生态习性及分布] 喜光，稍耐阴，耐寒，喜温凉湿润气候，耐干旱，耐瘠薄土壤。烟台海阳市等有分布。

[用途] 优良观赏树种，也是蜜源植物。

15. **紫叶挪威槭**（挪威槭 栽培变种）*Acer platanoides 'Crimson King'*

[形态特征] 落叶乔木，树干笔直，树高 12~15 m，最高可达 24 m，冠幅 9~12 m，树冠圆形或卵圆形。枝条粗壮，叶片宽大浓密，单叶星形，春天叶片紫色或红色，夏天红褐色、紫色或红色，秋季呈黄色、褐色、暗栗色或青铜色，叶色绚丽。4 月开花，伞状花序，花色浅红色、粟黄色或绿色，花茎红色。翼果绿色、红色或棕色。翼翅紫色，嫩枝棕色。

紫叶挪威槭

[生态习性及分布] 喜充足光照，土壤适应能力强，酸性、碱性或瘠薄的土壤均可成活。生长速度中等，耐干热及抗盐碱能力一般，较耐寒。烟台海阳市等有分布。

[用途] 优良观赏树种。

16. **红花槭** 加拿大红枫 *Acer rubrum* Linn.

[形态特征] 大型落叶乔木，树高可达 30 m，冠幅 12 m；树形呈椭圆形或圆形；茎干光滑无毛，有皮孔；叶片手掌状，叶背面是灰绿色；花簇生，红色或淡黄色，小而繁密，先叶开放。果实为翅果，红色，长 2.5~5 cm。

[生态习性及分布] 耐寒性强，不耐湿热，较耐寒，不耐水湿。原产于北美。烟台海阳市等有引种栽培。

[用途] 优良观赏树种。

红花槭

17. **苦条枫** 苦茶槭（亚种）*Acer tataricum* L. subsp. *theiferum* (Fang) Y. S. Chen & P. C. de Jong

苦条枫

[形态特征] 落叶灌木或小乔木，高 5~6 m；树皮粗糙，灰色、稀深灰色或灰褐色；小枝细瘦，当年生枝绿色或紫绿色，多年生枝淡黄色或黄褐色，皮孔椭圆形或近于圆形，淡白色。单叶对生；叶柄长 4~5 cm，绿色或紫绿色，无毛；叶片薄纸质，卵形或椭圆状卵形，长 5~8 cm，宽 2.5~5.0 cm，不分裂或不明显 3~5 裂，边缘有不规则的锐尖重锯齿，下面具白色疏柔毛。伞房花序长达 3 cm，有白色疏柔毛，花杂性，雄花与两性花同株；萼片 5，黄绿色；花瓣 5，白色，较长于萼片；雄蕊 8，花药黄色，着生于花盘内侧；子房有疏柔毛；花柱先端 2 裂，柱头平展或反卷。果实黄绿色或黄褐色；小坚果脉纹显著，翅果长 2.5~3.5 cm，张开近于直立或成锐角。花期 4~5 月，果期 5~9 月。

[生态习性及分布] 分布于我国华东和华中各省份。生于低海拔的山坡疏林中。烟台海阳市等有分布。

[用途] 树皮、叶和果实含鞣质，可提取栲胶，又可作黑色染料；树皮的纤维可作人造棉和造纸的原料；嫩叶烘干后可代茶饮；种子榨油，可用来制作肥皂。

五十四、漆树科 Anacardiaceae

（一）黄连木属 *Pistacia*

黄连木 楷树 *Pistacia chinensis* Bunge

黄连木

[形态特征] 落叶乔木，高达 20 余米；树干扭曲。树皮暗褐色，呈鳞片状剥落。奇数羽状复叶互生，有小叶 5~6 对，叶轴具条纹，被微柔毛，叶柄上面平，被微柔毛；小叶对生或近对生，纸质，披针形，长 5~10 cm，宽 1.5~2.5 cm，先端渐尖或长渐尖，基部偏斜，全缘，侧脉和细脉两面突起。花单性异株，先花后叶，圆锥花序腋生，雄花序排列紧密，长 6~7 cm，雌花序排列疏松，长 15~20 cm，花被片 7~9。核果倒卵状球形，略压扁，径约 5 mm，成熟时紫红色，干后具纵向细条纹，先端细尖。花期 4 月下旬至 5 月上旬；果期 9~10 月。

[生态习性及分布] 适应性强，喜光，耐干旱瘠薄。国内分布于河北、山西、陕西、甘肃、河南、安徽、江苏、浙江、福建等省份。烟台芝罘区、蓬莱区、莱山区、牟平区、福山区等有分布。

[用途] 宜作庭荫树及风景树。

（二）黄栌属 *Cotinus*

1. 黄栌（原变种）*Cotinus coggygria* Scop. var. *coggygria*

［形态特征］ 落叶灌木或小乔木。单叶，互生；叶片宽椭圆形，长 3~8 cm，先端圆形或微凹，基部圆形或阔楔形，全缘，两面具灰白色柔毛，下面毛更密，羽状脉，侧脉 6~11 对，先端常叉开；叶柄长达 3.5 cm。圆锥花序，顶生，被柔毛；花杂性，径约 3 mm，黄色；花梗长 7~10 mm；花萼 5 裂，裂片卵状三角形，无毛，长约 1.2 mm；花瓣 5，卵形或卵状披针形，长 2~2.5 mm，无毛；雄蕊 5，长 1.5 mm，花药卵形与花丝近等长；花盘 5 裂，紫褐色；雌蕊 1，子房上位，近球形，偏斜，1 室，花柱 3，离生。果序上有许多不育性紫红色羽毛状花梗。核果肾形，压扁，长约 4.5 mm，宽约 2.5 mm，无毛。

黄栌

［生态习性及分布］ 喜光，也耐半阴；耐寒，耐干旱瘠薄和碱性土壤，不耐水湿，宜植于土层深厚、肥沃而排水良好的砂质壤土中。原产于我国西南地区、华北地区和浙江省。烟台莱山区、牟平区、福山区、蓬莱区等有分布。

［用途］ 秋天叶变红，可供绿化观赏；木材黄色，可制器具及细木工用；树皮、叶可提取栲胶；根皮可药用。

2. 美国红栌 *Cotinus coggygria 'Royal Purple'*

［形态特征］ 落叶灌木或小乔木。树冠圆卵形至半圆形，小枝紫红色，单叶互生，叶圆形或椭圆形，叶片较普通黄栌大。初生叶叶柄及叶片三季均呈紫红色。入秋后随着天气转凉，整体叶色逐渐转变为红色，且红期长于黄栌。

美国红栌

［生态习性及分布］ 喜光，稍耐半阴，耐瘠薄和碱性土壤，不耐水湿，抗旱、抗污染、抗病虫能力较强。以深厚肥沃、排水良好的沙壤土生长最好。本种原产于美国，系亚热带树种。烟台市各区市公园有引种栽培。

［用途］ 著名的观赏秋色叶树种。

3. **红叶黄栌** 灰毛黄栌（黄栌 变种）*Cotinus coggygria* Scop. var. *cinerea* Engl.

［形态特征］ 灌木，高 3~5 m。叶倒卵形或卵圆形，长 3~8 cm，宽 2.5~6 cm，先端圆形或微凹，基部圆形或阔楔形，全缘，两面或叶背被灰色柔毛，侧脉 6~11 对，先端常叉开；叶柄短。圆锥花序被柔毛；花杂性，小而黄色。果序上有许多伸长成紫色羽毛状的不孕性花梗。果肾形，长约 4.5 mm，宽约 2.5 mm，无毛。

红叶黄栌

［生态习性及分布］ 喜生于半阴而较干燥的山地，多长于海拔 500~1500 m 的向阳山林中。烟台蓬莱区、莱州市、招远市、栖霞市等有分布。

［用途］ 木材黄色，古代作黄色染料。叶秋季变红，美观，北京地区称之为“西山红叶”。

4. **毛黄栌** *Cotinus coggygria* Scop. var. *pubescens* Engl.

［形态特征］ 落叶灌木或小乔木。叶多为阔椭圆形，稀圆形，叶背尤其沿脉上和叶柄密被柔毛；花序无毛或近无毛。

毛黄栌

［生态习性及分布］ 喜光，也耐半阴，耐寒，耐干旱瘠薄和碱性土壤，不耐水湿，宜植于土层深厚、肥沃而排水良好的沙质壤土中，对二氧化硫有较强抗性。国内分布于贵州、四川、甘肃、陕西、山西、山东、河南、湖北、江苏、浙江等省份。烟台芝罘区等有分布。

［用途］ 优良观赏植物。

5. **金叶黄栌**（栽培变种）*Cotinus coggygria ‘Gold Spirit’*

［形态特征］ 叶金黄色，白色花，开花时整个植株看起来像笼罩在白色烟雾里。秋季展示出丰富的色彩，如橘色、红色还有珊瑚色，非常迷人。生长快，枝条直立，节间短，叶密集，在强光直射下叶子也不会变焦，充足的光照下叶子会变得很透明，而且金黄色更加耀眼。

金叶黄栌

［生态习性及分布］ 喜光，也耐半阴，耐寒，耐干旱瘠薄和碱性土壤，不耐水湿。国内分布于贵州、四川、甘肃、陕西、山西、山东、河南、湖北等省份。烟台芝罘区等有分布。

6. **紫叶黄栌**（栽培变种）*Cotinus coggygria 'Purpureus'*

[形态特征] 株高可达5 m，树形近圆形，小枝赤褐色，叶片互生，紫色，卵形或倒卵形，叶背无毛，全缘，圆锥花序顶生，紫红色。

[生态习性及分布] 原产于美国，适应范围广泛，可在我国华北、华东、西南及西北海拔1500 m以下的大部分地区推广栽培。烟台芝罘区、蓬莱区等有引种栽培。

紫叶黄栌

（三）盐肤木属 *Rhus*

1. **盐肤木**（原变种）*Rhus chinensis* Mill. var. *chinensis*

[形态特征] 落叶小乔木或灌木，高2~10 m；小枝棕褐色，被锈色柔毛，具圆形小皮孔。奇数羽状复叶有小叶3~6对，叶轴具宽的叶状翅，小叶自下而上逐渐增大，叶轴和叶柄密被锈色柔毛；小叶多形，长6~12 cm，宽3~7 cm，边缘具粗锯齿或圆齿，叶面暗绿色，叶背粉绿色，被白粉。圆锥花序宽大，多分枝，花白色。核果球形，略压扁，径4~5 mm。花期8~9月，果期10月。

[生态习性及分布] 对气候及土壤的适应性很强。较喜肥沃、排水良好的土壤。国内分布于除东北地区及内蒙古和新疆以外的其余省份。烟台芝罘区、牟平区、福山区、蓬莱区、昆嵛山、莱州市等有分布。

盐肤木

[用途] 经济树种，可作制药和工业染料的原料；叶上寄生的"五倍子"（虫瘿）供工业及药用，其皮部、种子还可榨油；在园林绿化中，可作为观叶、观果的树种。

2. **光枝盐肤木**（盐肤木 变种）*Rhus chinensis* Mill.var. *glabra* S. B. Liang

[形态特征] 当年生枝条几无毛。

[生态习性及分布] 生于山坡、沟溪杂木林。烟台龙口市等有分布。

火炬树

3. **火炬树**（原变种）*Rhus typhina* Linn. var. *typhina*

[形态特征] 落叶小乔木，少分枝；小枝密生长绒毛。小叶11~31，长椭圆状披针形，长5~13 cm，缘有锯齿，叶轴无翅。花淡绿色，有短柄；顶生圆锥花序，有毛密生。果红色，有毛，密集成火炬形。花期6~7月，果期8~9月。

[生态习性及分布] 喜光适应性强，抗寒，抗旱，耐盐碱。根系发达，萌蘖力特强。生长快，寿命短。以黄河流域以北各省份栽培较多。烟台芝罘区、福山区等有栽培。

[用途] 秋叶红艳或橙黄，果穗大而显目，可作庭园观赏。

（四）漆属 *Ailanthus*

1. **漆** *Rhus verniciflua* Stokes

漆

[形态特征] 落叶乔木，高达20 m。树皮灰白色，粗糙，呈不规则纵裂，小枝粗壮，被棕黄色柔毛，后变无毛，具圆形或心形的大叶痕和突起的皮孔；顶芽大而显著，被棕黄色绒毛。奇数羽状复叶互生，常螺旋状排列，有小叶4~6对，叶轴圆柱形，被微柔毛；叶柄长7~14 cm，被微柔毛，近基部膨大，半圆形。小叶膜质至薄纸质，卵形或卵状椭圆形或长圆形，长6~13 cm，宽3~6 cm，侧脉10~15对。圆锥花序长15~30 cm，被灰黄色微柔毛，花黄绿色。果序多少下垂，核果肾形或椭圆形。花期5~6月，果期7~10月。

[生态习性及分布] 喜温暖湿润气候，忌风，多生于向阳避风山坡。国内分布于除黑龙江、吉林、内蒙古、新疆以外的其余省份。烟台牟平区、蓬莱区等有分布。

[用途] 树干韧皮部割取生漆，广泛用于建筑、木器、机械等涂料；干漆可药用；种子油可制肥皂、油墨；果皮可取蜡，做蜡烛、蜡纸；叶可提取栲胶；叶、花及种子可药用，也可作为农药。

2. **红麸杨**（旁遮普麸杨 变种）*Rhus punjabensis* Stewart var. *sinica* (Diels) Rehd. et Wils.

[形态特征] 落叶乔木或小乔木，高4~15 m，树皮灰褐色，小枝被微柔毛。奇数羽状复叶有小叶3~6对，叶轴上部具狭翅，极稀不明显；叶卵状长圆形或长圆形，长5~12 cm，宽2~4.5 cm，叶背疏被微柔毛或仅脉上被毛，侧脉较密，约20对，不达边缘，在叶背明显突起。圆锥花序长15~20 cm，密被微绒毛；花小，白色。核果近球形，略压扁，径约4 mm，成熟时暗紫红色，被具节柔毛和腺毛。

红麸杨

[生态习性及分布] 喜光，喜温暖湿润气候。生长于海拔460~3000 m的石灰山灌丛或密林中。国内分布于云南（东北至西北部）、贵州、湖南、湖北、陕西、甘肃、四川、西藏等省份。烟台栖霞市等有分布。

五十五、苦木科 Simaroubaceae

（一）臭椿属 *Ailanthus*

1. 臭椿 樗树 *Ailanthus altissima* (Mill.) Swingle

［形态特征］ 落叶乔木，高可达 20 余米，树皮平滑而有直纹；嫩枝有髓。叶为奇数羽状复叶，长 40~60 cm，叶柄长 7~13 cm，有小叶 13~27；小叶对生或近对生，纸质，卵状披针形，长 7~13 cm，宽 2.5~4 cm，先端长渐尖，基部偏斜，截形或稍圆，两侧各具 1 或 2 个粗锯齿，齿背有腺体 1 个，柔碎后具臭味。圆锥花序长 10~30 cm；花淡绿色。翅果长椭圆形，长 3~4.5 cm，宽 1~1.2 cm；种子位于翅的中间，扁圆形。花期 4~5 月，果期 8~10 月。

臭椿

［生态习性及分布］ 喜光，耐寒，耐干旱、瘠薄及盐碱地，抗污染力强；深根性，生长迅速。国内分布于除海南、黑龙江、吉林、宁夏、青海外的其他各省份。烟台芝罘区、福山区等有分布。

［用途］ 可作庭荫树或行道树。树皮、根皮及果实均可入药。

2. 红叶椿（臭椿 栽培变种）*Ailanthus altissima* 'Hongyechun'

红叶椿

［形态特征］ 落叶乔木。树干通直高大，树冠紧凑，成年后树形呈扁圆形。春季叶紫红色，花序上的花全部为单性雄花，只开花不结实，花序为圆锥形，直立顶生，淡黄色。

［生态习性及分布］ 红叶椿对臭椿适生区内的气候环境有天然的适应性。我国华北、西北、东北大部分地区均有分布。烟台海阳市、蓬莱区等有分布。

［用途］ 可作庭荫树或行道树。

千头椿

3. 千头椿（臭椿　栽培变种）*Ailanthus altissima* 'Qiantouchun'

[形态特征] 落叶乔木，树高约 30 m，分枝较多，角度小，长势均衡，枝粗似束簇状排列，无明显的主干。树冠似漏斗状、卵状或近球形。

[生态习性及分布] 喜光，耐寒，耐瘠薄，耐中度盐碱，不耐阴，不耐水湿。肉质根，长期积水会烂根致死，在土层深厚、排水良好而又肥沃的土壤中生长良好。抗风沙，深根性，萌蘖力强。分布于我国黄河下游地区。烟台牟平区、福山区、莱州市、龙口市等有分布。

[用途] 具有极高的观赏价值和广泛的园林用途，可在园林绿化、风景园林及各类庭院绿地中设计配置；也可作很好的庭荫树、观赏树或行道树；木材可用于建筑、家具、小农具、文具仪器、体育器械等。

（二）苦木属 *Picrasma*

苦木　苦树　苦皮树 *Picrasma quassioides* (D. Don.) Benn.

[形态特征] 落叶乔木，高达 10 余米；树皮紫褐色，平滑，有灰色斑纹，全株有苦味。叶互生，奇数羽状复叶，长 15~30 cm；小叶 9~15，卵状披针形或广卵形，边缘具不整齐的粗锯齿，除顶生叶外，其余小叶基部均不对称。花雌雄异株，组成腋生复聚伞花序。核果成熟后蓝绿色。花期 4~5 月，果期 6~9 月。

[生态习性及分布] 对土壤和肥水条件要求较高，喜土层深厚、肥润疏松、排水良好的土壤。国内分布于辽宁、河北、山西、陕西、甘肃、河南、安徽、江苏、浙江、福建、台湾、江西、湖北、湖南、广东、广西、海南、四川、云南、贵州、西藏等省份。烟台牟平区、昆嵛山、福山区、招远市、海阳市、龙口市等有分布。

[用途] 树皮可药用，也可作为土农药杀灭害虫；木材可做家具。

苦木

五十六、楝科 Meliaceae

（一）香椿属 *Toona*

香椿 *Toona sinensis* (Juss.) Roem.

［形态特征］ 落叶乔木。树皮粗糙，深褐色，片状脱落。叶具长柄，偶数羽状复叶，长30~50 cm或更长；小叶16~20，对生或互生，纸质，卵状披针形或卵状长椭圆形，长9~15 cm，宽2.5~4 cm，先端尾尖，基部一侧圆形，另一侧楔形，不对称，边全缘或有疏离的小锯齿，侧脉每边18~24，平展，与中脉几成直角开出。小聚伞花序生于短的小枝上，多花；花白色。蒴果狭椭圆形，长2~3.5 cm，深褐色，有小而苍白色的皮孔。花期6~8月，果期10~12月。

［生态习性及分布］ 喜光，有一定的耐寒能力，生长快。国内分布于河北、陕西、甘肃、河南、安徽、江苏、浙江、福建、江西、湖南、广东、广西、四川、云南、贵州、西藏等省份。烟台芝罘区、莱山区、蓬莱区、牟平区、福山区等有分布。

［用途］ 木材细致美观，为上等家具、室内装修和船舶用材；幼芽、嫩叶可生食、熟食及腌食，味香可口，为上等“木本蔬菜”；根皮、果可药用。

香椿

（二）米仔兰属 *Aglaia*

米仔兰 *Aglaia odorata* Lour.

［形态特征］ 灌木或小乔木。茎多小枝，幼枝顶部被星状锈色的鳞片。叶长5~12 cm，叶轴和叶柄具狭翅，小叶3~5；小叶对生，厚纸质，长2~7 cm，宽1~3.5 cm，顶端1片最大，下部较顶端的小，先端钝，基部楔形，两面均无毛，侧脉每边约8。圆锥花序腋生，长5~10 cm，稍疏散无毛；花芳香；花黄色，长圆形或近圆形，长1.5~2 mm，顶端圆而截平。果为浆果，卵形或近球形，长10~12 mm。花期5~12月，果期7月至次年3月。

［生态习性及分布］ 喜阳光充足温暖的地方。原产于我国华南地区。烟台蓬莱区、福山区等有室内栽培。

［用途］ 观赏植物，一般作温室栽培或盆栽。

米仔兰

（三）楝属 *Melia*

楝树 苦楝 *Melia azedarach* Linn.

[形态特征] 落叶乔木，高可达 10 余米；树皮灰褐色，纵裂。分枝广展，小枝有叶痕。叶为 2~3 回奇数羽状复叶，长 20~40 cm；小叶对生，卵形、椭圆形至披针形，顶生 1 片通常略大，长 3~7 cm，宽 2~3 cm，先端短渐尖，基部楔形或宽楔形，多少偏斜，边缘有钝锯齿，侧脉每边 12~16，广展，向上斜举。圆锥花序约与叶等长，花芳香，花瓣淡紫色。核果球形至椭圆形，长 1~2 cm，宽 8~15 mm。花期 4~5 月，果期 9~10 月。

[生态习性及分布] 喜光，不耐阴；喜温暖湿润气候，耐寒力不强，对土壤要求不严。萌芽力强，抗风。生长快。国内分布于河北、山西、陕西、甘肃、河南、安徽、江苏、浙江、福建、台湾、江西、湖北、湖南、广东、广西、海南、四川、云南、贵州、西藏等省份。烟台芝罘区、福山区等有分布。

[用途] 木材可作建筑、家具、农具等用材；皮、叶、果可药用；根、茎皮可提取栲胶；种子油可制肥皂、润滑油；可供绿化观赏。

楝树

五十七、芸香科 Rutaceae

（一）花椒属 *Zanthoxylum*

1. 花椒 *Zanthoxylum bungeanum* Maxim.

[形态特征] 落叶小乔木。枝具基部宽扁的粗大皮刺。奇数羽状复叶互生，小叶 5~11，对生、卵状椭圆形，近无柄，缘有细钝齿，背面中脉基部有褐色柔毛。聚伞状圆锥花序顶生；花小，单性。蓇葖果球形，密生疣状腺体。

花椒

[生态习性及分布] 喜光，不耐严寒。国内分布于辽宁、河北、山西、陕西、宁夏、甘肃、青海、新疆、河南、安徽、江苏、浙江、福建、江西、湖北、湖南、广西、四川、云南、贵州、西藏等省份。烟台芝罘区、蓬莱区、莱山区、牟平区、福山区等有分布。

[用途] 果皮为调料，可提取芳香油，又可药用；种子可榨油。

2. **野花椒** *Zanthoxylum* simulans Hance

[形态特征] 落叶灌木或小乔木。枝干散生基部宽而扁的锐刺，嫩枝及小叶背面沿中脉被短柔毛，或各部均无毛。叶有小叶 5~15；小叶对生，长 2.5~7 cm。宽 1.5~4 cm，两侧略不对称，顶部急尖或短尖，常有凹口，油点多，叶面常有刚毛状细刺，中脉凹陷，叶缘有疏离而浅的钝裂齿。花序顶生，长 1~5 cm；花淡黄绿色。果红褐色。花期 3~5 月，果期 7~9 月。

[生态习性及分布] 喜光，不耐严寒。国内分布于河北、陕西、甘肃、河南、安徽、江苏、浙江、福建、台湾、江西、湖北、湖南、广东、贵州等省份。烟台芝罘区、蓬莱区、莱山区、牟平区、福山区、昆嵛山、招远市、栖霞市、莱阳市、海阳市、龙口市等有分布。

野花椒

[用途] 果作草药，味辛辣，麻舌，可入药；果皮、嫩叶可作调料；种子可榨油。

3. **崖椒** 香椒子 青花椒 *Zanthoxylum schinifolium* Sieb. et Zucc.

[形态特征] 落叶灌木，通常高 1~2 m；茎枝有短刺，刺基部两侧压扁状，嫩枝暗紫红色。叶有小叶 7~19；小叶纸质，对生，顶部短至渐尖，基部圆或宽楔形，两侧对称，有时一侧偏斜，油点多或不明显，叶缘有细裂齿或近于全缘，中脉至少中段以下凹陷。花序顶生，花瓣淡黄白色。分果瓣红褐色，干后变暗苍绿或褐黑色。花期 7~9 月，果期 9~12 月。

[生态习性及分布] 耐寒、耐旱，喜阳光，抗病能力强。国内分布于辽宁、河北、河南、安徽、江苏、浙江、福建、台湾、江西、湖北、湖南、广东、广西、贵州等省份。烟台牟平区、昆嵛山、蓬莱区、招远市、栖霞市、海阳市等有分布。

崖椒

[用途] 叶、果皮可作调料，亦可提制香精，供药用及工业用；种子含油量高，芳香味浓，属半干性油，可作为多种工业的油脂原料。

4. **竹叶椒** *Zanthoxylum armatum* DC.

[形态特征] 半常绿灌木，高达 5 m；枝无毛，基部具宽而扁锐刺。奇数羽状复叶，叶轴、叶柄具翅，无毛；小叶 3~11，对生，纸质，几无柄，披针形、椭圆形或卵形，长 3~12 cm，宽 1.0~4.5 cm，先端渐尖，基部楔形或宽楔形，疏生浅齿，或近全缘，齿间或沿叶缘具油腺点，叶下面基部中脉两侧具簇生柔毛，下面中脉常被小刺。聚伞状圆锥花序腋生或兼生于侧枝之顶，长 2~5 cm，具花约 30，花枝无毛；花被片 6~8，1 轮，大小几相同，淡黄色，长约 1.5 mm；雄花具 5~6 枚雄蕊，雌花具心皮 2~3。果紫红色，疏生微凸油腺点，果瓣径 4~5 mm。花期 4~5 月，果期 8~10 月。

竹叶椒

[生态习性及分布] 喜温暖湿润及土层深厚肥沃壤土、沙壤土，萌蘖性强，耐寒，耐旱，喜阳光，抗病能力强，隐芽寿命长，故耐强修剪。不耐涝，短期积水可致死亡。产自我国山东以南，南至海南，东南至台湾，西南至西藏东南部。见于低丘陵坡地至海拔 2200 m 山地的多类生境，石灰岩山地亦常见。烟台海阳市等有分布。

[用途] 果可用作调味料及防腐剂。

（二）黄檗属 *Phellodendron*

黄檗 *Phellodendron amurense* Rupr.

[形态特征] 落叶乔木，树高 10~20 m。枝扩展，成年树的树皮有厚木栓层，浅灰或灰褐色，深沟状或不规则网状开裂，小枝暗紫红色，无毛。小叶 5~13，小叶薄纸质或纸质，卵状披针形或卵形，长 6~12 cm，宽 2.5~4.5 cm，叶缘有细钝齿和缘毛，秋季落叶前叶色由绿转黄而明亮。花序顶生，花瓣紫绿色。果圆球形，蓝黑色。花期 5~6 月，果期 9~10 月。

黄檗

[生态习性及分布] 喜阳光，耐严寒。国内分布于黑龙江、吉林、辽宁、内蒙古、河北、山西、河南、安徽等省份。烟台昆嵛山、栖霞市等有分布。

[用途] 木材可做家具及胶合板材；木栓层是制造软木塞的材料；树皮内层经炮制后入药，称为黄檗。

（三）柑橘属 *Citrus*

1. **枸橘** 枳 *Citrus trifoliata* Linn.

[形态特征] 落叶灌木或小乔木。枝绿色，略扭扁，有刺，三出复叶互生，叶轴有翅，小叶无柄，缘有波状浅齿。花两性，白色，单生；叶前开放。果球形，黄绿色，密生绒毛，有香气。花期 4~5 月，果期 9~10 月。

[生态习性及分布] 喜温暖湿润气候，也具有一定耐寒性。国内分布于山东、河南、山西、陕西、甘肃、安徽、江苏、浙江、湖北、湖南、江西、广东、广西、贵州、云南等省份。烟台昆嵛山、福山区、莱州市、蓬莱区、招远市、栖霞市、海阳市、龙口市等有分布。

枸橘

[用途] 枳性温，味苦，辛，无毒。中医用以治肝、胃气、疝气等多种痛症，枳壳制剂的静脉注射对感染性中毒、过敏性及药物中毒引致的休克都有一定疗效。

柑橘

2. **柑橘** *Citrus reticulata* Blanco

[形态特征] 常绿小乔木。小枝无毛，通常有刺。叶长卵状披针形，长 4~6 cm，全缘或有细钝齿；叶柄无翅或近无翅。果扁球形，径 3~7 cm，橙黄色或橙红色，果皮与果瓣易剥离。

[生态习性及分布] 喜温暖而湿润的气候，不耐寒。国内分布于秦岭以南各省份。烟台栖霞市等有引种栽培。

[用途] 经济树种，可供观赏。

（四）四数花属（吴茱萸属） *Tetradium*

臭檀 *Tetradium daniellii* T. G. Hartley

[形态特征] 落叶乔木，高可达 15 m。嫩枝暗紫红色。有小叶 5~9，小叶薄纸质，披针形或卵状椭圆形，长 7~15 cm，宽 2~6 cm，顶部长渐尖，基部阔楔形或近圆形，通常一侧略偏斜。圆锥状聚伞花序。果序圆锥形，分果瓣紫红色，背部几无毛，两侧面被疏毛。花期 6~7 月，果期 9~10 月。

[生态习性及分布] 适应性强，生长迅速，繁殖容易。国内分布于辽宁、河北、山西、陕西、甘肃、宁夏、青海、河南、安徽、江苏、湖北、四川、云南、贵州、西藏等省份。烟台牟平区、蓬莱区、招远市、栖霞市、龙口市等有分布。

[用途] 木材适做各种家具、器具；种子可榨油并药用，为优良的速生经济用材树种。

臭檀

（五）九里香属 *Murraya*

九里香 *Murraya exotica* Linn.

九里香

［形态特征］ 小乔木，高可达 8 m。枝白灰或淡黄灰色，当年生枝绿色。叶有小叶 3~7，小叶两侧常不对称，长 1~6 cm，宽 0.5~3 cm，顶端圆或钝，有时微凹，基部短尖，一侧略偏斜，边全缘，平展。花序通常顶生，或顶生兼腋生，花多朵聚成伞状；花白色，芳香。果橙黄至朱红色。花期4~8月，也有秋后开花，果期9~12月。

［生态习性及分布］ 喜温暖、湿润气候，喜阳光充足，耐旱，不耐寒，稍耐阴。国内分布于台湾、福建、广东、海南、广西五省份的南部。烟台蓬莱区等有温室栽培。

［用途］ 经济树种，可供观赏。

五十八、五加科 Araliaceae

（一）刺楸属 *Kalopanax*

1. **刺楸** *Kalopanax septemlobus* (Thunb.) Koidz.

［形态特征］ 落叶乔木，高约 10 m，树皮暗灰棕色；小枝淡黄棕色或灰棕色，散生粗刺；叶片纸质，在长枝上互生，在短枝上簇生，圆形或近圆形，直径 9~25 cm，掌状 5~7 浅裂。圆锥花序大，长 15~25 cm，直径 20~30 cm；伞形花序直径 1~2.5 cm，有花多数；花白色或淡绿黄色；果实球形，直径约 5 mm，蓝黑色。花期 7~10 月，果期 9~12 月。

刺楸

［生态习性及分布］ 喜光稍耐阴，喜土层深厚、湿润的酸性土和中性土，耐寒抗旱，抗病虫害能力强。国内分布于辽宁、河北、山西、陕西、河南、安徽、江苏、浙江、福建、江西、湖北、湖南、广东、广西、四川、云南、贵州等省份。烟台牟平区、昆嵛山、栖霞市、海阳市等有分布。

［用途］ 根皮为民间草药；也是花叶俱佳的观赏树种。

2. **深裂刺楸**（刺楸 变种）*Kalopanax septemlobus* (Thunb.) Koidz. var. *maximowiczi* (V. Houtt.) Hand.-Mazz.

深裂刺楸

[形态特征] 和原变种的区别在于叶片分裂较深，长达全叶片的3/4，裂片长圆状披针形，先端长渐尖，下面密生长柔毛，脉上更密。

[生态习性及分布] 耐寒，抗旱、抗病虫害能力强。烟台昆嵛山等有分布。

（二）常春藤属 *Hedera*

1. **常春藤** 中华常春藤（变种）*Hedera nepalensis* K. Koch var. *sinensis* (Tobler) Rehd.

常春藤

[形态特征] 常绿藤本，茎长5 m。幼枝具褐色星状毛。叶二形，生育枝上的叶卵形，全缘；营养枝上的叶3~5裂，顶端裂片最长、最尖；叶浓绿色，有光泽，叶脉色浅。花序伞球形，具细长总梗，花黄白色，各部均有灰白色星毛。果黑色，球形。花期9~10月，果期次年3~5月。

[生态习性及分布] 喜温暖、湿润及半阴条件，喜肥沃、湿润而排水良好的土壤，但不耐干燥与寒冷。国内分布于陕西、甘肃、河南、安徽、江苏、浙江、福建、江西、湖北、湖南、广东、广西、四川、云南、贵州、西藏等省份。烟台芝罘区、莱山区、牟平区、福山区、莱州市、栖霞市等有分布。

[用途] 华北常盆栽作室内及垂直绿化材料。

2. **洋常春藤** *Hedera helix* L.

[形态特征] 常绿攀援藤本。有气生根。花梗和嫩枝上被灰白色星状毛。单叶，互生；叶片革质，二型，营养枝上叶片每边有3~5裂片或牙齿，花枝上的叶片狭卵形，长5~10 cm，先端渐尖，基部楔形至截形，通常全缘，上面深绿色，具光泽，下面淡绿色；叶柄长10~20 mm。伞形花序通常数个排列成总状花序，花小，淡绿白色。核果圆球形，熟时黑色。花期9~10月，果期次年4~5月。

洋常春藤

[生态习性及分布] 原产于欧洲。烟台昆嵛山等有引种栽培。

[用途] 供绿化观赏。

（三）楤木属 *Aralia*

1. 楤木（原变种）*Aralia elata* (Miqu.) Seem. var. *elata*

[形态特征] 落叶灌木或乔木，高 2~5 m；树皮灰色，疏生粗壮直刺。叶为二回或三回羽状复叶，长 60~110 cm；羽片有小叶 5~11，小叶片纸质至薄革质，卵形、阔卵形或长卵形，长 5~12 cm，宽 3~8 cm，上面粗糙，疏生糙毛，下面有淡黄色或灰色短柔毛，脉上更密，边缘有锯齿，侧脉 7~10 对，两面均明显。圆锥花序大，长 30~60 cm。果实球形，黑色，有 5 棱。花期 6~8 月，果期 8~10 月。

楤木

[生态习性及分布] 喜光，喜温暖湿润环境。生于阴坡、半阴坡的灌丛及林缘。国内分布于河北、山西、陕西、甘肃、河南、安徽、江苏、浙江、福建、江西、湖北、湖南、广东、广西、四川、云南、贵州等省份。烟台昆嵛山等有分布。

[用途] 木材可做小器具；根皮可药用；嫩叶可食；为传统食药两用植物。

2. 辽东楤木（变种）*Aralia elata* (Miq.) Seem. var. *glabrescens* (Franch. & Sav.) Pojark.

[形态特征] 灌木或小乔木。树皮灰色；小枝灰棕色，疏生细刺；小叶在叶轴的两侧排列呈羽毛状，叶柄无毛；花黄白色；果实球形，黑色。花期 6~8 月，果期 9~10 月。

[生态习性及分布] 生于阴坡、半阴坡，灌丛及林缘。国内分布于河北、山西、陕西、甘肃、河南、安徽、江苏、浙江、福建、江西、湖北、湖南、广东、广西、四川、云南、贵州等省份。烟台昆嵛山、海阳市等有分布。

[用途] 木材可做小器具；根皮可药用；嫩叶可食。

辽东楤木

（四）鹅掌柴属 *Schefflera*

1. 鹅掌柴 *Schefflera octophylla*（Lour.）Harms

[形态特征] 乔木，高 2~15 m；小枝粗壮，干时有皱纹。小叶 6~10，椭圆形或倒卵状椭圆形，长 7~18 cm，先端尖或短渐尖，基部楔形或宽楔形，全缘，幼树之叶常具锯齿或羽裂，幼叶密被星状毛，老叶下面沿中脉及脉腋被毛，或无毛，侧脉 7~10 对；叶柄长 15~30 cm；花序圆锥形，长达 30 cm，花白色，芳香；果球形，花期 10~11 月，果期 12 月至次年 1 月。

鹅掌柴

[生态习性及分布] 喜半阴的环境，不耐寒。原产于大洋洲、中国广东和福建、南美洲等地的亚热带雨林。烟台蓬莱区等有室内盆栽。

[用途] 观赏植物。

2. 孔雀木 *Schefflera elegantissima* (Veitch ex Mast.) Lowry et Frodin

[形态特征] 常绿小乔木。树干和叶柄都有乳白色的斑点。叶互生，掌状复叶，小叶 7~11，条状披针形，长 7~15 cm，宽 1~1.5 cm，边缘有锯齿或羽状分裂，幼叶紫红色，后成深绿色；叶脉褐色，总叶柄细长。

孔雀木

[生态习性及分布] 喜温暖湿润环境，不耐寒；略喜光，不耐强光直射，喜肥沃、疏松土壤。国内分布于安徽、浙江、台湾、福建、江西、湖南、广东等省份。烟台福山区等有室内盆栽。

[用途] 观赏植物。

（五）八角金盘属 *Fatsia*

八角金盘 *Fatsia japonica* (Thunb.) Decne. et Planch.

[形态特征] 常绿灌木或小乔木，株高可达 3~5 m。幼枝及嫩叶密被易脱落的褐色毛。叶具长柄，基部膨大，叶掌状，7~9 深裂，具锯齿或波状，叶厚革质，表面深绿色而有光泽，叶主脉清晰。复伞房花序顶生，小花白色。浆果球形，紫黑色。花期 10~11 月。

八角金盘

[生态习性及分布] 喜温暖，不耐寒，忌酷热；忌强光；极耐阴湿，不耐旱，要求肥沃、疏松、排水良好的土壤。原产于日本南部，我国华北、华东地区有栽培。烟台福山区等作为室内盆栽或室外庭院温暖小环境地栽培。

[用途] 观赏植物。

（六）五加属 *Eleutherococcus*

无梗五加 *Eleutherococcus sessiliflorus* (Rupr. & Maxim.) S. Y. Hu

［形态特征］ 落叶灌木或小乔木。树皮暗灰色，有纵裂纹；枝无刺或疏生刺。掌状复叶，互生，具小叶 3~5；小叶片倒卵形或长圆状倒卵形至长圆状披针形，长 8~18 cm，宽 3~7 cm，先端渐尖，基部楔形，边缘有不整齐锯齿，两面无毛，羽状脉，侧脉 5~7 对；叶柄长 3~12 cm，小叶柄长 2~10 mm。头状花絮紧密，球形，直径 2~3.5 cm；花多数有 5~6，稀 10；头状花序组成顶生圆锥花序或复伞形花序；花序梗长 0.5~3 cm，密生短柔毛；花无梗；花萼密生白绒毛，边缘有 5 小齿；花瓣 5，卵形，浓紫色，长 1.5~2 mm，外面有短柔毛，后脱落；雌蕊子房下位，2 室，花柱合生呈柱状。浆果倒卵形，黑色，稍有棱，宿存花柱长达 3 mm。花期 8~9 月，果期 9~10 月。

无梗五加

［生态习性及分布］ 生于山谷杂木林。国内分布于黑龙江、吉林、辽宁、河北、山西等省份。烟台昆嵛山等有分布。

［用途］ 根皮亦称为五加皮；可保持水土。

五十九、龙胆科 Gentianaceae

灰莉属 *Fagraea*

灰莉 非洲茉莉 *Fagraea ceilanica* Thunb.

［形态特征］ 灌木或小乔木，高达 15 m，有时附生于其他树上呈攀援状；树皮灰色。小枝粗厚，圆柱形，老枝上有凸起的叶痕和托叶痕。叶片稍肉质，干后变纸质或近革质，长 5~25 cm，宽 2~10 cm，侧脉每边 4~8。花单生或组成顶生二歧聚伞花序；花冠漏斗状，长约 5 cm，质薄，稍带肉质，白色，芳香。浆果卵状或近圆球状。花期 4~8 月，果期 7 月至次年 3 月。

灰莉

［生态习性及分布］ 喜温暖、湿润及阳光充足的环境，耐半阴、耐热、耐旱、不耐寒，喜疏松、肥沃、排水良好的壤土。烟台福山区等有分布。

［用途］ 观赏植物。

六十、夹竹桃科 Apocynaceae

（一）络石属 *Trachelospermum*

络石 *Trachelospermum jasminoides* (Lindl.) Lem.

［形态特征］ 常绿木质藤本，长达 10 m，具乳汁；茎赤褐色，圆柱形，有皮孔；小枝被黄色柔毛，老时渐无毛。叶革质或近革质，椭圆形至卵状椭圆形或宽倒卵形，长 2~10 cm，宽 1~4.5 cm，顶端有时微凹或有小凸尖；叶面中脉微凹，侧脉扁平，叶背中脉凸起，侧脉每边 6~12。二歧聚伞花序腋生或顶生，花多朵组成圆锥状，与叶等长或较长；花白色，芳香。蓇葖双生。花期 3~7 月，果期 7~12 月。

［生态习性及分布］ 喜半阴湿润的环境，耐旱也耐湿，不耐严寒。国内分布于河北、陕西、安徽、江苏、浙江、福建、台湾、江西、湖北、湖南、广东、广西、四川、云南、贵州等省份。烟台蓬莱区、栖霞市等有分布。

［用途］ 供绿化观赏；根、茎、叶、果实可药用；茎皮纤维拉力强，可制绳索、造纸及人造棉；花芳香，可提“络石浸膏”。

络石

（二）夹竹桃属 *Nerium*

夹竹桃 柳叶桃 *Nerium oleander* L.

［形态特征］ 常绿灌木或小乔木。叶 3，轮生，狭披针形，长 11~15 cm，全缘而略反卷，侧脉密而平行，革质。花冠粉红色，漏斗形，5 裂片向右扭旋，有香气；成顶生聚伞花序。蓇葖果细长。花期几乎全年，夏、秋为最盛；果期一般在冬春季，栽培很少结果。

［生态习性及分布］ 喜光，喜温暖湿润气候，不耐寒，耐烟尘。原产于印度、尼泊尔、伊朗。烟台招远市等有引种栽培。

［用途］ 供绿化观赏；茎皮纤维为优良混纺原料；种子可榨油；叶、树皮、根、花、种子均有毒；叶、树皮可药用；为著名夏季木本观赏花卉。

夹竹桃

（三）白前属 *Vincetoxicum*

变色白前 *Vincetoxicum versicolor* (Bunge) Decne.

［形态特征］ 小灌木，高达 2 m，上部缠绕，下部直立；茎被茸毛。叶对生，宽卵形或卵状椭圆形，长 7~10 cm，基部圆或近心形，具缘毛，两面被黄色茸毛，侧脉 3~5 对；叶柄长 0.3~1.5 cm。聚伞花序伞状，副花冠较合蕊冠短，裂片三角形，肉质；花药菱形，顶端附属物圆形；花粉块椭球形；柱头稍凸起。蓇葖果宽披针状圆柱形，长 4~5 cm，径 0.8~1.0 cm。种子卵形，长约 5 mm，种毛长 2 cm。花期 5~8 月，果期 7~11 月。

变色白前

［生态习性及分布］ 国内分布于吉林、辽宁、河北、河南、四川、山东、江苏、浙江等省份。烟台海阳市等有分布。

［用途］ 根和根茎可药用；茎皮纤维为造纸原料；根含淀粉，并可提制芳香油。

（四）杠柳属 *Periploca*

杠柳 *Periploca sepium* Bunge

［形态特征］ 落叶蔓性灌木，长可达 1.5 m。叶卵状长圆形，长 5~9 cm，宽 1.5~2.5 cm；侧脉纤细，两面扁平，每边 20~25。聚伞花序腋生，着花数朵；花冠紫红色，张开直径 1.5 cm，蓇葖 2，圆柱状，长 7~12 cm。花期 5~6 月，果期 7~9 月。

［生态习性及分布］ 喜光，耐寒耐旱，耐瘠薄，耐阴，对土壤适应性强。国内分布于辽宁、吉林、内蒙古、河北、北京、山西、陕西、甘肃、河南、江苏、江西、四川、贵州等省份。烟台芝罘区、莱山区、昆嵛山、蓬莱区、招远市、龙口市等有分布。

［用途］ 根皮供药用，称为北五加皮；韧皮纤维可造纸或代麻；杠柳深根性，萌蘖力强，为良好的水土保持林灌木。

杠柳

六十一、唇形科 Lamiaceae(Labiatae)

百里香属 *Thymus*

地椒 *Thymus quinquecostatus* Celak.

［形态特征］ 落叶矮小半灌木。茎四棱形，斜上升到近水平伸展，营养枝数量通常少于花枝，疏被向下弯曲的疏柔毛；花枝多数，长 3~15 cm，直立或上升，花序以下密被向下弯曲的疏柔毛，毛在花枝下部较短而变疏；节间多数，通常短于叶。单叶对生，叶长圆状椭圆形或长圆状披针形，稀卵圆形或卵状披针形，长 0.7~2 cm，宽 1.5~8 mm，革质，无毛，密被腺点，基部渐狭，边缘全缘，边外卷，先端钝到锐尖。假轮伞花序紧密构成头状花序，有时花序长圆形；花苞片似于茎叶；小苞片通常脱落；花梗长达 4 mm，密被向下弯曲的毛；花萼管状钟状，长 5~6 mm，基部具柔毛，先端无毛，二唇形，上唇 3 齿，下唇 2 齿，上唇近等长于下唇，齿披针形，约到下唇的 1/2；花冠粉红色，长 6.5~7 mm，花冠筒比花萼短；雄蕊 4，伸出花冠；雌蕊 1，子房上位，4 裂，花柱柱头 2 裂。小坚果黑褐色。花期 7~9 月，果期 9~10 月。

［生态习性及分布］ 生于山坡丘陵、向阳坡地等。国内分布于辽宁、河北、山西、河南等省份。烟台昆嵛山等有分布。

［用途］ 全株可药用；也可提取香料。

地椒

六十二、茄科 Solanaceae

枸杞属 *Lycium*

1. 宁夏枸杞 *Lycium barbarum* Linn.

[形态特征] 落叶灌木，高 0.8~2 m；分枝细密，多开展而略斜升或弓曲，有纵棱纹，灰白色或灰黄色，无毛而微有光泽，有不生叶的短棘刺和生叶、花的长棘刺。叶互生或簇生，披针形或长椭圆状披针形，顶端短渐尖或急尖，基部楔形，长 2~3 cm，宽 4~6 mm，略带肉质，叶脉不明显。花在长枝上 1~2 朵生于叶腋，在短枝上 2~6 朵同叶簇生。浆果红色或在栽培类型中也有橙色，果皮肉质，多汁液，形状及大小由于经长期人工培育或植株年龄、生境的不同而多变，长 8~20 mm，直径 5~10 mm。花果期较长，一般从 5 月到 10 月边开花边结果。

宁夏枸杞

[生态习性及分布] 深根性，适应性强，耐盐、耐寒、耐旱，喜盐渍化的砂质壤土。国内分布于内蒙古、河北、山西、陕西、甘肃、宁夏、青海、新疆等省份。烟台招远市等有分布。

[用途] 根皮可入药；果实可入药；为药食两用植物。

2. 枸杞 *Lycium chinense* Mill.

[形态特征] 落叶蔓性灌木，高 0.5~1 m，枝条细弱，弓状弯曲或俯垂，淡灰色，有纵条纹，棘刺长 0.5~2 cm，生叶和花的棘刺较长，小枝顶端锐尖成棘刺状。叶纸质或栽培者质稍厚，单叶互生或 2~4 枚簇生，长 1.5~5 cm，宽 0.5~2.5 cm。花在长枝上单生或双生于叶腋，在短枝上则同叶簇生；花冠漏斗状，长 9~12 mm，淡紫色。浆果红色，卵状，长 7~15 mm。花果期 6~11 月。

[生态习性及分布] 喜温暖，也耐寒；喜光，也耐阴；对土壤要求不严，但以排水良好的石灰质砂壤土为好，耐旱，耐瘠薄，耐盐碱，忌黏土和低洼湿地。国内分布于黑龙江、吉林、辽宁、河北、山西、陕西、甘肃、河南、安徽、江苏、浙江、福建、台湾、江西、湖北、湖南、广东、广西、海南、四川、云南、贵州等省份。烟台芝罘区、莱山区、牟平区、福山区、昆嵛山、莱州市、蓬莱区、招远市、栖霞市、莱阳市、龙口市等有分布。

枸杞

[用途] 根皮可药用；果实可药用。

3. **黑果枸杞** *Lycium ruthenicum* Murray

[形态特征] 落叶灌木，高 20~50 cm，最高可达 100 cm，多棘刺。茎多分枝；分枝斜升或匍匐，白色或灰白色，坚硬，有不规则的纵条纹，小枝顶端成棘刺状，节间短缩，每节有长 3~15 mm 的短棘刺。叶长 0.5~3 cm，宽 2~7 mm，2~6 枚簇生在短枝上，在幼嫩的枝条上互生，肉质，近无柄，条形、条状披针形或稀条状倒披针形，顶端钝圆，基部渐狭，中脉不明显。花 1~2 朵生于短枝上；花梗细瘦，长 0.5~1 cm；花萼狭钟状，长 4~5 mm，果时稍膨大成半球状，包围于果实中下部，不规则 2~4 浅裂，裂片边缘疏生缘毛；花冠漏斗状，浅紫色，长约 1.2 cm，裂片矩圆状卵形，长为筒部的 1/3~1/2，不具缘毛；雄蕊着生于花冠筒中部，稍伸出花冠，花丝离基部稍上处有疏绒毛；花柱与雄蕊近等长。浆果紫黑色，球状，有时顶端稍凹陷，直径 4~9 mm。种子棕褐色，肾形，长 1.5 mm，宽 2 mm。花期 5~8 月，果期 8~10 月。

黑果枸杞

[生态习性及分布] 耐干旱，常生于盐碱地、沙地或路旁。国内分布于陕西西北部、宁夏、甘肃、青海、新疆、西藏等省份。烟台昆嵛山等有引种栽培。

[用途] 果可酿酒、做保养保健品；植株耐盐、耐旱，可作为盐碱地的绿化植物。

六十三、马鞭草科 Verbenaceae

（一）大青属 *Clerodendrum*

1. **海州常山** 臭梧桐 *Clerodendrum trichotomum* Thunb.

[形态特征] 落叶灌木或小乔木，高达 8 m，有臭味；幼枝有柔毛。单叶对生，卵形，长 5~16 cm，全缘或疏生波状齿，基部截形或广楔形，背面有柔毛。花香，花冠白色或带粉红色，花筒细长，顶端 5 裂并开展，花萼紫红色，5 深裂，雄蕊长而外露；聚伞花序生于枝端叶腋；核果蓝紫色。花果期 6~11 月。

海州常山

[生态习性及分布] 喜阳光充足、温暖、湿润，但也耐半阴、耐旱，耐寒性不强。原产于我国辽宁、甘肃、陕西以及华北、东南、西南各地。烟台牟平区、蓬莱区、招远市、栖霞市、莱阳市、海阳市等有分布。

[用途] 具有药用价值。

2. **臭牡丹** *Clerodendrum bungei* Steud.

［形态特征］ 落叶灌木，高 1~2 m，有臭味；花序轴、叶柄密被褐色、黄褐色或紫色脱落性的柔毛；小枝近圆形，皮孔显著。叶片纸质，宽卵形或卵形，长 8~20 cm，宽 5~15 cm，边缘具粗或细锯齿，侧脉 4~6 对。伞房状聚伞花序顶生，密集；花冠淡红色、红色或紫红色。核果近球形，径 0.6~1.2 cm，成熟时蓝黑色。花果期 5~11 月。

［生态习性及分布］ 喜光照，耐半阴；喜温暖湿润气候，耐寒，耐旱；对土壤要求不高。国内分布于华北、西北、西南地区。烟台栖霞市等有分布。

［用途］ 根、茎、叶可入药。

臭牡丹

（二）紫珠属 *Callicarpa*

1. **白棠子树** 小紫珠 *Callicarpa dichotoma* (Lour.) K. Koch.

［形态特征］ 多分枝的落叶小灌木，高 1~3 m；小枝纤细，幼嫩部分有星状毛。叶倒卵形或披针形，长 2~6 cm，宽 1~3 cm；侧脉 5~6 对。聚伞花序在叶腋的上方着生，细弱，宽 1~2.5 cm，2~3 次分歧，花序梗长约 1 cm，略有星状毛，至结果时无毛；花冠紫色。果实球形，紫色。花期 5~6 月，果期 7~11 月。

白棠子树

［生态习性及分布］ 喜光，喜肥沃湿润土壤，耐寒，耐干旱瘠薄。国内分布于河北、河南、安徽、江苏、浙江、福建、台湾、江西、湖北、湖南、广东、广西、贵州等省份。烟台牟平区、昆嵛山、蓬莱区、招远市、海阳市等有分布。

［用途］ 根、叶可药用；叶片可提取芳香油；可供绿化观赏，全株可入药。

2. 日本紫珠 *Callicarpa japonica* Thunb.

[形态特征] 落叶灌木，高约 2 m；小枝圆柱形，无毛。叶片倒卵形、卵形或椭圆形，长 7~12 cm，宽 4~6 cm。聚伞花序细弱而短小，宽约 2 cm，2~3 次分歧；花冠白色或淡紫色。花期 6~7 月，果期 8~10 月。

[生态习性及分布] 生于山坡和谷地溪旁的丛林中。国内分布于辽宁、河北、安徽、江苏、浙江、台湾、江西、湖北、湖南、四川、贵州等省份。烟台昆嵛山、蓬莱区、招远市等有分布。

[用途] 庭院观赏植物。

日本紫珠

（三）牡荆属 *Vitex*

1. 黄荆（原变种）*Vitex negundo* Linn. var. *negundo*

[形态特征] 落叶灌木或小乔木。小枝四棱形，密生灰白色绒毛。掌状复叶，小叶 5；小叶片长圆状披针形，顶端渐尖，基部楔形，全缘或每边有少数粗锯齿，表面绿色，背面密生灰白色绒毛；中间小叶长 4~13 cm，宽 1~4 cm。聚伞花序排成圆锥花序式，顶生，长 10~27 cm，花序梗密生灰白色绒毛；花冠淡紫色，外有微柔毛，顶端 5 裂，二唇形。核果近球形。花期 5~6 月，果期 10~11 月。

[生态习性及分布] 喜光，能耐半阴，耐干旱、瘠薄和寒冷，耐修剪。生于上坡灌丛。国内分布于陕西、青海、河南、安徽、江苏、浙江、福建、台湾、江西、湖北、湖南、广东、广西、海南、四川、云南、贵州、西藏等省份。烟台莱山区、牟平区、福山区、昆嵛山、莱州市、招远市、栖霞市、莱阳市、海阳市、龙口市等有分布。

[用途] 良好的水土保持灌木；枝条可编筐等；茎皮可造纸及制人造棉；叶、果实及根均可药用；花和枝叶可提取芳香油；为重要的蜜源植物。

黄荆

2. **荆条**（黄荆 变种）*Vitex negundo* Linn. var. *heterophylla* (Franch.) Rehd.

荆条

[形态特征] 小叶片边缘有缺刻状锯齿，浅裂以至深裂，背面密被灰白色绒毛。

[生态习性及分布] 生于低山丘陵向阳干旱山坡。国内分布于辽宁、河北、陕西、山西、甘肃、河南、江苏、安徽、江西、湖南、四川、贵州等省份。烟台芝罘区、牟平区、福山区、蓬莱区等有分布。

[用途] 良好的水土保持灌木；枝条可编筐等；茎皮可造纸及制人造棉；叶、果实及根均可药用；花和枝叶可提取芳香油；为重要的蜜源植物。

牡荆

3. **牡荆**（黄荆 变种）*Vitex negundo* Linn. var. *cannabifolia* (Sieb. et Zucc.) Hand-Mazz.

[形态特征] 小枝绿色；叶两面绿色，仅沿叶脉短柔毛，小叶两侧叶缘有 5~6 粗圆齿；花淡黄紫色；果实褐色。

[生态习性及分布] 国内分布于河北、河南、湖南、广东、广西、四川、贵州等省份。烟台莱州市、招远市等有分布。

[用途] 良好的水土保持灌木；枝条可编筐等；茎皮可造纸及制人造棉；叶、果实及根均可药用；花和枝叶可提取芳香油；为重要的蜜源植物。

4. **单叶蔓荆** *Vitex rotundifolia* Linn. f.

单叶蔓荆

[形态特征] 落叶小乔木或灌木状。茎匍匐，节处常生不定根。单叶对生，叶片倒卵形或近圆形，顶端通常钝圆或有短尖头，基部楔形，全缘，长 2.5~5 cm，宽 1.5~3 cm。花和果实的形态特征同原变种。花期 7~9 月，果期 8~10 月。

[生态习性及分布] 喜光，能耐半阴，耐干旱、瘠薄和寒冷，耐修剪。国内分布于辽宁、河北、河南、安徽、江苏、浙江、福建、台湾、江西、广东等省份。烟台蓬莱区、牟平区等有分布。

[用途] 果实可药用；茎叶可提取芳香油；为良好的固沙植物；可供绿化观赏。

六十四、木犀科 Oleaceae

（一）雪柳属 *Fontanesia*

雪柳 过街柳（亚种）*Fontanesia philliraeoides* Labill. subsp. *fortunei* (Carr.) Yaltirik

［形态特征］ 落叶灌木或小乔木，高可达 8 m；树皮灰褐色；枝灰白色，圆柱形，小枝淡黄色或淡绿色，四棱形或具棱角，无毛；叶片纸质，侧脉 2~8 对，斜向上延伸，圆锥花序顶生或腋生，顶生花序长 2~6 cm，腋生花序较短，长 1.5~4 cm；花两性或杂性同株；果黄棕色，倒卵形至倒卵状椭圆形，扁平，先端微凹，花柱宿存，边缘具窄翅。花期 4~6 月，果期 8~10 月。

雪柳

［生态习性及分布］ 喜光，稍耐阴，喜温暖湿润气候。适应性强，耐寒，耐旱，耐瘠薄。国内分布于河北、陕西、河南、安徽、江苏、浙江、湖北等省份。烟台牟平区、福山区、蓬莱区、招远市、莱州市、栖霞市、莱阳市、海阳市等有分布。

［用途］ 枝条可编筐；茎皮可制人造棉；嫩叶可代茶；可供绿化观赏。

（二）梣属 *Fraxinus*

1. 白蜡树 梣蜡条（原亚种）*Fraxinus chinensis* Roxb. subsp. *chinensis*

［形态特征］ 落叶乔木，高 10~12 m；树皮灰褐色，纵裂。小枝黄褐色。羽状复叶长 15~25 cm；叶柄长 4~6 cm；叶轴挺直，上面具浅沟，小叶 5~7，硬纸质，卵形、倒卵状长圆形至披针形，长 3~10 cm，宽 2~4 cm，叶缘具整齐锯齿，侧脉 8~10 对，下面凸起，细脉在两面凸起，明显网结。圆锥花序顶生或腋生枝梢，雄花密集，花萼小，钟状，雌花疏离，花萼大，桶状。翅果匙形，长 3~4 cm，宽 4~6 mm，上中部最宽，先端锐尖，基部渐狭，翅平展，下延至坚果中部，坚果圆柱形，长约 1.5 cm。花期 4~5 月，果期 7~9 月。

白蜡树

［生态习性及分布］ 喜光，耐低湿，也耐干旱，抗烟尘。国内分布于各省份。烟台各区市均有分布。

［用途］ 木材坚硬有弹性，可制作车辆、农具；为常用景观绿化树种；树皮也作药用，即秦皮。

2. **大叶白蜡树** 花曲柳（亚种）*Fraxinus chinensis* Roxb. subsp. *rhynchophylla* (Hance) E. Murray

［形态特征］ 落叶大乔木，高 12~15 m，树皮灰褐色，光滑，老时浅裂。当年生枝淡黄色，通直，去年生枝暗褐色，皮孔散生。羽状复叶长 15~35 cm；叶柄长 4~9 cm，基部膨大；叶轴上面具浅沟，小叶着生处具关节，节上有时簇生棕色曲柔毛；小叶 5~7，革质，阔卵形、倒卵形或卵状披针形，长 3~11 cm，圆锥花序顶生或腋生当年生枝梢，长约 10 cm；翅果线形，长约 3.5 cm，宽约 5 mm，先端钝圆、急尖或微凹，翅下延至坚果中部，具宿存萼。花期 4~5 月，果期 9~10 月。

［生态习性及分布］ 对气候、土壤要求不严。国内分布于黑龙江、吉林、辽宁、河北、山西、陕西、甘肃、河南等省份。烟台牟平区、昆嵛山、蓬莱区、招远市、栖霞市、海阳市、龙口市、莱州市等有分布。

［用途］ 木材坚硬而有弹性，可供车辆、农具用材，枝条供编织；干、枝可药用；种子含油 15.8%，可制肥皂及工业用油；可作为行道树及护堤树种。

大叶白蜡

3. **水曲柳** *Fraxinus mandschurica* Rupr.

［形态特征］ 落叶大乔木，高达 30 m 以上，胸径达 2 m；树皮厚，灰褐色，纵裂。小枝粗壮，黄褐色至灰褐色，四棱形，节膨大，光滑无毛，散生圆形明显凸起的小皮孔；羽状复叶长 25~35 cm；小叶 7~11，纸质，长圆形至卵状长圆形，长 5~20 cm，宽 2~5 cm，侧脉 10~15 对。圆锥花序生于去年生枝上，先叶开放，长 15~20 cm。翅果大而扁，长圆形至倒卵状披针形，长 3~3.5 cm，宽 6~9 mm，中部最宽，先端钝圆、截形或微凹，翅下延至坚果基部，明显扭曲，脉棱凸起。花期 4~5 月，果期 9~10 月。

水曲柳

［生态习性及分布］ 阳性树种，喜湿润，但不耐水渍。幼龄期稍耐阴，成龄后则需要充分的光照，耐寒性强。国内分布于黑龙江、吉林、辽宁、河北、山西、陕西、甘肃、河南、湖北等省份。烟台福山区、昆嵛山、栖霞市等有分布。

［用途］ 木材可作建筑、火车车厢、造船、家具、枕木、胶合板等用材。

4. **洋白蜡** 美国红梣 毛白蜡 红梣 *Fraxinus pennsylvanica* Marsh.

[形态特征] 落叶乔木。树皮纵裂，灰褐色至暗灰色；小枝圆柱形，红棕色，被黄色柔毛或有时无毛；顶芽圆锥形，先端尖。一回奇数羽状复叶，对生，连叶柄长 15~30 cm，具小叶 5~9，通常 7，叶轴及叶柄无毛；小叶片薄革质，长卵形或长圆状披针形，长 4~13 cm，宽 2~8 cm，先端渐尖或急尖，基部宽楔形，边缘具钝齿或近全缘，上面无毛，下面仅沿脉有短柔毛，羽状脉，侧脉 7~9 对，脉在上面凹下，下面突起；小叶无柄或近无柄。圆锥花序侧生于去年生枝上，长 5~20 cm，有绒毛或无毛；雄花与两性花异株，无花冠；雄花花萼小，萼齿 4~5，长约 2 mm，雄蕊 2，花丝极短；两性花花萼较宽，雄蕊 2，雌蕊 1，子房上位，2 室，柱头 2 裂。翅果狭倒披针形，长 2.5~5.5 cm，扁平，顶端钝圆或稍尖，果翅下延至果体中部，翅比果体长，果体圆柱形；宿存花萼长 1~2 mm。花期 4 月，果期 9~10 月。

[生态习性及分布] 阳性树种，喜湿润，抗风、抗烟尘，耐盐碱。烟台莱山区、栖霞市等有分布。

[用途] 绿化观赏及行道树种；木材可作建筑、造船、体育器材、农具、家具及工艺品等用。但树皮不含七叶苷和七叶素的有效成分，故不能作秦皮药用。

洋白蜡

5. **绒毛白蜡** *Fraxinus velutina* Torr.

[形态特征] 落叶乔木。树皮灰色，纵裂；小枝及芽密被短柔毛。一回奇数羽状复叶，对生，长 10~20 cm；具小叶 3~9，常 5，叶轴连同叶柄密被短柔毛；小叶片椭圆形至椭圆状披针形，长 3~7 cm，宽 2~4 cm，先端急尖，基部阔楔形，全缘，两面均有短柔毛，下面尤密，有时叶两面无毛，羽状脉，网脉明显；小叶具短柄或近无柄，密被短柔毛。圆锥花序侧生于去年生枝上；花萼齿 4~5；无花冠；雄花有雄蕊 2~3，花丝极短，花药长圆形，黄色；雌花中雌蕊 1，子房上位，略下延，稀下延至果体中部，果翅等于或短于果体。花期 4 月，果熟期 10 月。

[生态习性及分布] 喜光的温带树种，幼年时耐阴，耐水湿，在壤土、砂质土、盐碱地上都可以种植。我国引种栽培已久，分布遍及全国各地。烟台海阳市、龙口市等有栽培。

[用途] 能耐盐碱及低湿，可作为内陆及滨海盐碱地造林树种；木材可供车辆、农具、体育器材等用。

绒毛白蜡

6. **对节白蜡** 湖北梣 湖北白蜡 *Fraxinus hupehensis* Ch'u & Shang & Su

［形态特征］ 落叶大乔木，高可达 19 m，胸径可达 1.5 m；树皮深灰色，老时纵裂；营养枝常呈棘刺状，小枝挺直。羽状复叶长 7~15 cm；叶柄长 3 cm，基部不增厚；叶轴具狭翅，小叶着生处有关节；小叶 7~9，革质，披针形至卵状披针形，长 1.7~5 cm，宽 0.6~1.8 cm，先端渐尖，基部楔形，叶缘具锐锯齿，上面无毛，下面沿中脉基部被短柔毛，侧脉 6~7 对。花杂性，密集簇生于去年生枝上。翅果匙形，中上部最宽，先端急尖。花期 2~3 月，果期 9 月。

对节白蜡

［生态习性及分布］ 喜光，喜温暖气候，不耐寒。华北均作盆栽，冬季入室防寒。产于湖北，为我国特有树种。烟台芝罘区、福山区、招远市等有分布。

［用途］ 干枝古朴、小叶秀丽，又因其耐修剪，生长速度快的特点，常用于树木造型或盆景。

7. **苦枥木** *Fraxinus insularis* Hemsl.

［形态特征］ 落叶大乔木，高 20~30 m，胸径 30~85 cm；树皮灰色，平滑；嫩枝扁平，细长而直，棕色至褐色，皮孔细小，点状凸起，白色或淡黄色，节膨大；芽狭三角状圆锥形，密被黑褐色茸毛，干后变黑色光亮，芽鳞紧闭，内侧密被黄色曲柔毛。羽状复叶长 10~30 cm；叶柄长 5~8 cm，基部稍增厚，变黑色；叶轴平坦，具不明显浅沟；小叶 3~7，嫩时纸质，后期变硬纸质或革质，长圆形或椭圆状披针形，长 6~13 cm，宽 2.0~4.5 cm，顶生小叶与侧生小叶近等大，先端急尖、渐尖以至尾尖，基部楔形至钝圆，两侧不等大，叶缘具浅锯齿，或中部以下近全缘，两面无毛，上面深绿色，下面色淡白，散生微细腺点，中脉在上面平坦，下面凸起，侧脉 7~11 对，细脉网结甚明显；小叶柄纤细，长 0.5~1.5 cm。圆锥花序生于当年生枝端，顶生及侧生叶腋，长 20~30 cm，分枝细长，多花；花序梗扁平而短，基部有时具叶状苞片，无毛或被细柔毛；花梗丝状，长约 3 mm；花芳香；花萼钟状，齿截平，上方膜质，长 1 mm，宽 1.5 mm；花冠白色，裂片匙形，长约 2 mm，宽 1 mm；雄蕊伸出花冠外，花药长 1.5 mm，顶端钝，花丝细长；雌蕊长约 2 mm，花柱与柱头近等长，柱头 2 裂。翅果红色至褐色，长匙形，长 2~4 cm，宽 3.5~5.0 mm，先端钝圆，微凹并具短尖，翅下延至坚果上部，坚果近扁平；花萼宿存。花期 4~5 月，果期 7~9 月。

苦枥木

［生态习性及分布］ 适应性强，生于各种海拔高度的山地、河谷等处。产自我国长江以南各省份。烟台海阳市招虎山有引种栽培。

［用途］ 树皮有消炎、镇痛的作用。

8. **小叶梣** *Fraxinus bungeana* DC.

［形态特征］ 落叶小乔木或灌木。当年生枝淡黄色，密被茸毛，渐脱落。羽状复叶长5~15 cm；叶轴被茸毛；小叶5~7，硬纸质，宽卵形、菱形或卵状披针形，长2~5 cm，先端尾尖，基部宽楔形，具深锯齿或缺刻，两面无毛；小叶柄长0.2~1.5 cm，被柔毛。圆锥花序顶生或腋生枝端，疏被茸毛；花杂性，花梗细，长约3 mm；雄花较小，花萼杯状，长约0.5 mm；花冠白或淡黄色，裂片长4~6 mm，雄蕊与裂片近等长；两性花花冠裂片长达8 mm，雄蕊短。翅果匙状长圆形，长2~3 cm，宽3~5 mm，先端尖、钝圆或微凹，翅下延至坚果中下部。花期5月，果期8~9月。

小叶梣

［生态习性及分布］ 适应性强，抗寒，耐干旱，较耐盐碱，对土壤要求不严，耐干燥瘠薄的土壤，根系发达，抗风力强。生于干燥向阳的砂质土壤或岩石缝隙中。产自我国辽宁、河北、山西、山东、安徽、河南等省份。烟台海阳市等有栽培。

［用途］ 树皮用作中药秦皮；木材坚硬，可制小农具。

（三）连翘属 *Forsythia*

1. **连翘** *Forsythia suspensa* (Thunb.) Vahl.

［形态特征］ 落叶灌木。枝开展而下垂，棕色、棕褐色或淡黄褐色，小枝土黄色或灰褐色，略呈四棱形，疏生皮孔，节间中空，节部具实心髓。叶通常为单叶，或3裂至3出复叶，叶片卵形至椭圆形，长2~10 cm，宽1.5~5 cm，先端锐尖，基部圆形、宽楔形至楔形，叶缘除基部外具锐锯齿或粗锯齿，上面深绿色，下面淡黄绿色，两面无毛。花先于叶开放，花冠黄色，裂片4，倒卵状长圆形或长圆形。果卵球形、卵状椭圆形或长椭圆形，长1.2~2.5 cm，宽0.6~1.2 cm，先端喙状渐尖，表面疏生皮孔。花期3~4月，果期7~8月。

［生态习性及分布］ 喜光，耐寒，耐干旱，抗病虫害能力较强，但怕涝。国内分布于河北、山西、陕西、甘肃、河南、安徽、湖北、四川、云南等省份。烟台各地均有分布。

［用途］ 果实可药用；可用于绿化观赏及水土保持。

连翘

2. **金钟花** *Forsythia viridissima* Lindl.

［形态特征］ 落叶灌木，高可达 3 m。枝棕褐色或红棕色，直立，小枝绿色或黄绿色，呈四棱形，皮孔明显，具片状髓。叶片长椭圆形至披针形，长 3.5~15 cm，宽 1~4 cm，先端锐尖，基部楔形，通常上半部具不规则锐锯齿或粗锯齿，稀近全缘，上面深绿色，下面淡绿色，两面无毛，中脉和侧脉在上面凹入，下面凸起。花先于叶开放，裂片 4，花冠深黄色。果卵形或宽卵形，先端喙状渐尖，具皮孔。花期 3~4 月，果期 8~11 月。

［生长习性及分布］ 喜光、稍耐半阴，好湿润亦耐旱。国内分布于安徽、江苏、浙江、福建、江西、湖北、湖南、云南等省份。烟台芝罘区、莱山区、牟平区、昆嵛山、蓬莱区、莱阳市、龙口市等有分布。

［用途］ 华北常见的观赏花木。

金钟花

（四）丁香属 *Syringa*

1. **紫丁香** 华北紫丁香 *Syringa oblata* Lindl.

［形态特征］ 落叶灌木或小乔木，高可达 5 m；树皮灰褐色或灰色。小枝较粗，疏生皮孔。叶片革质或厚纸质，卵圆形，基部心形、截形至近圆形，宽常大于长，长 2~14 cm，宽 2~15 cm。圆锥花序直立，由侧芽抽生，近球形或长圆形，长 4~16 cm，宽 3~7 cm；花冠紫色，长 1.1~2 cm，花药黄色，位于距花冠管喉部内。果倒卵状椭圆形、卵形至长椭圆形，先端长渐尖，光滑。花期 4~5 月，果期 6~10 月。

紫丁香

［生态习性及分布］ 耐寒耐旱，喜光，对土壤要求不严。国内分布于吉林、辽宁、内蒙古、河北、山西、陕西、甘肃、宁夏、青海、河南、四川等省份。烟台莱山区、牟平区、福山区、蓬莱区、昆嵛山、莱州市、招远市、栖霞市、莱阳市、海阳市、龙口市等有分布。

［用途］ 供绿化观赏；嫩叶可代茶；木材可制农具。

白丁香

2. **白丁香**（紫丁香 变种）*Syringa oblata* Lindl.var. *alba* Hort. ex Rehd.

[形态特征] 花白色，叶片较小，其他特征与紫丁香基本一致。

[生态习性及分布] 喜光，稍耐阴，耐干旱，耐寒，不耐热，喜湿润而排水良好的土壤。烟台牟平区、芝罘区、蓬莱区、招远市、栖霞市、海阳市、龙口市、莱州市等有分布。

[用途] 庭院观赏植物或作为切花。

3. **欧洲丁香** 洋丁香 *Syringa vulgaris* Linn.

[形态特征] 落叶灌木或小乔木，高 3~7 m；树皮灰褐色。小枝、叶柄、叶片两面、花序轴、花梗和花萼均无毛，或具腺毛，老时脱落。小枝棕褐色，略带四棱形，疏生皮孔。叶片卵形、宽卵形或长卵形，长 3~13 cm，宽 2~9 cm，先端渐尖，基部截形、宽楔形或心形。圆锥花序近直立，由侧芽抽生，宽塔形至狭塔形，或近圆柱形，长 10~20 cm；花序轴疏生皮孔；花冠紫色或淡紫色，长 0.8~1.5 cm，直径约 1 cm，花冠管细弱，近圆柱形，长 0.6~1 cm。果倒卵状椭圆形、卵形至长椭圆形，长 1~2 cm，先端渐尖或骤凸，光滑。花期 4~5 月，果期 6~7 月。

欧洲丁香

[生态习性及分布] 喜光，稍耐阴，耐干旱，耐寒，不耐热，喜湿润而排水良好的土壤。原产于欧洲。烟台栖霞市等有引种栽培。

[用途] 庭院观赏植物或作为切花。

4. **巧玲花** 毛叶丁香（原亚种）*Syringa pubescens* Turcz. subsp. *pubescens*

[形态特征] 落叶灌木，高 1~4 m；树皮灰褐色。小枝带四棱形，无毛，疏生皮孔。叶片卵形、椭圆状卵形、菱状卵形或卵圆形。长 1.5~8 cm，宽 1~5 cm，先端锐尖至渐尖或钝，基部宽楔形至圆形，叶缘具睫毛。圆锥花序直立，通常由侧芽抽生，长 5~16 cm，宽 3~5 cm；花冠紫色，盛开时呈淡紫色，后渐近白色，花冠管细弱，近圆柱形，长 0.7~1.7 cm，裂片展开或反折，长圆形或卵形，长 2~5 mm，先端略呈兜状而具喙。果通常为长椭圆形，长 0.7~2 cm，宽 3~5 mm，先端锐尖或具小尖头，或渐尖，皮孔明显。花期 5~6 月，果期 6~8 月。

巧玲花

[生态习性及分布] 喜阳，耐旱，较耐寒，耐瘠薄。国内分布于河北、陕西、山西、河南等省份。烟台招远市等有分布。

[用途] 庭院观赏植物，茎可入药。

5. **小叶巧玲花** 四季丁香（巧玲花 亚种）*Syringa pubescens* Turcz. subsp. *microphylla* (Diels.) M. C. Chang et X. L. Chen

[形态特征] 小枝、花序轴近圆柱形，连同花梗、花萼呈紫色，被微柔毛或短柔毛，稀密被短柔毛或近无毛；花冠紫红色，盛开时外面呈淡紫红色，内带白色，长 0.8~1.7 cm。花期 5~6 月，栽培的每年开花两次，第一次春季，第二次 8~9 月，故称四季丁香，果期 7~10 月。

[生态习性及分布] 喜阳，耐旱，较耐寒，耐瘠薄。与原亚种区别在于后者小枝、花序轴呈四棱形，通常无毛；花冠紫色。两者分布重叠区在陕西华山一带。烟台招远市等有分布。

[用途] 庭院观赏植物或作为切花。

小叶巧玲花

6. **北京丁香** *Syringa pekinensis* Rupr.

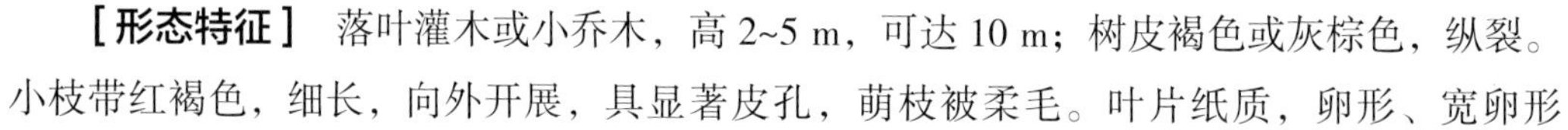

[形态特征] 落叶灌木或小乔木，高 2~5 m，可达 10 m；树皮褐色或灰棕色，纵裂。小枝带红褐色，细长，向外开展，具显著皮孔，萌枝被柔毛。叶片纸质，卵形、宽卵形至近圆形；花冠白色，呈辐状。果长椭圆形至披针形，长 1.5~2.5 cm，先端锐尖至长渐尖，光滑，稀疏生皮孔。花期 5~8 月，果期 8~10 月。

北京丁香

[生态习性及分布] 喜光，耐阴、耐干旱和耐寒。国内分布于内蒙古、河北、山西、陕西、甘肃、宁夏、河南、四川等省份。烟台福山区等有分布。

[用途] 可供绿化观赏；木材供细木工用；花可提取芳香油；嫩叶可代茶。

7. **暴马丁香** *Syringa amurensis* Rupr.

[形态特征] 落叶小乔木或灌木，高 4~10 m，可达 15 m，具直立或开展枝条；树皮紫灰褐色，具细裂纹。叶片厚纸质，宽卵形、卵形至椭圆状卵形，或为长圆状披针形，长 2.5~13 cm，宽 1~6 cm，上面黄绿色，干时呈黄褐色，侧脉和细脉明显凹入使叶面呈皱缩，下面淡黄绿色，秋时呈锈色；花序轴具皮孔；花冠白色，花药黄色。果长椭圆形。花期 6~7 月，果期 8~10 月。

暴马丁香

[生态习性及分布] 喜光，喜温暖、湿润，耐寒性和耐旱力强，稍耐阴，耐瘠薄，喜肥沃、排水良好的土壤，忌水湿。国内分布于吉林、辽宁、内蒙古等省份。烟台蓬莱区、福山区、莱州市、海阳市等有分布。

[用途] 优良的庭院观赏树种。

（五）流苏属 *Chionanthus*

流苏树 牛筋子 *Chionanthus retusus* Lindl. & Paxt.

［形态特征］ 落叶灌木或乔木，高可达 20 m。树皮灰褐色，纵裂。叶片革质或薄革质，叶形变异较大，长圆形、椭圆形或圆形，中脉在上面凹入，下面凸起，侧脉 3~5 对。聚伞状圆锥花序，长 3~12 cm，生于侧枝顶端，花冠白色，4 深裂，裂片线状倒披针形，长 1.5~2.5 cm，宽 0.5~3.5 mm。果椭圆形，被白粉，呈蓝黑色或黑色。花期 4~5 月，果期 6~11 月。

流苏树

［生态习性及分布］ 喜光，耐寒，不耐水涝，能在山谷石隙缝间及砾石地上生长。国内分布于陕西、甘肃、河南、安徽、江苏、浙江、福建、江西、湖北、湖南、广东、广西、海南、四川、云南、贵州、西藏等省份。烟台蓬莱区、牟平区、昆嵛山、莱州市、招远市、莱阳市、海阳市等有分布。

［用途］ 芽和叶具有药用价值；嫩叶可代茶叶；木材坚重细致，可制作器具；也是名贵花金桂的砧木；4 月开花秀丽美观，被称为四月雪。

（六）木犀属 *Osmanthus*

1. **桂花** 木犀 *Osmanthus fragrans* (Thunb.) Lour.

［形态特征］ 常绿乔木或灌木，高可达 18 m。叶片革质，椭圆形至长椭圆形，长 7~14.5 cm，宽 2.6~4.5 cm，先端渐尖，全缘或通常上半部具细锯齿，两面无毛，腺点在两面连成小水泡状突起，叶脉在上面凹入，下面凸起。聚伞花序簇生于叶腋，或近于帚状，每腋内有花多朵；花梗细弱，长 4~10 mm，无毛；花极芳香；花冠黄白色、淡黄色、黄色或橘红色，长 3~4 mm，裂片 4。果斜椭圆形，长 1~1.5 cm，呈绿色，成熟紫黑色。花期 9~10 月上旬，果期次年 3 月。

桂花

［生态习性及分布］ 喜光，喜温暖气候，不耐寒。华北均作盆栽，冬季入室防寒。国内分布于陕西、甘肃、河南、安徽、江苏、浙江、福建、江西、湖北、湖南、广东、广西、海南、四川、云南、贵州、西藏等省份。烟台芝罘区、莱山区、牟平区、福山区、昆嵛山、蓬莱区、莱州市、招远市、栖霞市、莱阳市、海阳市等有栽培。

［用途］ 供绿化观赏；木材材质致密，纹理美观，不易炸裂，刨面光洁，是良好的雕刻用材；花可药用。

2. **金桂**（桂花 栽培变种）*Osmanthus fragrans* 'Latifolius'

[形态特征] 花金黄色。

[生态习性及分布] 烟台蓬莱区等有分布。

金桂

四季桂

3. **四季桂**（栽培变种）*Osmanthus fragrans* 'Thunbergii'

[形态特征] 植株较矮，分蘖较多；一年多次或不断开花，花乳黄色，香味较上述品种淡。

[生态习性及分布] 烟台蓬莱区等有分布。

[用途] 著名绿化观赏花木，公园、庭院有引种栽培；花可提取芳香油，配制高级香料，用于各种香脂及食品，可熏茶和制桂花糖、桂花酒等，可药用；果榨油可食用。

（七）女贞属 *Ligustrum*

1. **女贞** *Ligustrum lucidum* Ait.

[形态特征] 常绿灌木或乔木。树皮灰褐色。枝黄褐色、灰色或紫红色，圆柱形，疏生皮孔。叶片常绿，革质，卵形至椭圆形，长 6~17 cm，宽 3~8 cm，中脉在上面凹入，下面凸起，侧脉 4~9 对。圆锥花序顶生，长 8~20 cm，宽 8~25 cm。果肾形或近肾形，长 7~10 mm，径 4~6 mm，深蓝黑色，成熟时呈红黑色，被白粉。花期 5~7 月，果期 7 月至次年 5 月。

[生态习性及分布] 稍耐阴，喜温暖湿润气候，不耐寒。国内分布于陕西、甘肃、河南、安徽、江苏、浙江、福建、江西、湖北、湖南、广东、广西、海南、四川、云南、贵州、西藏等省份。烟台各区市均有分布。

[用途] 可供绿化观赏；木材质细，供细木工用；果可药用，名女贞子；叶可药用；树皮研末可药用；根、茎泡酒后可药用。

女贞

2. **金森女贞**（日本女贞 栽培变种）*Ligustrum japonicum* 'Howardii'

［形态特征］ 常绿灌木或小乔木，可高达 6~8 m。枝干青色，有白色斑点，枝叶稠密；叶对生，单叶卵形，革质、厚实、有肉感。春季新叶鲜黄色，冬季转成金黄色；部分新叶沿中脉两侧或一侧局部有浅绿色斑块，色彩悦目。圆锥状花序，花白色，花冠筒状漏斗形，呈 4 深裂，裂片卷曲。核果椭圆形，紫黑色。花期 6~7 月，果期 10~11 月。

金森女贞

［生态习性及分布］ 喜光，耐旱，耐寒，对土壤要求不严格，酸性、中性和微碱性土均可生长。烟台牟平区等有分布。

［用途］ 常见绿篱树种。

3. **小叶女贞** *Ligustrum quihoui* Carr.

［形态特征］ 半常绿灌木，高 1~3 m。小枝淡棕色，圆柱形，密被微柔毛，后脱落。叶片薄革质，形状和大小变异较大，披针形、椭圆形或倒卵形，长 1~4 cm，宽 0.5~2 cm，叶缘反卷，上面深绿色，下面淡绿色，常具腺点；中脉在上面凹入，下面凸起，侧脉 2~6 对，不明显，近叶缘处网结不明显。圆锥花序顶生，近圆柱形，长 4~15 cm，宽 2~4 cm，分枝处常有 1 对叶状苞片；花冠长 4~5 mm，花冠管长 2.5~3 mm，裂片卵形或椭圆形，长 1.5~3 mm，先端钝；雄蕊伸出裂片外，花丝与花冠裂片近等长或稍长。果倒卵形、宽椭圆形或近球形，呈紫黑色。花期 5~7 月，果期 8~11 月。

小叶女贞

［生态习性及分布］ 喜光，较耐寒，生灌丛中或路边向阳处。国内分布于陕西、河南、安徽、江苏、浙江、湖北、四川、云南、贵州、西藏等省份。烟台各区市均有分布。

［用途］ 供绿化观赏；叶及树皮可药用；抗二氧化硫性能较强，可作为工矿区绿化树种。

4. **小蜡树** *Ligustrum sinense* Lour.

[形态特征] 半常绿灌木或小乔木。小枝密生短柔毛。叶椭圆形或卵状椭圆形，长 3~5 cm，背面中脉有毛。花白色，花冠裂片长于筒部，显具花梗；圆锥花序，长 4~10 cm。

[生态习性及分布] 较耐寒，北京可露地栽培；耐修剪。国内分布于安徽、江苏、浙江、福建、台湾、江西、湖北、湖南、广东、广西、海南、四川、云南、贵州等省份。烟台莱山区、昆嵛山、招远市、栖霞市、莱阳市、龙口市等有分布。

[用途] 供绿化观赏；嫩叶可代茶；茎皮可制人造棉；果可酿酒；树皮和叶可药用。

小蜡树

5. **辽东水蜡树**（亚种）*Ligustrum obtusifolium* Sieb. et Zucc. subsp. *suave* (Kitag.) Kitag.

[形态特征] 落叶多分枝灌木，高 2~3 m；树皮暗灰色。小枝淡棕色或棕色，圆柱形，被较密微柔毛或短柔毛。叶片纸质，长 1.5~6 cm，宽 0.5~2.2 cm，先端钝或锐尖，有时微凹而具微尖头，萌发枝上叶较大，长圆状披针形，侧脉 4~7 对，在上面微凹入，下面略凸起。圆锥花序着生于小枝顶端，长 1.5~4 cm；花冠管长 3.5~6 mm。果近球形或宽椭圆形。花期 5~6 月，果期 8~10 月。

[生态习性及分布] 耐寒、耐旱，喜水。国内分布于黑龙江、江苏、辽宁、浙江等省份。烟台牟平区、蓬莱区、昆嵛山、招远市、栖霞市、海阳市等广泛栽培。

[用途] 常见绿篱树种，也可作盆景。

辽东水蜡树

6. **金叶女贞** *Ligustrum × vicaryi* Rehd.

［形态特征］落叶灌木，株高可达 2~3 m；叶薄革质，单叶对生，椭圆形至卵状椭圆形，先端尖，基部楔形，全缘；新叶金黄色，老叶黄绿色至绿色；总状花序，花为两性，呈筒状白色小花；核果椭圆形，黑紫色。由金边女贞与欧洲女贞杂交育成。

金叶女贞

［生态习性及分布］适应性强，抗干旱，病虫害少。萌芽力强，生长迅速，耐修剪，在强修剪的情况下，整个生长期都能不断萌生新梢，耐寒。烟台各区市均有分布。

［用途］常见绿篱树种。

（八）素馨属（茉莉属） *Jasminum*

迎春花

1. **迎春花** *Jasminum nudiflorum* Lindl.

［形态特征］ 落叶灌木，直立或匍匐，高 0.3~5 m，枝条下垂。枝稍扭曲，光滑无毛，小枝四棱形，棱上多少具狭翼。叶对生，三出复叶，小枝基部常具单叶；叶轴具狭翼，侧脉不明显；顶生小叶片较大。花单生于去年生小枝的叶腋；花冠黄色，径 2~2.5 cm，花冠管长 0.8~2 cm。花期 6 月。

［生态习性及分布］喜光，稍耐阴，颇耐寒，忌涝。国内分布于陕西、甘肃、四川、云南等省份。烟台各区市均有分布。

［用途］常见花灌木，可作盆景。

2. **探春花** 迎夏 *Jasminum floridum* Bge.

［形态特征］半常绿蔓性灌木。小枝绿色光滑，常有 3~4 棱。羽状复叶互生，小叶通常 3，偶有 5，光滑无毛。花黄色，成顶生聚伞花序。浆果卵圆形，熟时蓝黑色。

探春花

［生态习性及分布］喜光，耐阴，耐寒性较强。国内分布于河北、陕西、河南、湖北、四川、贵州等省份。烟台招远市、栖霞市、龙口市等有分布。

［用途］常见花灌木，可作盆景。

3. **茉莉花** *Jasminum sambac* (Linn.) Ait.

［形态特征］ 直立或攀援灌木，高达 3 m。小枝圆柱形或稍压扁状，有时中空，疏被柔毛。叶对生，单叶，叶片纸质，圆形、椭圆形、卵状椭圆形或倒卵形，长 4~12.5 cm，宽 2~7.5 cm，两端圆或钝，基部有时微心形，侧脉 4~6 对。聚伞花序顶生，通常有花 3，有时单花或多达 5；花序梗长 1~4.5 cm，被短柔毛；花极芳香；花冠白色。果球形，径约 1 cm，呈紫黑色。花期 5~8 月，果期 7~9 月。

茉莉

［生态习性及分布］ 喜光，不耐阴，忌强光直射，喜温暖湿润环境，畏寒，不耐霜冻。原产于印度等地区，国内主要分布在福建、江苏等省份。烟台芝罘区、蓬莱区、莱州市等有分布。

［用途］ 著名的花茶原料及重要的香精原料；花、叶可入药。

4. **矮探春**（小黄素馨）*Jasminum humile* Linn.

［形态特征］ 灌木或小乔木，有时攀援，高 0.5~3 m。叶互生，复叶，有小叶 3~7，通常 5，小枝基部常具单叶；叶片和小叶片革质或薄革质，无毛或上面疏被短毛，下面脉上被短柔毛；花微芳香；花冠黄色。果椭圆形或球形，长 0.6~1.1 cm，径 4~10 mm，成熟时呈紫黑色。花期 4~7 月，果期 6~10 月。

矮探春

［生态习性及分布］ 耐寒性一般，耐贫瘠。烟台莱州市等有分布。

［用途］ 早春观赏植物；叶、花可入药。

六十五、玄参科 Scrophulariaceae

泡桐属 *Paulownia*

1. 白花泡桐　泡桐 *Paulownia fortunei* (Seem.) Hemsl.

[形态特征] 落叶乔木。株高达到 30 m，树冠圆锥形，树皮灰褐色，小枝粗壮，顶芽多不能发芽，幼枝、叶、花序及幼果被褐黄色绒毛。单叶对生，叶大，长卵状心形，叶长达 20 cm。圆锥花序顶生，长约 25 cm，花冠倒圆锥形，花冠管状漏斗形，白色，背面淡紫色，花冠管内密布紫色斑块。先花后叶，芳香。蒴果长圆形。花期 3~4 月，果期 8~10 月。

[生态习性及分布] 喜温暖湿润气候，耐寒力差，忌积水洼涝，喜光，对土壤要求不严。萌芽力强，易生根蘖，耐移栽。国内分布于安徽、浙江、福建、台湾、江西、湖北、湖南、广东、广西、四川、云南、贵州等省份。烟台牟平区、昆嵛山、莱州市、招远市、栖霞市、莱阳市、海阳市、龙口市等有分布。

白花泡桐

[用途] 木材可作家具、乐器、箱板及胶合板等用材。

2. 毛泡桐（原变种）*Paulownia tomentosa* (Thunb.) Steud. var. *tomentosa*

[形态特征] 乔木，高达 20 m。幼枝、幼果密被黏质短腺毛，后变光滑。叶宽卵形至卵形，长 12~30 cm，基部心形，全缘，有时 3 浅裂，表面有柔毛及腺毛，背面密被星状绒毛，幼叶有黏质短腺毛。花鲜紫色，内有紫斑及黄条纹，花冠筒部常弯曲；圆锥花序宽大。果卵形，长 3~4 cm。花期 4~5 月，果期 8~9 月。

[生态习性及分布] 耐盐碱，生长迅速，较耐干旱与瘠薄，在北方较寒冷和干旱地区尤为适宜，但主干低矮，生长速度较慢。国内分布于辽宁、河北、河南、安徽、江苏、湖北、江西等省份。烟台芝罘区、福山区、昆嵛山等有分布。

[用途] 木材优良，可做家具、乐器、箱板及胶合板等；可作为四旁绿化树种。

毛泡桐

3. **楸叶泡桐** *Paulownia catalpifolia* T. Gong ex D. Y. Hong

[形态特征] 落叶大乔木。树冠为高大圆锥形，树干通直。叶片通常长卵状心脏形，长约为宽的2倍，顶端长渐尖，全缘或波状而有角，上面无毛，下面密被星状绒毛。花序枝的侧枝不发达，花序金字塔形或狭圆锥形，长一般在35 cm以下，小聚伞花序有明显的总花梗，与花梗近等长；萼浅钟形，在开花后逐渐脱毛，浅裂达1/3至2/5处，萼齿三角形或卵圆形；花冠浅紫色，长7~8 cm，较细，管状漏斗形，内部常密布紫色细斑点。蒴果椭圆形。花期4月，果期8~10月。

楸叶泡桐

[生态习性及分布] 耐旱、耐瘠薄。国内分布于安徽、浙江、福建、台湾、江西、湖北、湖南、广西、四川、云南、贵州等省份。烟台牟平区、昆嵛山、莱州市、招远市、栖霞市、莱阳市、海阳市、龙口市等有分布。

[用途] 木材可做家具、乐器、箱板及胶合板。

4. **兰考泡桐** *Paulownia elongata* S. Y. Hu.

[形态特征] 落叶乔木，高达10 m以上，树冠宽圆锥形，全体具星状绒毛；小枝褐色，有凸起的皮孔。叶片通常卵状心脏形，有时具不规则的角，长达34 cm，顶端渐狭长而锐头，基部心脏形或近圆形。花序金字塔形或狭圆锥形，长约30 cm，小聚伞花序的总花梗长8~20 mm，几与花梗等长，有花3~5。花冠漏斗状钟形，紫色至粉白色，长7~9.5 cm，内面无毛而有紫色细小斑点。蒴果卵形，长3.5~5 cm，有星状绒毛。花期4~5月，果期秋季。

兰考泡桐

[生态习性及分布] 喜光、喜肥，怕旱、怕淹。国内分布于河北、陕西、山西、河南、安徽、江苏、湖北等省份。烟台蓬莱区、福山区、莱阳市、海阳市等有分布。

[用途] 材质优良，可作箱板、胶合板、家具等用材；可作为四旁绿化树种。

六十六、紫葳科 Bignoniaceae

（一）梓树属 *Catalpa*

1. 楸树 *Catalpa bungei* C. A. Mey.

［形态特征］ 落叶乔木，高达 15 m。干皮纵裂；小枝绿色，无毛。叶对生或轮生，卵状三角形，长 6~15 cm，近基部有侧裂或尖齿，叶背无毛，基部有 2 个紫斑。花白色，内有紫斑；成顶生总状花序。蒴果，细长如荚，长约 40 cm，种子扁平有翅。花期 5~6 月，果期 9~10 月。

［生态习性及分布］ 喜温暖湿润气候，喜光，喜肥，耐寒，较耐旱，在深厚、肥沃、湿润的钙质土壤中生长旺盛。根系发达，萌蘖力强。国内分布于河北、山西、陕西、甘肃、河南、江苏、浙江、湖南等省份。烟台芝罘区、莱山区、牟平区、福山区、蓬莱区、昆嵛山、莱州市、招远市、栖霞市、莱阳市、海阳市、龙口市等有分布。

［用途］ 木材优良，纹理美观，为高级家具用材；可绿化观赏。

楸树

2. 梓树 *Catalpa ovata* G. Don.

［形态特征］ 落叶乔木，高达 15 m；树冠伞形，主干通直，嫩枝具稀疏柔毛。叶对生或近于对生，有时轮生，阔卵形，长宽近相等，长约 25 cm，顶端渐尖，基部心形，全缘或浅波状，常 3 浅裂，侧脉 4~6 对，基部掌状脉 5~7 条；叶柄长 6~18 cm。顶生圆锥花序。花冠钟状，淡黄色。蒴果线形，下垂，长 20~30 cm，粗 5~7 mm。花期 5~6 月，果期 7~8 月。

［生态习性及分布］ 喜光，幼苗较耐阴，喜温暖湿润气候，不耐严寒，喜通透性好的沙壤土，能耐轻度盐碱土。国内分布于河北、山西、陕西、甘肃、河南、浙江、湖南等省份。烟台芝罘区、福山区、昆嵛山、莱阳市、海阳市、龙口市等有分布。

［用途］ 木材白色稍软，适于家具、乐器用；叶、根内白皮可药用；速生树种，可作为行道树。

梓树

3. **灰楸** *Catalpa fargesii* Bur.

［形态特征］ 落叶乔木，高可达 25 m；幼枝、花序、叶柄均有分枝毛。叶厚纸质，卵形或三角状心形，长 13~20 cm，宽 10~13 cm，顶端渐尖，基部截形或微心形，侧脉 4~5 对，基部有 3 出脉。花冠淡红色至淡紫色，内面具紫色斑点，钟状，长约 3.2 cm。蒴果细圆柱形，下垂，长 55~80 cm。花期 3~5 月，果期 6~11 月。

［生态习性及分布］ 喜深厚、肥沃湿润土壤，但耐干旱瘠薄性能较楸树强。灰楸主根明显，在干燥瘠薄土壤中，侧根水平伸展范围广，具有耐旱、耐寒特性，在绝对最低气温 -25 ℃的地方亦能生长。国内分布于河北、陕西、河南、甘肃、贵州等省份。烟台福山区等有分布。

［用途］ 常栽培作庭园观赏树、行道树；果、根可入药。

灰楸

4. **黄金树** *Catalpa speciosa* (Warder ex Bemey) Engelm.

［形态特征］ 落叶乔木，高可达 30 m，树冠伞形；叶通常为卵形，全缘（偶有 3 浅裂），长 15~30 cm，先端长渐尖，基部截形或圆形，背面有柔毛，基部脉腋有透明绿斑。花冠黄白色；成稀疏圆锥花序。蒴果粗如手指。

［生态习性及分布］ 喜温暖湿润气候，喜光，喜肥，耐寒，较耐旱。国内台湾、福建、广东、广西、江苏、浙江、河北、河南、山东、山西、陕西、新疆、云南等省份均有栽培。烟台芝罘区等有栽培。

［用途］ 可作庭荫树及行道树。

黄金树

（二）凌霄属 *Campsis*

1. 凌霄 *Campsis grandiflora* (Thunb.) Schum

［形态特征］ 落叶攀援藤本。茎木质，表皮脱落，枯褐色，以气生根攀附于它物之上。叶对生，为奇数羽状复叶；小叶7~9，卵形至卵状披针形，顶端尾状渐尖，基部阔楔形，两侧大小不一，长3~6 cm，宽1.5~3 cm，侧脉6~7对，两面无毛，边缘有粗锯齿。顶生疏散的短圆锥花序，花序轴长15~20 cm。花萼钟状，长3 cm，分裂至中部，裂片披针形，长约1.5 cm。花冠内面鲜红色，外面橙黄色，长约5 cm，裂片半圆形。蒴果顶端钝。花期5~8月。

［生态习性及分布］ 喜温暖；有一定的耐寒能力；喜阳，也较耐阴。国内分布于河北、陕西、山西、福建、广东、广西等省份。烟台芝罘区、莱山区、牟平区、福山区、蓬莱区、昆嵛山、莱州市、招远市、栖霞市、莱阳市、海阳市、龙口市等有分布。

［用途］ 习见观赏攀援植物；花大艳，花期长，花、根茎可药用。

凌霄

2. 厚萼凌霄 美国凌霄 *Campsis radicans* (L.) Seem.

［形态特征］ 落叶木质藤本，借气根攀援他物。小枝紫绿色，被柔毛。奇数羽状复叶，对生，具小叶9~11；小叶片卵状长圆形或椭圆状披针形，长3~6 cm，宽1.5~3 cm，先端尾状尖，基部宽楔形至圆形，边缘有不整齐的疏锯齿，上面无毛，下面沿脉密生白毛，羽状脉。圆锥花序，顶生；花萼钟形，长约2 cm，棕红色，5裂，裂片卵状三角形，长为萼筒的1/3，质地较厚；花冠漏斗形，长6~9 cm，径4~5 cm，暗红色，外面黄红色，5裂，裂片半圆形；雄蕊4，退化雄蕊1；花盘杯状；雌蕊1，生于花盘中央，子房上位，2室，花柱1，柱头2裂。蒴果长圆柱形，直或稍弯，长8~12 cm，径约1.5 cm，顶端喙状，沿缝线有龙骨状突起。种子扁平，宽心形，长约5 mm，顶端钝，基部心形，褐色，翅黄褐色。花期7~9月，果期10月。

［生态习性及分布］ 原产于北美。烟台莱山区、蓬莱区、昆嵛山、莱州市等有引种栽培。

［用途］ 优良绿化观赏树种。

厚萼凌霄

（三）菜豆树属 *Radermachera*

菜豆树 *Radermachera sinica* (Hance) Hemsl.

[形态特征] 小乔木，高达 10 m；叶柄、叶轴、花序均无毛。二回羽状复叶，叶轴长约 30 cm；小叶卵形至卵状披针形，长 4~7 cm，宽 2~3.5 cm，侧脉 5~6 对，向上斜伸。顶生圆锥花序，直立，长 25~35 cm，宽 30 cm。花冠钟状漏斗形，白色至淡黄色，长 6~8 cm。蒴果细长，圆柱形，稍弯曲，多沟纹，渐尖，长可达 85 cm，径约 1 cm。花期 5~9 月，果期 10~12 月。

[生态习性及分布] 喜高温多湿、阳光充足的环境，畏寒不耐旱。烟台福山区等有引种栽培。

[用途] 根、叶、果可入药。

菜豆树

六十七、茜草科 Rubiaceae

（一）白马骨属 *Serissa*

六月雪 *Serissa japonica* (Thunb.) Thunb.

[形态特征] 常绿小灌木，高 60~90 cm，有臭味。叶革质，卵形至倒披针形，长 6~22 mm，宽 3~6 mm，顶端短尖至长尖，边全缘，无毛；叶柄短。花单生或数朵丛生于小枝顶部或腋生，有被毛、边缘浅波状的苞片；萼檐裂片细小，锥形，被毛；花冠淡红色或白色。花期 5~7 月。

[生态习性及分布] 喜温暖气候，稍能耐寒、耐旱。国内分布于安徽、江苏、浙江、福建、台湾、江西、广东、广西、四川、云南等省份。烟台招远市等有分布。

[用途] 庭院、盆景观赏植物。

六月雪

（二）栀子属 *Gardenia*

栀子 *Gardenia jasminoides* Ellis.

[形态特征] 常绿灌木，株高1 m左右。枝丛生，幼时具细毛。叶对生或3叶轮生，有短柄，倒卵形或矩圆状倒卵形，革质，表面光亮，翠绿色，托叶鞘状。花大，白色，芳香，单生于枝顶，具短梗，花冠高脚碟状，果卵形，橙黄色。花期7月，果期9~11月。

[生态习性及分布] 稍耐寒，喜温暖；喜光，但忌强光直射；喜空气湿度高、通风良好的环境，宜疏松、湿润、肥沃、排水良好的酸性土壤。国内分布江苏、浙江、福建、广东、广西、海南、四川、云南等省份。烟台莱山区、牟平区、昆嵛山、招远市、栖霞市等有分布。

[用途] 供绿化观赏；果实可药用。

栀子

（三）鸡矢藤属 *Paederia*

鸡矢藤 *Paederia foetida* L.

[形态特征] 缠绕性藤本，碾碎有臭味。茎无毛或稍有微毛。单叶，对生；叶片形状变化很大，通常为卵形、卵状长圆形至披针形，长5~9 cm，宽1~4 cm，先端急尖或渐尖，基部楔形、圆形至心形，全缘，两面无毛或仅下面稍有短柔毛，羽状脉，侧脉4~6对；叶柄长1.5~7 cm；托叶三角形，长3~5 mm，有缘毛，早落。聚伞花序排成顶生的大型圆锥花序或腋生而疏散少花，末回分枝常延长，一侧生花；花梗短或无；小苞片披针形；花萼筒倒圆锥形，长1~1.2 mm，与子房合生，萼片5，三角形，长0.8~1 mm；花冠外面灰白色，内面紫红色，有线毛，筒长约1 cm，5裂，裂片长1~2 mm；雄蕊5，花丝长短不齐，与花冠筒贴生；雌蕊子房下位，2室，花柱2，基部合生。核果球形，淡黄色，径约6 mm，分裂为2个小坚果。花期8月，果期10月。

[生态习性及分布] 多分布于山坡、山谷、路边灌木丛。国内分布于山西、甘肃、河南、安徽、江苏、浙江、福建、台湾、江西、湖北、广东、广西、海南、四川、云南、贵州等省份。烟台昆嵛山等有分布。

[用途] 根可药用；可供绿化观赏。

鸡矢藤

六十八、锦带花科 Diervillacea

锦带花属 *Weigela*

1. 锦带花 *Weigela florida* (Bge.) DC.

锦带花

[形态特征] 落叶灌木，高达1~3 m；幼枝稍四方形，有两列短柔毛；树皮灰色。叶矩圆形、椭圆形至倒卵状椭圆形，长5~10 cm，边缘有锯齿，上面疏生短柔毛，脉上毛较密，下面密生短柔毛或绒毛。花单生或成聚伞花序生于侧生短枝的叶腋或枝顶；花冠紫红色或玫瑰红色，长3~4 cm，直径2 cm，外面疏生短柔毛，裂片不整齐，开展，内面浅红色。果实长1.5~2.5 cm，顶有短柄状喙，疏生柔毛。花期4~6月，果期7~10月。

[生态习性及分布] 喜光，耐阴，耐寒，耐瘠薄，怕水涝。国内分布于黑龙江、吉林、辽宁、河北、陕西、山西、甘肃、河南、安徽、江苏、浙江、湖北、四川等省份。烟台芝罘区、莱山区、牟平区、福山区、昆嵛山、莱州市、招远市、栖霞市、海阳市、龙口市等均有分布。

[用途] 庭院观赏花灌木。

花叶锦带花

2. 花叶锦带花（锦带花 栽培变种）*Weigela florida 'Variegata'*

[形态特征] 叶缘白色至黄绿色。

[生态习性及分布] 烟台莱州市等有分布。

红王子锦带花

3. 红王子锦带花（锦带花 栽培变种）*Weigela florida 'Red Prince'*

[形态特征] 花大，鲜红色，花期长。

[生态习性及分布] 烟台芝罘区、牟平区、福山区、蓬莱区、招远市、莱阳市、海阳市、龙口市、莱州市等有分布。

4. **日本锦带花** 半边月 杨栌 *Weigela japonica* Thunb.

[形态特征] 落叶灌木，高达 3 m；小枝光滑，稍呈四方形，有两列短柔毛。叶长椭圆形、矩圆形至倒卵状圆形，顶端渐尖，基部楔形至圆形，边缘具细锯齿，上面疏被短柔毛，下面脉上被柔毛至短柔毛。具 3 朵花的聚伞花序生于侧生短枝的叶腋；花冠初时白色，后变红色，长 2.5~3 cm，外面疏被短柔毛或无毛；子房光滑或疏被柔毛，柱头伸出花冠外。果实光滑。花期 5~6 月，或连续数月；果期 9~10 月。

日本锦带花

[生态习性及分布] 喜光，耐阴、耐寒、耐瘠薄，怕水涝。国内分布于安徽、浙江、福建、江西、湖北、湖南、广东、广西、海南、四川、贵州等省份。烟台昆嵛山等有栽培。

[用途] 庭院观赏花灌木。

六十九、忍冬科 Caprifoliaceae

（一）蝟实属 *Kolkwitzia*

蝟实 *Kolkwitzia amabilis* Graebn.

[形态特征] 多分枝直立灌木，高达 3 m；幼枝红褐色，被短柔毛及糙毛，老枝光滑，茎皮剥落。叶椭圆形至卵状椭圆形，长 3~8 cm，宽 1.5~2.5 cm。伞房状聚伞花序具长 1~1.5 cm 的总花梗，花冠淡红色，长 1.5~2.5 cm，直径 1~1.5 cm，基部甚狭，中部以上突然扩大，外有短柔毛，裂片不等，内面具黄色斑纹；花药宽椭圆形。果实密被黄色刺刚毛，顶端伸长如角，冠以宿存的萼齿。花期 5~6 月，果熟期 8~9 月。

蝟实

[生态习性及分布] 喜干燥、阳光充足的环境，适应寒冷、炎热、多雨的气候。烟台招远市等有分布。

[用途] 庭院观赏花灌木。

（二）忍冬属 *Lonicera*

1 **金银花** 忍冬 双花（原变种）*Lonicera japonica* Thunb. var. *japonica*

金银花

［形态特征］ 半常绿缠绕藤木。小枝中空，有柔毛。单叶对生，卵形或椭圆状卵形，全缘，两面具柔毛。花成对腋生，花冠筒细长，二唇形，由白色变为黄色，萼筒无毛。浆果黑色，近球形。花期 5~7 月，果期 8~10 月。

［生态习性及分布］ 喜光，耐阴，耐寒，耐旱忌涝；根系繁密，萌蘖性强。一般酸土、碱土均能适应。国内分布于除黑龙江、内蒙古、宁夏、青海、新疆、海南、西藏外其余各省份。烟台芝罘区、蓬莱区、莱山区、牟平区、福山区等有分布。

［用途］ 花可药用；为水土保持树种；可供绿化观赏。

红金银花

2. **红金银花** 红白忍冬（变种）*Lonicera japonica* Thunb. var. *chinensis* (Wats.) Bak.

［形态特征］ 幼枝紫黑色。幼叶带紫红色。小苞片比萼筒狭。花冠外面紫红色，内面白色，上唇裂片较长，裂隙深超过唇瓣的 1/2。开花比普通金银花早 5~10 天，花期长。

［生态习性及分布］ 抗逆性强；对气候、土壤适应性强；抗旱抗涝，耐热耐寒，耐盐碱。国内分布于安徽。烟台蓬莱区、招远市、栖霞市等有引种栽培。

［用途］ 花蕾、叶、茎均为紫红色，集药用、观赏、绿化于一体。

3. **金银木** 金银忍冬（原变种）*Lonicera maackii* (Rupr.) Maxim. var. *maackii*

金银木

[形态特征] 落叶直立灌木。小枝髓黑褐色，后变中空。单叶对生，卵状椭圆形至卵状披针形，全缘，两面疏生柔毛。花成对腋生，花冠白色，后变黄色，长约 2 cm，通常有毛；总花梗短于叶柄；苞片线形，浆果熟时暗红色。花期 5~6 月，果期 8~10 月。

[生态习性及分布] 喜光，耐半阴，耐寒，耐旱。国内分布于黑龙江、吉林、辽宁、内蒙古、河北、山西、陕西、甘肃、河南、安徽、江苏、浙江、湖北、湖南、四川、云南、贵州、西藏等省份。烟台芝罘区、牟平区、福山区、蓬莱区、栖霞市、莱阳市、海阳市、龙口市等有分布。

[用途] 供绿化观赏；茎皮可制人造棉；种子油制肥皂；可保持水土。

4. **华北忍冬** *Lonicera tatarinowii* Maxim.

[形态特征] 落叶灌木，高可达 2 m；幼枝、叶柄和总花梗均无毛，枝髓白色。叶长圆状披针形或长圆形，长 3~8 cm，宽 2~3 cm，顶端尖至渐尖，基部阔楔形至圆形，上面无毛，下面除中脉外有灰白色细线毛，后无毛，叶柄长 2~5 mm，无毛。花对生，总花梗纤细，长 1~2.5 cm，苞片条形，长约为萼筒的 1/2，无毛；杯状小苞长为萼筒的 1/5~1/3，有缘毛；相邻两萼筒合生至中部以上，很少完全分离；花冠黑紫色，二唇形，长约 1 cm，外面无毛，筒长为唇瓣的 1/2，基部一侧稍肿大，内面有柔毛；雄蕊 5，花丝无毛或仅基部有柔毛；子房 2~3 室，花柱有短毛。果实红色，近圆形，相邻果合生至中部，直径 5~6 mm；种子褐色，矩圆形或近圆形，长 3.5~4.5 mm，表面颗粒状而粗糙。花期 5~6 月，果期 7~9 月。

华北忍冬

[生态习性及分布] 生于杂木林和灌木丛。国内分布于辽宁、内蒙古、河北、河南等省份。烟台昆嵛山等有分布。

[用途] 可作为绿化观赏植物。

5. **金花忍冬**（原变种）*Lonicera chrysantha* Turcz. var. *chrysantha*

[形态特征] 落叶灌木。幼枝有糙毛和腺体，枝髓黑褐色，后变中空；芽鲜5~6对，有白色长缘毛，背部有柔毛。单叶，对生；叶片菱状卵形、菱状披针形、倒卵形或卵状披针形，长4~10 cm，宽2~5 cm，先端渐尖或尾尖，基部楔形或圆形，全缘，有缘毛，两面有糙伏毛和腺体，中脉毛较密，羽状脉，脉在上面稍凹下，下面稍突起；叶柄长3~7 cm，有毛。花成对生于叶腋；花序梗长1.5~4 cm，有糙毛；苞片2，条形或条状披针形，长3~8 mm；小苞片分离，长约1 mm，卵状长圆形、宽卵形或近圆形，有腺体；相邻2花萼筒分离，长2~2.5 mm，无毛，有腺体，与子房合生，萼片5，齿状，卵圆形，先端圆；花冠黄白色，后变黄色，长1~2 cm，二唇形，上唇4裂，下唇1裂，唇瓣较花冠筒长2~3倍，外面疏生短糙毛，内面有短柔毛，基部有1深囊或有时不明显；雄蕊不伸出花冠，花丝中部以下有密毛；雌蕊子房有腺毛，花柱有短柔毛。浆果球形，红色，径约5 mm。种子褐色，扁压状，粗糙。花期5~6月，果期8~9月。

金花忍冬

[生态习性及分布] 生于沟谷、林下及灌丛中。国内分布于东北、西北、西南等地区。泰山海拔1500 m的阴坡亦有生长。烟台昆嵛山等有分布。

[用途] 供绿化观赏；为良好的水土保持树种。

6. **苦糖果** 郁香忍冬 樱桃忍冬 *Lonicera fragrantissima* Lindl. et Paxt.

[形态特征] 落叶灌木。小枝和叶柄有时具短糙毛。叶卵形、椭圆形或卵状披针形，呈披针形或近卵形者较少，通常两面被刚伏毛及短腺毛或至少下面中脉被刚伏毛，有时中脉下部或基部两侧夹杂短糙毛。花柱下部疏生糙毛。果实鲜红色，矩圆形，长约1 cm，部分连合。花期1月下旬至4月上旬，果熟期5~6月。

[生态习性及分布] 喜光耐旱。国内分布于河北、陕西、山西、甘肃、河南、四川、贵州等省份。烟台昆嵛山、招远市等有分布。

[用途] 花期早，果形奇特，可作庭园观赏植物。

苦糖果

7. **盘叶忍冬** *Lonicera tragophylla* Hemsl.

[形态特征] 落叶藤本。幼枝无毛。叶纸质，矩圆形或卵状矩圆形，稀椭圆形，长5~12 cm，花序下方1~2对叶连合成近圆形或圆卵形的盘，盘两端通常钝形或具短尖头。由3朵花组成的聚伞花序密集成头状，花序生小枝顶端，共有6~9朵花；花冠黄色至橙黄色，上部外面略带红色，长5~9 cm，外面无毛，唇形，筒稍弓弯，长2~3倍于唇瓣，内面疏生柔毛。果实成熟时由黄色转红黄色，最后变深红色，近圆形，直径约1 cm。花期6~7月，果熟期9~10月。

盘叶忍冬

[生态习性及分布] 喜阳光，耐半阴、耐旱，耐瘠薄。国内分布在河北、山西、陕西、宁夏、甘肃、安徽、浙江、河南、湖北、四川、贵州等省份。烟台福山区等有分布。

[用途] 花叶奇特，可作庭园观赏植物。

（三）六道木属 *Abelia*

六道木 *Abelia biflora* Turcz.

[形态特征] 落叶灌木，高1~3 m；幼枝被倒生硬毛，老枝无毛。叶矩圆形至矩圆状披针形，长2~6 cm，宽0.5~2 cm，全缘或中部以上羽状浅裂而具1~4对粗齿，上面深绿色，下面绿白色，两面疏被柔毛，脉上密被长柔毛，边缘有毛。花单生于小枝上叶腋；花冠白色、淡黄色或带浅红色，狭漏斗形或高脚碟形，外面被短柔毛，杂有倒向硬毛。果实具硬毛。早春开花，8~9月结果。

[生态习性及分布] 喜光，耐阴，喜湿润的气候环境，耐干旱瘠薄。根系发达，在石缝中也能生长；生长较慢，耐寒性强。分布于我国黄河以北的辽宁、河北、山西等省份。烟台莱阳市等有分布。

[用途] 花期较长，观赏价值较高。

六道木

七十、五福花科 Adoxaceae

（一）荚蒾属 *Viburnum*

1. 绣球荚蒾 木绣球（原变型）*Viburnum macrocephalum* Fort. f. *macrocephalum*

［形态特征］ 落叶或半常绿灌木，高达 4 m；树皮灰褐色或灰白色；芽、幼枝、叶柄及花序均密被灰白色或黄白色簇状短毛，后渐变无毛。叶纸质，卵形至椭圆形或卵状矩圆形，长 5~11 cm，边缘有小齿，上面初时密被簇状短毛，后仅中脉有毛，下面被簇状短毛，侧脉 5~6 对。聚伞花序，径 8~15 cm，全部由大型不孕花组成，总花梗长 1~2 cm，第一级辐射枝 5，花生于第三级辐射枝上；花冠白色，直径 1.5~4 cm，裂片圆状倒卵形；雄蕊长约 3 mm，花药小，近圆形；雌蕊不育。花期 4~5 月。

绣球荚蒾

［生态习性及分布］ 喜温暖、湿润和半阴环境，怕旱又怕涝，不耐寒。国内分布于河南、浙江、安徽、江苏、江西、湖北、湖南等省份。烟台莱山区、牟平区、蓬莱区、昆嵛山、海阳市等有分布。

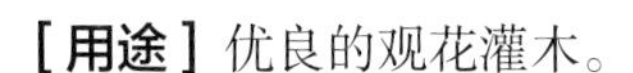
［用途］ 优良的观花灌木。

琼花

2. 琼花 八仙花 蝴蝶花（变型）*Viburnum macrocephalum* Fort. f. *keteleeri* (Carr.) Rehd.

［形态特征］ 半常绿灌木或小乔木。树皮灰褐色或灰白色。芽、幼枝、叶柄及花序均密被灰白色或黄白色簇状短毛，后渐变无毛。聚伞花序成伞形着生，花序中央为两性的可育花，仅边缘有大形白色不孕花。核果椭球形，长约 8 mm，先红后黑。

［生态习性及分布］ 喜光，稍耐阴，不耐寒。国内分布于安徽、江苏、浙江、江西、湖北、湖南等省份。烟台蓬莱区等有分布。

［用途］ 优良的观花灌木。

3. **宜昌荚蒾** *Viburnum erosum* Thunb.

[形态特征] 落叶灌木，高达 3 m；当年小枝连同芽、叶柄和花序均密被簇状短毛。叶纸质，形状变化很大，长 3~11 cm，上面无毛或疏被叉状或簇状短伏毛，下面密被由簇状毛组成的绒毛，侧脉 7~10 对。复伞形聚伞花序生于具 1 对叶的侧生短枝之顶，直径 2~4 cm，总花梗长 1~2.5 cm，第一级辐射枝通常 5，花生于第二至第三级辐射枝上，常有长梗；花冠白色，辐状，直径约 6 mm；雄蕊略短于至长于花冠，花药黄白色，近圆形；花柱高出萼齿。果实红色，宽卵圆形。花期 4~5 月，果熟期 9~10 月。

宜昌荚蒾

[生态习性及分布] 生于海拔 300~1800 m 的山坡林下或灌丛中。国内分布于陕西、湖南、湖北、河南、安徽、四川等省份。烟台昆嵛山、牟平区、招远市、栖霞市等均有引种栽培。

[用途] 种子榨油，可制肥皂及润滑油；叶、根可药用；可供绿化观赏。

4. **欧洲荚蒾**（原亚种）*Viburnum opulus* Linn. subsp. *opulus*

[形态特征] 落叶灌木，高 1.5~4 m；当年生小枝有棱，有明显凸起的皮孔，树皮质薄，常纵裂。叶轮廓圆卵形至广卵形或倒卵形，长 6~12 cm，通常 3 裂，具掌状 3 出脉。复伞形聚伞花序，径 5~10 cm，大多周围有大型的不孕花，总花梗粗壮，长 2~5 cm，无毛，第一级辐射枝 6~8，通常 7，花生于第二至第三级辐射枝上；花冠白色，辐状，裂片近圆形，长约 1 mm；大小稍不等，花药黄白色，长不到 1 mm；不孕花白色，直径 1.3~2.5 cm。果实红色，近圆形。花期 5~6 月，果熟期 9~10 月。

欧洲荚蒾

[生态习性及分布] 喜温暖、湿润、阳光充足的气候，喜光，稍耐阴，耐寒，喜肥沃、排水良好的土壤环境。国内分布于浙江等省份。烟台牟平区等有分布。

[用途] 优良的观花灌木。

5. **天目琼花** 鸡树条（亚种）*Viburnum opulus* Linn. subsp. *calvescens* (Rehd.) Sugimoto

［形态特征］ 树皮质厚而多少呈木栓质。小枝、叶柄和总花梗均无毛。叶下面仅脉腋集聚簇状毛或有时脉上亦有少数长伏毛。花药紫红色。

［生态习性及分布］ 原产于我国，发现于浙江天目山地区。因花着生于顶端，故又称佛头花、并头花、天目琼花。国内分布于黑龙江、吉林、辽宁、四川等省份。烟台牟平区、昆嵛山、莱阳市、海阳市等有分布。

［用途］ 优良的观花灌木。

天目琼花

6. **荚蒾** *Viburnum dilatatum* Thunb.

［形态特征］ 落叶灌木，高达 3 m；嫩枝有星状毛。叶宽倒卵形至椭圆形，长 3~9 cm，缘有三角状齿，表面疏生柔毛，背面近基部两侧有少数腺体和多数小腺点；叶柄长 1~1.5 cm。聚伞花序，径 8~12 cm。全为可育花，白色。核果深红色。花期 5~6 月，果熟期 9~10 月。

荚蒾

［生态习性及分布］ 喜温湿，喜半阴，喜光，对土壤要求不严。国内分布于河北、陕西、河南、安徽、江苏、浙江、福建、台湾、江西、湖北、湖南、广东、广西、四川、云南、贵州等省份。烟台昆嵛山等有分布。

［用途］ 枝、叶、果可治病；皮可制绳和人造棉；种子含油，可制肥皂和润滑油；果可食和酿酒；可供绿化观赏。

7. **珊瑚树** 法国冬青（原变种）*Viburnum odoratissimum* Ker-Gawl. var. *odoratissimum*

［形态特征］ 常绿灌木或小乔木。树皮灰色而平滑，枝上有小瘤体。叶革质，椭圆形至椭圆状矩圆形，长 7~15 cm，先端短尖或钝形，全缘或下部有不规则浅波状钝齿，表面深绿而有光泽，背面色较浅。圆锥花序；花小而白色，芳香。核果卵形，先红后黑。花期 4~5 月，果熟期 9~10 月。

［生态习性及分布］ 中性树种，喜暖湿，抗污染，防火。国内分布于福建、湖南、广东、广西、海南等省份。烟台芝罘区、莱山区、蓬莱区等有分布。

［用途］ 普遍栽作绿篱或绿墙，也是工厂区绿化及防火的优良树种。

珊瑚树

8. **陕西荚蒾** *Viburnum schensianum* Maxim.

[形态特征] 落叶灌木，高可达 3 m；幼枝、叶下面、叶柄及花序均被由黄白色簇状毛组成的绒毛；芽常被带锈褐色簇状毛。叶纸质，卵状椭圆形、宽卵形或近圆形，长 3~6 cm，顶端钝或圆形，有时微凹或稍尖，基部圆形，边缘有较密的小尖齿，初时上面疏被叉状或簇状短毛，侧脉 5~7 对。聚伞花序，径 6~7 cm，结果时可达 9 cm，总花梗长很短，第一级辐射枝 5，长 1~2 cm，中间者最短，花大部生于第三级分枝上；花冠白色，辐状，直径约 6 mm，雄蕊与花冠等长或略较长，花药圆形，直径约 1 mm。果实红色而后变黑色。花期 5~7 月，果熟期 8~9 月。

陕西荚蒾

[生态习性及分布] 生于海拔 700~2200 m 的山谷混交林和松林下或山坡灌丛中。国内分布于河北、陕西、山西、河南、四川等省份。烟台栖霞市等有分布。

[用途] 优良的观花灌木，也是水土保持树种。

（二）接骨木属 *Sambucus*

1. **接骨木** *Sambucus williamsii* Hance

[形态特征] 落叶小乔木或灌木。枝髓淡黄棕色。奇数羽状复叶对生，小叶 5~11，长椭圆状披针形，质较厚而柔软，缘具粗齿，光滑无毛。花小而白色，成顶生圆锥花序。核果浆果状，黑紫色或红色。花期 4~5 月，果期 6~7 月。

接骨木

[生态习性及分布] 耐寒，耐旱；萌蘖性强，喜肥沃疏松、湿润的土壤。国内分布于黑龙江、吉林、辽宁、河北、陕西、甘肃、河南、安徽、浙江、福建、湖北、湖南、广东、广西、四川、云南、贵州等省份。烟台芝罘区、牟平区、蓬莱区、莱州市、招远市、栖霞市、莱阳市、海阳市、龙口市等有分布。

[用途] 枝、叶、果可治病；皮可制绳和人造棉；种子含油，可制肥皂和润滑油；果可食和酿酒；可供绿化观赏。

2. **西洋接骨木** *Sambucus nigra* Linn.

[形态特征] 落叶乔木或大灌木，高 4~10 m；幼枝具纵条纹，二年生枝黄褐色，具明显凸起的圆形皮孔。羽状复叶有小叶片 1~3 对，通常 2 对，具短柄，椭圆形或椭圆状卵形，长 4~10 cm，宽 2~3.5 cm，顶端尖或尾尖，边缘具锐锯齿，基部楔形或阔楔形至钝圆而两侧不等，揉碎后有恶臭。圆锥形聚伞花序分枝 5 出，平散，直径达 12 cm；花小而多；萼筒长于萼齿；花冠黄白色，裂片长矩圆形；雄蕊花丝丝状，花药黄色；子房 3，花柱短，柱头 3 裂。果实亮黑色。花期 4~5 月，果熟期 7~8 月。

西洋接骨木

[生态习性及分布] 喜光亦耐阴，耐寒，耐旱；萌蘖性强，喜肥沃疏松、湿润的壤土，不耐涝。烟台龙口市等有分布。

[用途] 花可药用，有舒筋活血、镇痛、止血的功效；为庭院观赏树种。

七十一、棕榈科 Arecaceae(Palmae)

（一）棕榈属 *Trachycarpus*

棕榈 *Trachycarpus fortunei* (Hook.) H. Wendl.

[形态特征] 常绿乔木，高达 15 m；茎有残存不易脱落的老叶柄基部。叶掌状深裂，直径 50~70 cm；裂片多数，条形，宽 1.5~3 cm，坚硬，顶端浅 2 裂，钝头，不下垂，有多数纤细的纵脉纹；叶柄细长，顶端有小戟突；叶鞘纤维质，网状，暗棕色，宿存。肉穗花序排成圆锥花序式，腋生，总苞多数，革质，被锈色绒毛；花小，黄白色，雌雄异株。核果肾状球形，直径约 1 cm，蓝黑色。花期 5~6 月，果期 8~9 月。

棕榈

[生态习性及分布] 喜温暖湿润气候及阳光充足环境，较耐寒，要求肥沃、疏松及排水良好的石灰性或中性土壤，有一定抗污染能力，但根系较浅，无主根。国内分布于秦岭以南和长江流域各省份。烟台莱山区、招远市等有引种栽培。

[用途] 著名的观赏植物。

（二）棕竹属 *Rhapis*

多裂棕竹 *Rhapis multifida* Burr.

多裂棕竹

［形态特征］ 丛生灌木，高 2~3 m，甚至更高，带鞘茎直径 1.5~2.5 cm，无鞘茎直径约 1 cm。叶掌状深裂，扇形，长 28~36 cm，裂片裂至基部 2.5~6 cm 处。花序二回分枝，长 40~50 cm，花序梗上的佛焰苞约 2，长约 13 cm，扁管状，顶端具三角形的尖，分枝上的佛焰苞狭管状，稍扁，顶端一侧延伸为三角形的尖；分枝极张开，被暗褐色鳞秕，结果小枝螺旋状排列，稀疏，长 5~8 cm。

［生态习性及分布］ 喜温暖湿润、半阴和通风良好的环境。烟台福山区有室内栽培。

［用途］ 本地作为温室观赏树种。

（三）金棕属 *Pritchardia*

夏威夷椰子 *Pritchardia gaudichaudii* H. Wendl

夏威夷椰子

［形态特征］ 株高 2~4 m，茎干直立、纤细翠绿，形似竹节。茎干高 1~3 m，茎节短、中空，从地下匍匐茎发新芽而抽生新枝，呈丛生状生长，不分枝。叶常生于茎干中上部，羽状复叶，全裂，裂片披针形，互生，叶深绿色，且有光泽。雌雄异株，花为肉穗花序，腋生于茎干中上部节位上，粉红色。易开花结籽，果实为浆果，球形，黄色。开花挂果期可达 2~3 个月。花期 5~11 月，果期 6~11 月。

［生态习性及分布］ 喜高温高湿，耐阴，怕阳光直射，不耐寒。原产于墨西哥。烟台蓬莱区等有室内盆栽。

［用途］ 观赏盆栽花卉。

（四）金果椰属 *Dypsis*

散尾葵 *Dypsis lutescens* (H. Wendl.) Beentje & Dransf.

[形态特征] 丛生灌木。株高 2~5 m；茎径 4~5 cm，基部略膨大；叶羽状全裂，长约 1.5 m，羽片 40~60 对，2 列，黄绿色，有蜡质白粉，披针形，长 35~50 cm，宽 1.2~2 cm，先端长尾状渐尖，2 短裂，上部羽片长约 10 cm；叶柄及叶轴光滑，黄绿色，上面具槽，下面圆，叶鞘长而略膨大，黄绿色，初被蜡质白粉，有纵沟。

[生态习性及分布] 喜温暖、潮湿、半阴环境，耐寒性不强。烟台蓬莱区等有室内盆栽。

[用途] 室内观赏植物。

散尾葵

七十二、禾本科 Poaceae(Gramineae)

（一）刚竹属 *Phyllostachys*

1. 毛竹 *Phyllostachys edulis* (Carr.) J. Houzeau

[形态特征] 竿高达20余米，粗者可达20余厘米，幼竿密被细柔毛及厚白粉，箨环有毛，老竿无毛，并由绿色渐变为绿黄色；基部节间甚短而向上则逐节较长，中部节间长达 40 cm 或更长，壁厚约 1 cm；竿环不明显，低于箨环或在细竿中隆起。末级小枝具叶 2~4；叶片较小较薄，披针形，长 4~11 cm，宽 0.5~1.2 cm，下表面在沿中脉基部具柔毛，次脉 3~6 对，再次脉 9 条。笋期 4 月，花期 5~8 月。

[生态习性及分布] 喜温暖湿润的气候，年平均温度 18 ℃左右为最佳；对土壤湿度要求较高，不能干但也不可以积水。国内分布于陕西、山西、河南、安徽、江苏、浙江等省份。烟台牟平区、莱州市、招远市、栖霞市、海阳市等有引种栽培。

毛竹

[用途] 重要经济竹种，主竿粗大，可作建筑、桥梁、打井支架等用；篾材适宜编织家具及器皿；枝梢适于作扫帚；嫩竹及竹箨可为造纸原料及包装材；笋供食用。

2. **刚竹**（变种）*Phyllostachys sulphurea* (Carr.) A.Rivière & C. Rivière var. *viridis* R. A. Young

［形态特征］ 竿高 6~15 m，直径 4~10 cm，幼时无毛，微被白粉，绿色，成长的竿呈绿色或黄绿色；中部节间长 20~45 cm，壁厚约 5 mm。末级小枝有叶 2~5；叶鞘几无毛或仅上部有细柔毛；叶耳及鞘口繸毛均发达；叶片长圆状披针形或披针形，长 5.6~13 cm，宽 1.1~2.2 cm。花枝未见。笋期 5 月中旬。

［生态习性及分布］ 适宜生长在土层较肥厚、湿润而又排水良好的冲积砂质壤土地带，红、黄黏土及干旱的地区不宜生长。国内分布于陕西、河南、安徽、江苏、浙江、福建、江西、湖南等省份。烟台莱山区、牟平区、蓬莱区、莱州市、招远市、莱阳市、海阳市、龙口市等有引种栽培。

［用途］ 竿高大，节间长，材质坚韧类似毛竹，是重要用材竹种之一，但篾性较差，笋味略苦，利用价值不如毛竹广泛；也可供绿化观赏。

刚竹

绿皮黄筋竹

3. **绿皮黄筋竹**（刚竹 栽培变种）*Phyllostachys sulphurea* ‘Houzeau’

［形态特征］ 竿的节间在沟槽中为绿黄色，其余部分为绿色，不具异色纵条纹。

［生态习性及分布］ 适宜生长在土层较肥厚、湿润而又排水良好的冲积砂质壤土地带。国内分布于陕西、河南、安徽、江苏、浙江、福建、江西、湖南等省份。烟台莱州市等有引种栽培。

［用途］ 供绿化观赏。

4. **黄皮绿筋竹**（刚竹 栽培变种）*Phyllostachys sulphurea* ‘Robert’

［形态特征］ 竿的下部节间为绿黄色，并具有绿色纵条纹。

［生态习性及分布］ 烟台蓬莱区、龙口市等有引种栽培。

［用途］ 供绿化观赏。

黄皮绿筋竹

5. **紫竹** *Phyllostachys nigra* (Lodd. et Lindl.) Munro

[形态特征] 竿高 4~8 m，稀可高达 10 m，直径可达 5 cm，幼竿绿色，密被细柔毛及白粉，箨环有毛，一年生以后的竿逐渐先出现紫斑，最后全部变为紫黑色，无毛；中部节间长 25~30 cm，壁厚约 3 mm；竿环与箨环均隆起，且竿环高于箨环或两环等高。末级小枝具叶 2 或 3；叶耳不明显。笋期 4 月下旬。

[生态习性及分布] 喜光，喜温暖、湿润气候，较耐寒，稍耐阴，对土壤适应性较强，适合于深厚、肥沃、湿润而排水良好的微酸性土壤。国内分布于湖南，长江、黄河流域多见栽培。烟台莱州市、招远市、栖霞市等有引种栽培。

[用途] 著名的绿化观赏竹种、珍贵的盆景材料，耐寒性强。

紫竹

6. **淡竹** 粉绿竹 *Phyllostachys glauca* McCl.

[形态特征] 竿高 5~12 m，粗 2~5 cm，幼竿密被白粉，无毛，老竿灰黄绿色；节间最长可达 40 cm，壁薄，厚仅约 3 mm；竿环与箨环均稍隆起，同高。末级小枝具叶 2 或 3；叶耳及鞘口繸毛均存在但早落；叶舌紫褐色；叶片长 7~16 cm，宽 1.2~2.5 cm，下表面沿中脉两侧稍被柔毛。笋期 4 月中旬至 5 月底。

[生态习性及分布] 适宜生长在土层较肥厚、湿润而又排水良好的冲积砂质壤土地带，红、黄粘土及干旱的地区不宜生长。国内分布于山西、陕西、河南、安徽、江苏、浙江、湖南、云南等省份。烟台芝罘区、蓬莱区、牟平区、福山区、昆嵛山、莱州市、招远市、栖霞市、海阳市、龙口市等有引种栽培。

[用途] 供庭院观赏或制作工艺品。

淡竹

7. **黄槽竹** *Phyllostachys aureosulcata* McCl.

[形态特征] 竿高达 9 m，粗 4 cm，在较细的竿之基部有 2 或 3 节常作“之”字形折曲，幼竿被白粉及柔毛，毛脱落后手触竿表面微觉粗糙；节间长达 39 cm，分枝一侧的沟槽为黄色，其他部分为绿色或黄绿色；竿环中度隆起，高于箨环。叶片长约 12 cm，宽约 1.4 cm，基部收缩成3~4 mm长的细柄。笋期4月中旬至5月上旬。

[生态习性及分布] 适应性强，耐严寒，适宜在背风向阳、湿润、排水良好的土壤栽植。国内分布于北京、河南、江苏、浙江等省份。烟台蓬莱区、招远市、海阳市、龙口市等有引种栽培。

[用途] 庭院观赏。

黄槽竹

金镶玉竹

8. **金镶玉竹**（黄槽竹　栽培品种）*Phyllostachys aureosulcata* 'Spectabilis'

[形态特征] 竿金黄色，但沟槽为绿色。

[生态习性及分布] 烟台蓬莱区、福山区、龙口市等有引种栽培。

黄竿京竹

9. **黄竿京竹**（黄槽竹　栽培品种）*Phyllostachys aureosulcata* 'Aureocaulis'

[形态特征] 竿全部为黄色，或仅基部约一或二间节上有绿色纵条纹，叶片有时亦可有淡黄色线条。

[生态习性及分布] 烟台蓬莱区、龙口市等有引种栽培。

（二）苦竹属（大明竹属）*Pleioblastus*

1. 菲白竹 *Pleioblastus fortunei* (Van Houtte) Nakai

[形态特征] 地下茎复轴型。竿高 20~40 cm，直径 1~2 mm，节间无毛，节处密被毛。叶密生、二行列排列；叶鞘有细毛；叶耳不发达，鞘口繸毛白色、平滑；叶片线状披针形，长 4~7 cm，宽 7~10 mm，纸状皮质，叶基近圆形，先端略突渐尖或为渐尖，上表面疏生短毛，下表面常在一侧具细毛。

[生态习性及分布] 喜湿润环境，较耐寒，耐修剪。烟台莱州市、龙口市等有引种栽培。

菲白竹

2. 苦竹 *Pleioblastus amarus* (Keng) Keng f.

[形态特征] 竿散生状，高可达 4 m，圆筒形，直径约 15 mm，竿幼时有白粉，箨环下为多。箨环上常有褐色的箨鞘残留物；竿环不甚突起。箨鞘纸革质，细长三角形，枯黄色，有棕色或白色小刺毛；箨耳细小，有直立棕色繸毛数枚；箨舌截平头，边缘密生纤毛；箨叶细长披针形，幼时绿色，多脉。叶鞘干草色，线状披针形；叶舌截平。叶片披针形，下面有微毛，次脉 4~8 对，小横脉呈方格形，边缘有细锯齿。花枝基部为苞片所包围，其上着生总状花序。

苦竹

[生态习性及分布] 多生于阳坡和山谷平原，海拔 40~1500 m。国内分布于安徽、江苏、浙江、福建、江西、湖北、湖南、云南、贵州等省份。烟台蓬莱区等有分布。

[用途] 片植或作庭园观赏。供绿化观赏；竿壁厚，通直有弹性，宜作伞柄、帐竿、旗杆、钓竿等用；小枝材可做筷子、毛笔杆及编织器物；笋味苦，不宜食用。

（三）箬竹属 *Indocalamus*

阔叶箬竹 *Indocalamus latifolius* (Keng) McCl.

[形态特征] 竿高可达 2 m，直径 0.5~1.5 cm；节间长 5~22 cm，被微毛；竿每节具 1 分枝，惟竿上部稀可分 2 或 3 枝，枝直立或微上举。箨鞘硬纸质或纸质，下部竿箨者紧抱竿，而上部者则较疏松抱竿，背部常具棕色疣基小刺毛或白色的细柔毛，以后毛易脱落，边缘具棕色纤毛；叶片长圆状披针形，先端渐尖，长 10~45 cm，宽 2~9 cm，下表面灰白色或灰白绿色，多少生有微毛，次脉 6~13 对，小横脉明显，形成近方格形。

阔叶箬竹

[生态习性及分布] 生于低丘山坡，喜温暖、湿润，较耐寒。国内分布于安徽、江苏、浙江、福建、江西、湖北、湖南、广东、四川等省份。烟台蓬莱区、海阳市等有分布。

[用途] 可作庭院丛植、绿篱；供绿化观赏；竿径小，通直，近实心，适宜作鞭杆、毛笔杆及筷子等用；叶宽大，隔水湿，可供防雨斗笠的衬垫物及包粽子的材料；颖果可食及药用。

七十三、百合科 Liliaceae

（一）菝葜属 *Smilax*

1. 华东菝葜 *Smilax sieboldii* Miq.

[形态特征] 攀援灌木或半灌木，具粗短的根状茎。茎长 1~2 m，小枝常带草质，干后稍凹瘪，一般有刺；刺多半细长，针状，稍黑色，较少例外。叶草质，卵形，长 3~9 cm，宽 2~5 cm，先端长渐尖，基部常截形。伞形花序具几朵花；总花梗纤细，长 1~2.5 cm，通常长于叶柄或近等长；花绿黄色。浆果直径 6~7 mm，熟时蓝黑色。花期 5~6 月，果期 10 月。

华东菝葜

[生态习性及分布] 生于林下、灌丛或山坡草丛中，海拔 1800 m 以下。国内分布于辽宁、安徽、江苏、浙江、福建、台湾等省份。烟台莱山区、牟平区、福山区、蓬莱区、昆嵛山、招远市、栖霞市、海阳市、龙口市等有分布。

[用途] 可作观赏植物；根可入药，含鞣质，可提栲胶。

2. **鞘柄菝葜** *Smilax stans* Maxim.

［形态特征］ 落叶灌木或半灌木，直立或披散，高 0.3~3 m。茎和枝条稍具棱。叶纸质，卵形、卵状披针形或近圆形，长 1.5~4 cm，宽 1.2~3.5 cm，下面稍苍白色或有时有粉尘状物。花序具 1~3 或更多的花；总花梗纤细，比叶柄长 3~5 倍；花序托不膨大；花绿黄色，有时淡红色。浆果直径 6~10 mm，熟时黑色，具粉霜。花期 5~6 月，果期 10 月。

鞘柄菝葜

［生态习性及分布］ 生于海拔 400~3200 m 的林下、灌丛中或山坡阴处。国内分布于河北、山西、陕西、甘肃、河南、安徽、浙江、台湾、湖北、四川等省份。烟台昆嵛山、招远市等有分布。

［用途］ 干燥根及根茎可入药。

3. **菝葜** *Smilax china* Linn.

［形态特征］ 落叶攀援灌木。根状茎粗厚，坚硬，为不规则的块状，粗 2~3 cm。茎长 1~3 m，疏生刺。叶薄革质或坚纸质，干后通常红褐色或近古铜色，圆形、卵形或其他形状，长 3~10 cm，宽 1.5~6 cm，下面通常淡绿色，较少苍白色。伞形花序生于叶尚幼嫩的小枝上，具十几朵或更多的花，常呈球形；花绿黄色，外花被片长 3.5~4.5 mm，宽 1.5~2 mm。浆果熟时红色，有粉霜。花期 4~6 月，果期 9~11 月。

菝葜

［生态习性及分布］ 生于海拔 2000 m 以下的林下、灌丛中、路旁、河谷或山坡上。国内分布于河南、安徽、江苏、浙江、福建、台湾、江西、湖北、湖南、广东、广西、四川等省份。烟台牟平区、昆嵛山、招远市、莱阳市、海阳市、龙口市等有分布。

［用途］ 根状茎可以提取淀粉和栲胶，或用来酿酒，还可供药用。

（二）丝兰属 *Yucca*

1. 凤尾丝兰 *Yucca gloriosa* Linn.

［形态特征］ 常绿灌木。株高可达 1 m。与丝兰外形相似，但本种粗大。具茎，有时分枝。叶质坚硬，端尖硬，边缘光滑；老叶边缘有时具疏丝。圆锥花序，高 1~1.5 m；小花乳白色，带光晕。

［生态习性及分布］ 较丝兰耐寒，华北地区可露地过冬。喜温暖，耐寒；适应性强，健壮，耐干旱及水湿；喜光；宜肥沃排水好的砂质壤土，耐瘠薄。原产于北美东南部。烟台芝罘区、莱山区、招远市、龙口市等有栽培。

凤尾丝兰

2. 丝兰 *Yucca smalliana* Fern.

［形态特征］ 常绿灌木。茎很短或不明显。叶近莲座状簇生，坚硬，近剑形或长条状披针形，长 25~60 cm，宽 2.5~3 cm，顶端具一硬刺，边缘有许多稍弯曲的丝状纤维。花葶高大而粗壮；花近白色，下垂，排成狭长的圆锥花序，花序轴有乳突状毛；花被片长 3~4 cm；花丝有疏柔毛；花柱长 5~6 mm。秋季开花。花期 6~9 月。

［生态习性及分布］ 喜阳，喜温暖的气候，较耐寒，喜排水良好、肥沃的砂质土壤。烟台龙口市等有分布。

［用途］ 供绿化观赏；根可供药用。

丝兰

参考文献

[1] 袁洪伟 . 胶东植物手册 [M]. 青岛：中国海洋大学出版社，2012.

[2] 吴祥春 . 中国北方常见园林植物 [M]. 济南：山东大学出版社，2014.

[3] 贾祥云 , 戚海峰 , 乔敏 . 山东古树名木志 [M]. 上海：上海科学技术出版社，2014.

[4] 石福臣 . 南开草木图集 [M]. 哈尔滨：东北林业大学出版社，2017.

[5] 乔文国 . 园林绿化基础知识 [M]. 北京：人民日报出版社，2010.

[6] 李法曾，李文清，樊守金 . 山东木本植物志 (上卷)[M]. 北京：科学出版社，2016.

[7] 李法曾，李文清，樊守金 . 山东木本植物志 (下卷)[M]. 北京：科学出版社，2016.

[8] 藏德奎 . 山东珍稀濒危植物 [M]. 北京：中国林业出版社，2017.

[9] 马克平 . 中国常见植物野外识别手册 [M]. 北京：高等教育出版社，2009.

[10] 杨晓燕，赵宏，李明 . 昆嵛山木本植物志 [M]. 北京：科学出版社，2020.

[11] 张志翔 . 树木学 [M]. 北京：中国林业出版社，2008.

[12] 李法曾 . 山东植物精要 [M]. 北京：科学出版社，2004.

[13] 郑万钧 . 中国树木志 1 卷 [M]. 北京：中国林业出版社，1983.

[14] 郑万钧 . 中国树木志 2 卷 [M]. 北京：中国林业出版社，1985.

[15] 郑万钧 . 中国树木志 3 卷 [M]. 北京：中国林业出版社，1997.

[16] 郑万钧 . 中国树木志 4 卷 [M]. 北京：中国林业出版社，2004.

[17] 陈汉斌，郑亦津，李法曾 . 山东植物志 (上卷)[M]. 青岛：青岛出版社，1990.

[18] 陈汉斌，郑亦津，李法曾 . 山东植物志 (下卷)[M]. 青岛：青岛出版社，1997.

[19] 华北树木志编写组 . 华北树木志 [M]. 北京：中国林业出版社，1984.